珠宝玉石鉴定实训

ZHUBAO YUSHI JIANDING SHIXUN

(第二版)

何志方 何 玮 张 林 编著

图书在版编目（CIP）数据

珠宝玉石鉴定实训/何志方，何玮，张林编著 .—2版—武汉：中国地质大学出版社，2022.8（2024.7重印）
ISBN 978-7-5625-5298-7

Ⅰ.①珠… Ⅱ.①何…②何…③张… Ⅲ.①宝石-鉴定-教材②玉石-鉴定-教材 Ⅳ.①TS933

中国版本图书馆CIP数据核字（2022）第120603号

珠宝玉石鉴定实训（第二版）	何志方 何 玮 张 林 编著
责任编辑：何 煦 张旻玥 选题策划：阎 娟	责任校对：何澍语
出版发行：中国地质大学出版社（武汉市洪山区鲁磨路388号）	邮政编码：430074
电　话：(027)67883511　传　真：(027)67883580	E-mail：cbb@cug.edu.cn
经　销：全国新华书店	https://cugp.cug.edu.cn
开本：787mm×1092mm 1/16	字数：463千字　印张：17.5
版次：2009年1月第1版　2022年8月第2版	印次：2024年7月第2次印刷
印刷：湖北金港彩印有限公司	
ISBN 978-7-5625-5298-7	定价：68.00元（含《珠宝玉石鉴定实习报告册》）

如有印装质量问题请与印刷厂联系调换

再版说明

自 2009 年出版发行以来，《珠宝玉石鉴定实训》一书得到了广大读者的关注，尤其深受珠宝院校师生的厚爱，我们感到非常欣慰。原书自出版至今国家标准发生了较大的改变，内容和珠宝玉石检测技术也发生了较大的变化。为了符合新版国标的要求、满足职业资格考试的需要，结合"2021 年全国职业院校技能大赛珠宝玉石鉴定赛项"的规程，我们对本书进行了修订和再版。此次改版依据最新的《珠宝玉石 名称》（GB/T 16552—2017）、《珠宝玉石 鉴定》（GB/T 16553—2017）、《钻石分级》（GB/T 16554—2017）等技术要求，将一些不符合新版国标的内容进行了修改，增加了针钠钙石、蓝方石、猛犸象牙、海螺珠等的鉴别特征，还增加了一些珠宝玉石品种新的优化处理方法及相似品种的鉴定特征。

珠宝玉石鉴定在珠宝行业处于举足轻重的位置，是宝玉石鉴定与加工专业及相关专业学生需要掌握的基本技能。教材在修订过程中强调理论与实践一体化的教学方式，注重学生技能训练的科学性和有效性，促进学生实际操作水平的提高。望该书能对珠宝职业教育做出更大的贡献。

笔者
2022 年 8 月

前 言

《珠宝玉石鉴定实训（第二版）》为配合珠宝鉴定课程的学习而编写。海南职业技术学院珠宝鉴定课程被评为2007年度校级、省级、国家级精品课程。珠宝鉴定课程具有"三个合一，两个结合，一个目标"的鲜明特色：三个合一，即把珠宝鉴定的课程教学内容与职业岗位需求以及职业资格证书（国家职业资格证书贵金属首饰与宝玉石检测员和中国珠宝玉石首饰行业协会GAC宝石鉴定师）规定的技术标准和技术规范的要求，安排在课程的教学内容之中；两个结合，即理论与实践相结合以及工学结合，强调实践环节的重要性，同时要求学生掌握必要的基础知识和基本理论，用理论指导实践操作，使鉴定技能迅速提高；一个目标，即以为珠宝行业培养中高端技能型实用人才为目标。"三个合一"具有创新性，"两个结合"具有针对性，"一个目标"具有实用性。

本书的编写旨在使学生在实习课中了解每次实习的目的、内容和要求，指导学生更好地进行实习。同时，本书也可供珠宝鉴定人员，珠宝行业管理、营销等从业人员参考。

本书包括珠宝玉石鉴定概述、珠宝玉石鉴定仪器实习、钻石及其他贵重宝石鉴定实习、一般宝石及少见宝石鉴定实习、玉石鉴定实习、有机宝石鉴定实习、人工宝石鉴定实习、珠宝玉石综合鉴定实习、珠宝玉石鉴定集中实训、结束语等内容。书后列有主要参考文献及附录——珠宝玉石特征一览表，以方便查阅。

本书参考了中外宝石学、宝石鉴定相关教材，国家珠宝行业有关标准，国家职业技能标准［贵金属首饰与宝玉石检测员（中级）］以及中国珠宝首饰行业协会教育委员会颁布的GAC宝石鉴定师考试大纲，是编著者根据自己十多年珠宝鉴定、教学、培训和科研工作经验编写完成。

本书由何志方、何玮、张林共同编写。由于时间仓促、水平所限，不当与疏漏之处，请予指正。邮箱：zhang0709@sohu.com。

目 录

第一章 珠宝玉石鉴定概述 (1)
　一、珠宝玉石鉴定的概念 (1)
　二、珠宝玉石鉴定的特点、内容及要求 (1)
　三、珠宝玉石鉴定的步骤与方法 (2)
　四、珠宝玉石鉴定的注意事项 (12)

第二章 珠宝玉石鉴定仪器实习 (13)
　一、实习目的 (13)
　二、实习内容 (13)
　三、实习要求 (37)
　四、实习报告 (37)

第三章 钻石及其他贵重宝石鉴定实习 (42)
　一、实习目的 (42)
　二、实习内容 (42)
　三、实习要求 (66)
　四、实习报告 (67)

第四章 一般宝石及少见宝石鉴定实习 (68)
　一、实习目的 (68)
　二、实习内容 (68)
　三、实习要求 (97)
　四、实习报告 (97)

第五章 玉石鉴定实习 (99)
　一、实习目的 (99)
　二、实习内容 (99)
　三、实习要求 (133)
　四、实习报告 (133)

第六章 有机宝石鉴定实习 (135)
　一、实习目的 (135)
　二、实习内容 (135)

三、实习要求 ………………………………………………………………… (150)
　　四、实习报告 ………………………………………………………………… (150)

第七章　人工宝石鉴定实习 ………………………………………………… (151)
　　一、实习目的 ………………………………………………………………… (151)
　　二、实习内容 ………………………………………………………………… (151)
　　三、实习要求 ………………………………………………………………… (158)
　　四、实习报告 ………………………………………………………………… (158)

第八章　珠宝玉石综合鉴定实习 …………………………………………… (159)
　　一、实习目的 ………………………………………………………………… (159)
　　二、实习内容 ………………………………………………………………… (159)
　　三、实习要求 ………………………………………………………………… (164)
　　四、实习报告 ………………………………………………………………… (165)

第九章　珠宝玉石鉴定集中实训 …………………………………………… (166)
　　一、集中实训目的 …………………………………………………………… (166)
　　二、集中实训时间 …………………………………………………………… (166)
　　三、集中实训内容 …………………………………………………………… (166)
　　四、集中实训要求 …………………………………………………………… (167)

第十章　结束语 ………………………………………………………………… (168)
　　一、鉴定过程中需要注意的问题 …………………………………………… (168)
　　二、定名问题 ………………………………………………………………… (172)

主要参考文献 …………………………………………………………………… (174)

附　录　珠宝玉石特征一览表 ……………………………………………… (175)

第一章 珠宝玉石鉴定概述

珠宝玉石鉴定
概述PPT

珠宝玉石（可简称宝石）鉴定是珠宝相关专业的一门重要专业课，是珠宝相关专业主干课程之一，是从事珠宝行业各项工作必须具备的基础能力。

一、珠宝玉石鉴定的概念

珠宝玉石鉴定是根据观察、测试到的珠宝玉石的各项特征，综合分析判断，对珠宝玉石进行定名的工作，有时尚需进行质量评价。

珠宝玉石鉴定过程中要特别注意天然与合成、优化处理以及易混淆珠宝玉石的鉴别。

二、珠宝玉石鉴定的特点、内容及要求

1. 珠宝玉石鉴定的特点

（1）无损伤鉴定

珠宝玉石鉴定中，对于裸石（琢件）和镶嵌件（饰品）的鉴定必须是无损伤鉴定，不允许破坏样品。对于某些样品，如珍珠、绿松石等不宜接触有机液体，紫外荧光亦须慎用。

（2）必须使用专门的仪器、设备

珠宝玉石鉴定通常使用常规的鉴定仪器，如宝石放大镜、宝石显微镜、折射仪、电子天平、偏光镜、二色镜、分光镜、查氏镜（查尔斯滤色镜）、紫外灯（紫外荧光灯）、热导仪、590型无色合成碳硅石/钻石测试仪等。必要时，可使用大型仪器，如红外光谱仪、电子探针、拉曼光谱仪、X射线荧光光谱仪、阴极射线发光仪、扫描电镜、X射线衍射仪等。

2. 珠宝玉石鉴定的内容

（1）原石（料石）

对珠宝玉石原石（料石）进行鉴定，有时可直接采用矿物学、岩石学的鉴定方法。

（2）裸石（琢件）

对雕琢的玉石、切磨的戒面等裸石进行鉴定，通常使用常规珠宝鉴定仪器即可解决问题，个别情况须利用大型仪器进行鉴定。

（3）镶嵌件（饰品）

对饰品进行鉴定时，由于珠宝玉石已镶嵌，某些鉴定项目无法进行，如密度的测定等，增加了鉴定工作的难度。

鉴定原石、裸石、镶嵌件时，要确定珠宝玉石的品种、是否天然以及是否经过了优化处理。同时，在鉴别易混淆的珠宝玉石时，必须给予充分的注意。

3. 珠宝玉石鉴定的要求

从事珠宝玉石鉴定的人员需要有扎实的基本知识和基础理论以及熟练的鉴定技能。

珠宝玉石鉴定人员必备的基本知识和基础理论包括结晶矿物学基础、晶体光学基础和宝石学基础等。此外，还必须掌握珠宝玉石鉴定仪器的结构、原理、操作、使用方法和注意事项等。

熟练的鉴定技能是在掌握了基础知识和基础理论以及正确使用各类常规珠宝玉石鉴定仪器的前提下，对大量各类珠宝玉石样品进行观察、测试实训后，快速、准确地鉴定珠宝玉石的能力。

在加强实践技能训练的同时，我们强调理论的重要性。只有很好地掌握了基本知识和基础理论，才能迅速提高鉴定技能，才能对所观察的现象以及测试的结果给出合理的解释，才能具备快速、准确鉴定各类珠宝玉石的能力。

在珠宝玉石鉴定过程中，需要认真、细心、实事求是，根据观察到的现象、测试的数据，综合分析、判断，准确定名。同时，应严格执行珠宝行业的有关国家标准。

三、珠宝玉石鉴定的步骤与方法

珠宝玉石鉴定，首先需要总体观察，然后进行常规仪器检测，并对观察到的现象和所测试的数据进行综合分析、判断，准确定名，最后经其他人复查，签发鉴定证书。

1. 总体观察

总体观察又称肉眼鉴定或经验鉴别。总体观察是缩小样品品种范围、选择进一步测试方法的基础，也是确定品质、加工质量的检验方法和确定重点观测部位的必经过程。总体观察的内容包括颜色、光泽、透明度、特殊光学效应、色散、琢型、掂重、拼合石等。

（1）颜色

颜色：从物理意义上讲，颜色是一定波长的电磁波刺激我们的视神经时所产生的反应。

①颜色的观察。

颜色应在连续光谱的白光下用反射光观察，如日光、白炽灯（日光和白炽灯下颜色可稍有不同），背景应为白色。不可用透射光观察颜色，透射光观察到的是体色，而不是表色。

②颜色的描述方法。

色彩：有彩色系列和非彩色系列。彩色系列中基本色彩有红色、橙色、黄色、绿色、青色、蓝色、紫色以及过渡色彩紫红色、橙红色、黄绿色、蓝绿色等。非彩色系列有无色、白色、灰色、黑色等。

色调：根据色调的不同，可用浅、中、深以及实物等词对它进行描述，如浅红色、中红色、深红色、砖红色等。

对于在颜色不均匀的珠宝玉石中出现的色带、色斑等亦须给予准确描述。

（2）光泽

光泽可以体现珠宝玉石表面反射光的能力和特征，也是珠宝玉石折射率的外在体现。通常折射率越高的珠宝玉石，其表面反光的能力也越强，即光泽越强。观察光泽时要用反射光。光泽由强至弱分为以下几种：金属光泽，如黄金、黄铁矿等；半金属光泽，如磁铁矿、铌铁矿等；金刚光泽，如金刚石、榍石等；玻璃光泽，如玻璃、水晶等。

珠宝玉石表面不平坦或以集合体形式存在时可出现特殊光泽。特殊光泽有：油脂光泽，如水晶的断口、软玉等；树脂光泽，如琥珀等；蜡状光泽，如寿山石、田黄等；丝绢光泽，如木变石、查罗石等；珍珠光泽，如珍珠、贝壳等；土状光泽，如黏土等。

（3）透明度

透明度指珠宝玉石透过可见光的能力，主要由内部的化学键类型决定，也是珠宝玉石的固有性质。透明度还受厚度、自身颜色、颗粒结合方式、杂质、裂隙等因素的影响。

同种矿物，单晶宝石的透明度要高于多晶玉石。在单晶宝石中，颜色越深，宝石对光线的吸收越多，包体、裂隙越多，漫反射出去的光线也越多，它们是影响单晶宝石透明度的主要因素。在多晶玉石中，孔隙、矿物颗粒间隙、杂质矿物的存在会使玉石的透明度发生大幅度的变化。

透明度用透射光观察，可分为以下五级：透明，如水晶、钻石等；亚透明，如某些红宝石、蓝宝石等；半透明，如玛瑙、翡翠、碧玺等；微透明，如黑曜岩等；不透明，如绿松石、孔雀石等。

（4）特殊光学效应

特殊光学效应往往只有少数珠宝玉石拥有，因此指向性非常明确，是区分珠宝玉石品种非常有效的鉴定特征。特殊光学效应包括以下几种。

① 变色效应。

变色效应指珠宝玉石的颜色在不同光谱能量分布的白光光源照射下，呈现不同颜色的现象。

变色效应主要由 Cr 或 V 引起。有变色效应的珠宝玉石，如变石，在日光下为冷色调——各种不同的绿色，在白炽灯下呈暖色调——各种不同的红色。其他具有变色效应的宝石还有变色蓝宝石、变色石榴石、变色尖晶石、变色萤石、变色蓝晶石以及合成变石、合成变色蓝宝石、合成变色尖晶石、合成变色立方氧化锆、变色玻璃等。

② 猫眼效应。

弧面型珠宝玉石在平行光线照射下，呈现出如猫眼般明亮的细窄光带，叫猫眼效应。猫眼效应主要由反射、折射作用引起，如猫眼、碧玺猫眼、磷灰石猫眼、透辉石猫眼、矽线石猫眼、绿柱石猫眼、方柱石猫眼、月光石猫眼、木变石猫眼、石英猫眼、玻璃猫眼等。

③ 星光效应。

弧面型珠宝玉石在平行光线照射下，呈现出相互交会的星状光带，称为星光效应。星光效应主要由反射、折射作用引起，如星光红、蓝宝石，星光辉石，星光石榴石，星光绿帘石，合成星光红、蓝宝石等。

观察星光效应或猫眼效应时，用较强光源效果较好。

④ 晕彩效应。

因某些特殊结构对光的干涉、衍射等作用，在珠宝玉石内部或表面产生光谱色的现象，称为晕彩效应。具有晕彩效应的珠宝玉石有长石、石英、近于无色的岫玉、无色的玉髓等。

⑤ 变彩效应。

珠宝玉石的特殊结构对光的干涉、衍射等作用产生颜色，随着光源或观察角度的变化，颜色也随之改变，这种现象称为变彩效应。变彩效应主要由干涉、衍射等作用而形成，如欧泊的变彩等。

⑥ 砂金效应。

当透明珠宝玉石中含有某些矿物包体时，这些包体对可见光发生反射作用所产生的闪烁现象称为砂金效应,如日光石、东陵石、砂金玻璃等。

(5)色散

白色复合光通过具棱镜性质的珠宝玉石材料时,分解成不同波长光谱的现象称为色散。色散是珠宝玉石分散白光的能力,刻面型珠宝玉石上的"火彩"即为色散。

少数珠宝玉石肉眼可见色散现象,故可作为关键性的鉴定特征,如钻石、合成碳硅石、合成立方氧化锆等。

(6)琢型

珠宝玉石原料在加工时主要从材料的光学、力学、结晶学特征出发,以将珠宝玉石的美学价值及经济价值最大化为原则进行琢型的设计。常见的琢型有四大类:刻面型、弧面型、珠型和异型。

①刻面型。刻面型又称棱面型、翻光面型或小面型。刻面型由许多具有一定几何形状的平面组成。根据其形状特点和平面组合方式不同,可划分为四大基本类型:圆多面型、玫瑰型、阶梯型和混合式琢型。

a. 圆多面型:又称明亮型、圆钻型或圆形刻面型(图1-1),如标准圆钻型切工即为圆多面型。圆多面型的变型有椭圆形刻面型、梨形刻面型、橄榄形刻面型、心形刻面型等(图1-2)。

图1-1 圆多面型

图1-2 椭圆形刻面型、梨形刻面型、橄榄形刻面型、心形刻面型冠部图和素描图

b. 玫瑰型：玫瑰型（图1-3）底面平且宽，冠部由连续的三角形组成，因其形状看上去似一朵盛开的玫瑰花，故而得名。

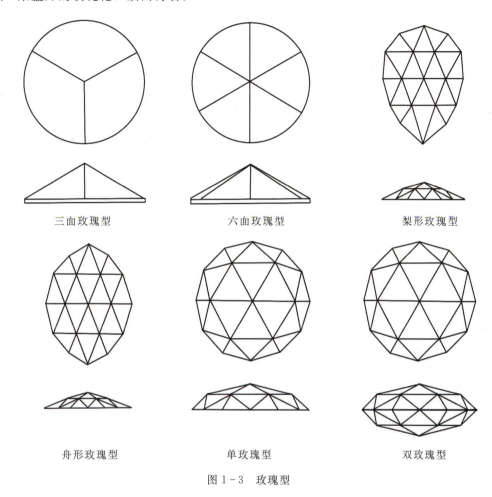

图1-3 玫瑰型

c. 阶梯型：又称祖母绿型，因常用作祖母绿的琢型而得名。祖母绿型的基本形状是一个去掉四个角的矩形，具有阶梯状排列的反光面（图1-4）。

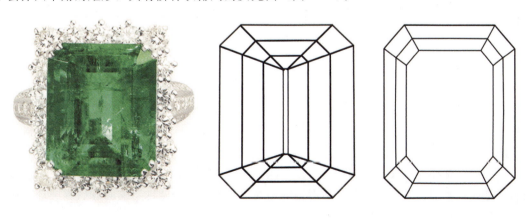

图1-4 阶梯型

d. 混合式琢型：指珠宝玉石的不同部位由不同琢型混合而成的款式。图1-5为混合式切工常见琢型，其中最常见的款式是冠部为圆多面型及其变型、亭部为阶梯型。

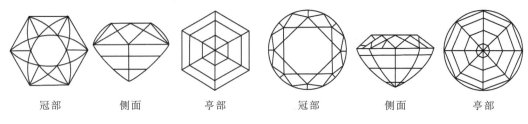

图1-5　常见混合式琢型

②弧面型。弧面型（图1-6）是指主要瓣面为弧面的琢型。弧面型又称凸面型或素面型，可根据宝石的截面形状划分如下。

a. 单凸面型：由顶部的凸面和底部的平面组成。适用于各种珠宝玉石戒面。

b. 双凸面型：顶部和底部都由凸面组成，但一般上凸面比下凸面弧度高。适用于有特殊光学效应的珠宝玉石戒面。

c. 扁平（豆）凸面型：顶、底均为凸面，上下凸面的弧度基本一样，弧度都较小。欧泊多采用这种琢型。

d. 空心凸面型：在单凸弧面型的基础上，从底部向上挖出一个空心凹面。适用于颜色深、透明度差的珠宝玉石。

e. 凹面琢型：在单凸弧面型的基础上，从顶部向下挖一个凹面，目的是在凹面中再镶嵌一颗较贵重的宝石。

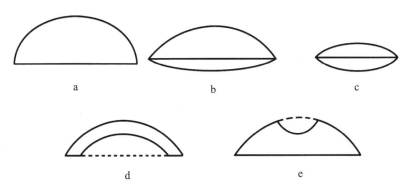

a. 单凸面型；b. 双凸面型；c. 扁平（豆）凸面型；d. 空心凸面型；e. 凹面琢型。

图1-6　弧面型

此外，根据弧面型的腰部形状，可进一步划分出圆形弧面型、椭圆形弧面型、橄榄形弧面型、心形弧面型、矩形弧面型、方形弧面型、垫形弧面型、十字形弧面型、垂体形弧面型等（图1-7）。

③珠型。珠型为串饰所用，形态可以是圆、椭圆、腰鼓、柱等；瓣面可以是弧面，也可以由小平面（刻面）组成。根据几何形态的不同，珠型可分为圆珠、椭圆珠、扁圆珠、腰鼓珠、圆柱珠和棱柱珠等（图1-8）。

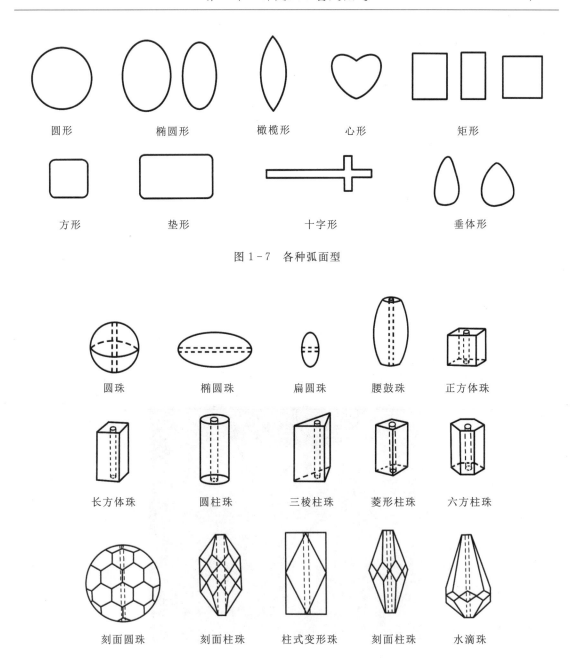

图 1-7 各种弧面型

图 1-8 各种珠型

④异型：包括自由型和随型两种款式（图 1-9）。自由型是把原石琢磨成不对称、不规则的造型或写实形态；随型是按照原石形状，经磨棱去角、抛光等简单工艺加工而成的款式。

(7) 掂重

掂重可判断珠宝玉石的相对密度大小，从而帮助鉴别珠宝玉石，如海蓝宝石与蓝色托帕石：掂重较轻的是海蓝宝石，掂重较重的是蓝色托帕石。

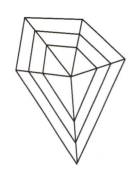 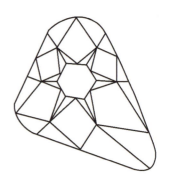

图 1-9 异型

(8) 拼合石

常见的拼合石有拼合欧泊、红宝石拼合石、蓝宝石拼合石、石榴石玻璃拼合石等。

拼合石的鉴定特征有拼合缝(拼合缝应是平直的)、拼合面(结合处常见残留气泡)、光泽差异(如石榴石玻璃拼合石可有光泽差异)。

红圈效应用于帮助检测石榴石和玻璃组成的拼合石,步骤为先将样品台面朝下置于白色背景上。再用笔式手电筒从不同角度照射样品的底部。如果该宝石为石榴石玻璃拼合石,则可见由底面反射出的、围绕腰部的红圈(图 1-10)。

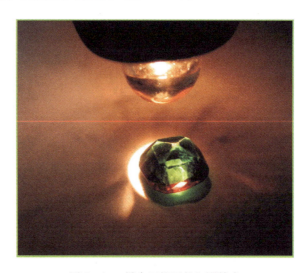

图 1-10 拼合石榴石的红圈效应

红圈效应的局限性:红色样品看不见红圈,紫红色的或石榴石冠部很薄时也可能见不到红圈。

(9) 解理、裂理与断口

① 解理。解理是晶体受外力打击时,严格沿着一定的结晶学方向破裂成平面的固有性质。

珠宝玉石常见的具有鉴定意义的解理有如下几种:金刚石,四组$\{111\}$中等解理;方解石,三组$\{10\bar{1}1\}$完全解理;辉石,$\{110\}$柱面解理,即两组近正交(解理交角87°、93°)

的完全解理,也称辉石式解理、豆腐块式解理;矽线石,一组{010}完全解理;托帕石,一组{001}完全解理;等等。

②裂理。裂理(裂开)是晶体在外力作用下,有时沿双晶结合面、定向包体分布面或结构缺陷的面裂开成平面的性质。

珠宝玉石中常见的具有鉴定意义的裂理有红、蓝宝石的裂理。红、蓝宝石常有三组{10$\bar{1}$1}裂开,较少有底面{0001}裂开。

解理与裂理在现象上极为相似,但产生的原因不同。解理是沿晶体结构中面网之间键力最弱的平面产生的定向破裂,它是由晶体结构本身的固有特点直接决定的。裂理尽管也是沿着一定的结晶方向破裂成平面,但却是由非固有的其他原因引起的,如沿双晶结合面、定向包体分布面等。解理与裂理在外观上虽然极为相似,但亦有差异:裂理是一些互相平行的笔直连续的裂缝,而解理可以是笔直连续的,也可以是笔直断续的裂缝(因解理等级不同而异)。

③断口。断口是珠宝玉石在外力作用下产生不规则破裂面的性质,如贝壳状断口、参差状断口、锯齿状断口、阶梯状断口、平坦状断口等。

常见的贝壳状断口可见于非晶质体和解理不发育的晶体中,如玻璃、水晶、琥珀等。

2. 常规仪器检测

肉眼观察主要依据的是观察者的主观感受和经验,具有一定的局限性,为了能更加准确地鉴定出珠宝玉石品种,还需要利用常规仪器进行鉴定(图1-11)。

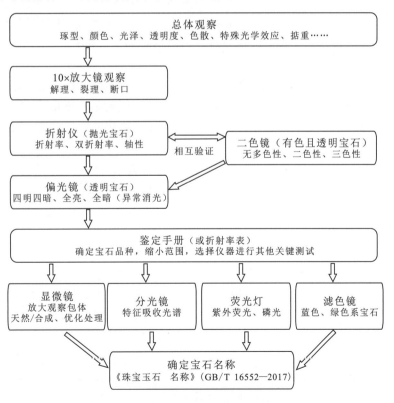

图1-11 珠宝玉石鉴定步骤

(1) 测定折射率及双折射率

折射率及双折射率是珠宝玉石鉴定的重要数据，可用折射仪测定。折射仪是根据珠宝玉石的临界角及光的全反射原理制成的。

一般均质体宝石和多晶质集合体只能测得一个折射率值（多晶质集合体极个别情况可以测得两个折射率值）。非均质体中双折射率特别小的宝石，如符山石，有时也只能测得一个折射率值（但符山石在正交偏光镜下四明四暗，用二色镜观察有弱二色性）。非均质宝石一般可测得两个折射率值。一轴晶正光性者小值不动，大值动（$Ne>No$）；负光性者大值不动，小值动（$No>Ne$）。在折射仪上观察两条阴影边界时，经常不容易分辨大值动还是小值动，最好的办法是测2～3组数据，即可确定一轴晶的光性正负。二轴晶宝石有三个主折射率值，一般测得Ng、Np即可，两条阴影边界（Ng、Np）都动（Nm是不动的）。可以根据Ng或Np靠近还是远离Nm，判断二轴晶的光性正负。如果Ng靠近Nm，则$Ng-Nm<Nm-Np$，为负光性；如果Ng远离Nm，则$Ng-Nm>Nm-Np$，为正光性。当然，也可以测许多组数据，用作图法确定二轴晶的光性正负（需要宝石有大刻面，测试、作图均需很多时间）。

测折射率时，一轴晶可出现假均质体现象，即只见到一条阴影边界，这是入射光线沿光轴方向传播的结果，转动宝石或换刻面即可见到两条阴影边界。二轴晶有时可见假一轴晶现象，即一条阴影边界不动（Nm），另一条动（Ng或Np），转动宝石或换刻面即可观察到两条阴影边界都动。

双折射率（或接近最大双折射率）可帮助鉴别易混淆宝石，如紫晶与紫色方柱石的折射率值相近，但紫晶双折射率是0.009，而紫色方柱石双折射率是0.005；又如磷灰石与碧玺，二者折射率值与相对密度值相近，但磷灰石双折射率通常为0.003，而碧玺常为0.020。

(2) 放大观察

放大观察用于观察宝石的表面特征和内部特征。放大观察应从10倍放大开始。有时用10倍放大镜和冷光源观察珠宝玉石的某些特征，效果会比用宝石显微镜好。例如使用冷光源透射光观察象牙的引擎纹、石英岩玉的粒状结构以及某些透明度较差的翡翠的染色特征等，都会得到满意的结果。

①表面特征观察：包括珠宝玉石的加工工艺及抛光质量；台面划痕、棱线磨损情况以及解理、裂理、裂隙、断口的观察；某些珠宝玉石的结构特征，如菱锰矿的层状构造、玻璃猫眼的蜂窝状结构以及某些不透明珠宝玉石露在表面的内含物等。表面特征用反射光观察。

②内部特征观察。

a. 珠宝玉石的包体特征，可以帮助鉴别天然珠宝玉石、合成宝石及确定珠宝玉石是否经过了优化处理。如天然的红、蓝宝石具有各种形态的矿物包体（包括针状矿物包体）、平直或六边形生长纹（色带）、双晶纹或裂理、指纹状包体、气液两相包体等；而焰熔法合成红、蓝宝石中有气泡、弧形生长纹等；助熔剂法合成红、蓝宝石中有助熔剂残留物、铂金片等。染色翡翠具有丝网状结构，颜色集中在裂隙和晶粒边缘。

b. 观察内部特征可以确定珠宝玉石的结构，如石英质玉，隐晶质结构的为玉髓、玛瑙，粒状结构的为石英岩玉，纤维状结构的为木变石，玻璃质结构的为天然玻璃。

c. 可以根据矿物包体的形态确定珠宝玉石的种属，如合成碳硅石特有的球状金属包体，极小白点状、线状包体；尖晶石中的八面体负晶或矿物包体；石榴石中的浑圆状矿物包体及针状矿物包体；玻璃中的气泡等。

d. 放大观察也用于估测宝石的双折射率大小。一些双折射率大的宝石如锆石、橄榄石、碧玺等可见双影现象。

内部特征主要利用透射光观察，有时可用反射光观察或同时用底光源和顶光源观察。

(3) 观察多色性

非均质的彩色宝石，由于不同结晶方向上对光波的选择性吸收，呈现不同颜色的现象即为多色性，分为二色性和三色性。一轴晶可具有二色性，二轴晶可具有三色性。二色镜可用来观察多色性。二色镜中的冰洲石块双折射率大，可以使宝石的多色性显现出来。均质体宝石没有多色性，非均质体宝石光轴方向也无多色性，玉石多色性不可测。

多色性应用透射光观察，光源为连续光谱的白光，冷光源、手电筒、自然光等均可。

二色镜使用的关键为从宝石两个以上的方向观察，并且转动二色镜。从宝石两个以上的方向观察，一是为了避免光轴方向，二是为了找到非均质宝石的主要光学方向。一轴晶有两个主要光学方向，一为 Ne 方向，另一为 No 方向；二轴晶有 3 个主要光学方向，一为 Ng 方向，另一为 Np 方向，还有一个是 Nm 方向。我们所说的二色性、三色性的实质是光波在主要光学方向上振动时，选择性吸收所产生的颜色。二色性、三色性的概念很容易理解，利用偏光显微镜在岩石薄片中观察矿物的二色性或三色性也很容易，但是利用二色镜观察起来却很困难，尤其是三色性的观察。实习中经常有同学使用二色镜时，只知道从宝石不同方向观察，而不知道转动二色镜观察。为什么要转动二色镜观察？这是因为自然光透过非均质宝石后，除特殊方向外，光会变成振动方向互相垂直的两种偏光，这两种偏光进入二色镜。如果振动方向与二色镜中冰洲石的光率体椭圆切面的长、短半径斜交，则每一种偏光都要按平行四边形法则进行分解，分解成振动方向平行冰洲石光率体椭圆切面长、短半径的两种偏光，总光强不变。结果就是透过宝石的振动方向互相垂直的两种偏光，分解后分别叠加在冰洲石光率体椭圆切面的长半径或短半径上。这时看到的"多色性"实际是一种混合色（过渡色），而不是真正的二色性。转动二色镜，当通过宝石的振动方向互相垂直的两种偏光与二色镜中冰洲石光率体椭圆切面长、短半径分别平行时，由于冰洲石的双折射率大，可把这两种偏光分开，使一种偏光在一个窗口，另一种偏光在另一个窗品（实际上是一个窗口，冰洲石的双折射使其看上去像两个窗口），这时见到的才是二色性而不是混合色。前面谈到二色性、三色性的实质是光波在非均质体的主要光学方向上选择性吸收而呈现的颜色。要想观察到真正的二色性、三色性，需要找到主要光学方向，只有从宝石的多个方向观察才可找到主要光学方向。

有颜色的透明、半透明的非均质宝石可以观察到多色性。多色性有强、中、弱、无之分，如符山石的弱二色性，两个窗口颜色相同，只是色调深浅不同。

观察多色性时，有时会遇到一些特殊情况。例如，托帕石为斜方晶系，二轴晶宝石，具有三色性，但是通常我们只能观察到二色性。托帕石中只有黄色托帕石具有浅褐黄色、黄色、橙黄色的三色性，其他颜色的托帕石只能观察到二色性。因为托帕石的 3 个主要光学方向中，有两个主要光学方向选择性吸收相近。有些优化处理的宝石，如染色红宝石，颜色很深，但只有弱二色性或无二色性。这是因为染色之前，该宝石颜色浅或为无色。

观察宝石的二色性时，不要把过渡色误认为是第三种颜色。观察宝石的三色性时，一定要从宝石的多个方向观察。

(4) 补充测试

①分光镜测试。分光镜测试是一种重要的鉴定手段。某些珠宝玉石有特征的吸收谱线（带），可以作为有效的鉴定依据，如红宝石、合成红宝石（铬谱），深蓝色合成尖晶石（钴谱）以及锆石（风琴谱，特征线 653.5nm 及 U、Th、TR 谱线）等。

吸收光谱特征还可用于鉴别易混淆及优化处理珠宝玉石。如碧玺猫眼与磷灰石猫眼，点测折射率、相对密度都相近，但是磷灰石猫眼具有 580nm 双吸收线，而碧玺猫眼不具有 580nm 双吸收线。再如铬致色的绿色翡翠具有 630nm、660nm、690nm 吸收线，而染色的绿色翡翠有时可有 650nm 宽吸收带等。

②紫外荧光测试。紫外荧光测试有时可为某些相似及优化处理珠宝玉石提供判别依据。如红宝石与红色石榴石的鉴别，红宝石有红色荧光，而红色石榴石荧光惰性。又如某些 B 货翡翠可有强蓝白色等颜色的荧光等。

此外，荧光测试还可帮助鉴别天然珠宝玉石与合成宝石，帮助鉴定钻石与仿钻石，帮助判断某些珠宝玉石的产地等。

③相对密度测定。相对密度是珠宝玉石的重要鉴定依据，尤其对于高折射率的珠宝玉石以及只能点测折射率的珠宝玉石，相对密度的测定更显重要。

(5) 其他测试

①偏光镜。正交偏光镜下，均质体全暗或异常消光，非均质体四明四暗（光轴方向除外），非均质集合体全亮。

利用偏光镜观察珠宝玉石的光性特征，需要在正交偏光镜下进行，至少应从两个以上方向观察，以避免只得到光轴方向的观察结果。观察时要考虑到刻面的影响以及某些珠宝玉石的异常消光或任意偏光现象。

②查氏镜。查氏镜可用来鉴别某些相似的珠宝玉石及优化处理的珠宝玉石，如绿色翡翠与绿色水钙铝榴石，绿色翡翠在查氏镜下不变色而绿色水钙铝榴石在查氏镜下变红，某些染绿色的翡翠在查氏镜下可变红等。

③热导仪。热导仪用于快速而准确地鉴别钻石与仿钻石。呈钻石反应的除钻石外，还有合成碳硅石，因此尚须进一步使用其他仪器检测是钻石还是合成碳硅石。

四、珠宝玉石鉴定的注意事项

①填写送样单。
②要有三项有效、关键的鉴定特征。
③要有第二人复查。
④无损鉴定。
⑤慎用浸液、紫外灯。
⑥特别注意易混淆珠宝玉石、天然与合成以及优化处理珠宝玉石的鉴别。

第二章　珠宝玉石鉴定仪器实习

珠宝玉石鉴定仪器PPT

珠宝玉石鉴定仪器分为常规仪器和大型仪器两类。在珠宝玉石鉴定仪器中，对于常规仪器，要求重点掌握其原理、结构、使用方法及使用时的注意事项等；对于大型仪器，要求掌握其原理、应用和送样要求即可。

珠宝玉石鉴定仪器是珠宝玉石鉴定的重要工具。熟练使用珠宝玉石鉴定仪器是鉴定人员必须掌握的基本功，是珠宝玉石鉴定的重要基础。

一、实习目的

掌握各类常规仪器的原理、结构、使用方法及使用时的注意事项。重点掌握宝石放大镜、宝石显微镜、折射仪、电子天平、分光镜、二色镜、热导仪等的操作方法并熟练使用。

二、实习内容

（一）宝石放大镜和宝石显微镜

1. 放大观察的应用

①主要用于观察宝石的表面特征和内部特征：根据包体鉴别是否天然；查找优化处理迹象；初步确定单折射、双折射并估双折射率大小；观察断口、解理、裂理等以便鉴别宝石；观察宝石加工质量、抛光工艺以及外部瑕疵；观察拼合石等。

②用于钻石分级：用10倍放大镜可以进行钻石净度、切工分级。

2. 宝石放大镜

（1）构造

最简单的宝石放大镜由单片凸透镜或多片透镜组合而成（图2-1）。

放大镜结构　　　　　　　　三合镜侧视图

图2-1　宝石放大镜

(2) 质量要求

①无球面差（像差）：即中央准焦后，边部也同时准焦（图2-2）。

②无色差：放大镜不能因色散而产生其他颜色。

③放大镜工作距离应不小于2.5cm，这是因为观察对象经常是戒指，观察时要隔着戒圈，故放大镜工作距离不宜过小。

④常用的放大镜为10倍。

⑤钻石分级必须用10倍放大镜，且无蓝色镀膜。

图2-2 视域内无像差和色差的放大镜

(3) 使用方法

①用擦镜布将放大镜镜片擦净。

②手持放大镜，放大镜尽量贴近眼睛，宝石在距10倍放大镜2.5cm左右处观察。常用的10倍放大镜的焦距可以根据以下公式求得：

$$M=\frac{d}{F}$$

式中，M为放大倍数；d为明视距离（人眼看物体最清楚而又不易疲劳的距离），一般为25cm；F为放大镜焦距。

因为10倍放大镜的焦距是2.5cm，所以我们在使用10倍放大镜时，应把宝石放在距离放大镜2.5cm左右处观察。

③在钻石分级时使用10倍放大镜，正确的姿势为：端坐桌前，双肘自然支撑在桌上，用右手（习惯用右眼观察者）拿放大镜。放大镜可套在食指上，用大拇指和中指夹住。左手拿镊子夹住钻石，再把镊子放在右手的中指与无名指之间，并且使左右手相互依托，持放大镜的手靠住脸颊（图2-3）。观察时两眼均应睁开。

图2-3 使用放大镜的正确姿势

3. 宝石显微镜

宝石显微镜有单筒与双筒两类，常用的为双筒立体连续变倍宝石显微镜。

(1) 宝石显微镜的结构

宝石显微镜的结构如图 2-4 所示，包括以下部分。

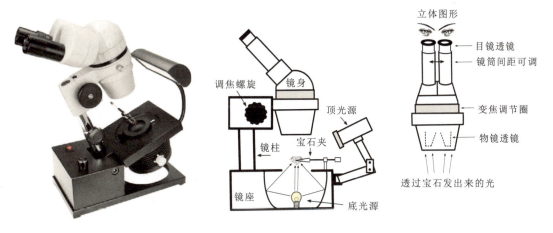

图 2-4　宝石显微镜的外观与结构

镜座：是宝石显微镜的基座，用来支撑显微镜。

镜柱：在镜座之上。镜柱上安装有调焦螺旋。

镜身：安装在镜柱上，由光学系统构成，包括目镜、变倍镜和物镜。

光学系统：双筒立体连续变倍宝石显微镜有两个目镜、两个物镜和一个变倍镜（变焦调节圈），构成两个单独的光学系统。目镜中通常有一个带有调焦装置，有的宝石显微镜两个目镜都有调焦装置。目镜放大倍数通常为 10 倍、20 倍，物镜放大倍数常为 2 倍、4 倍。宝石显微镜的放大倍数等于目镜倍数×物镜倍数×变倍指数。

调焦螺旋：由齿条和螺旋组成，可以升降镜身和光学系统，以便准焦。

照明系统：包括底光源和顶光源。

此外，还有宝石夹、锁光圈、底光源挡板以及底光源开关和顶光源开关等。

(2) 宝石显微镜的调节与使用

打开光源，清洁宝石，把宝石置于宝石夹上，按下面步骤来调节和使用宝石显微镜，据双眼宽度调节两目镜间距，调节两眼焦距。正确使用宝石显微镜时准焦步骤如下。

①对准目的物。

②旋转调焦螺旋，使无调焦装置的那个目镜准焦（只用一只眼睛观察无调焦装置的目镜）。

③同样只用一只眼睛观察另一目镜，并用目镜上的调焦装置准焦。此时焦距即已调好。若仍未调好焦距，则重复上述步骤。

④选择照明方法。根据需要采用不同照明方法从不同方向观察宝石，先用低放大倍数观察再用高放大倍数观察。注意灰尘、油污与内部特征的区别。

(3) 宝石显微镜的照明方法

由于宝石的透明度、包体类型均不同，选择适当的照明方法会取得更好的观察效果。

①暗域照明法。打开底光源，加入挡板，可得到侧光照明，暗域背景使包体更清晰地显现出来，可用于观察微细的纤维状包体、生长纹、裂理、解理和裂隙等。

②亮域照明法。撤掉挡光板，使底光源的光线直接通过宝石。亮域照明对大多数透明、半透明的宝石包体的观察都是有效的，尤其有利于对色带、生长纹和低突起的包体的观察。

③顶部照明法（垂直照明法）。关掉底光源，用顶光源垂直（或近垂直）照射宝石。主要用于表面特征的观察。还可用于不透明或微透明宝石的观察，如某些透明度很差的黑曜岩的斑晶的观察，矽线石、透辉石解理的观察；透明度较好的样品的观察，如欧泊变彩、彩片以及优化处理的样品，如B货翡翠、充填红宝石等。

④散射照明法。在宝石和光源之间放置面巾纸或其他半透明材料，使光线散射、变柔和，利于观察色域和色带，特别适合用于观察扩散处理的宝石。

⑤点光照明法。使用底光源并缩小锁光圈使光成点状照射宝石。易于观察色带、弯曲条纹和宝石结构。

⑥水平照明法。用冷光源或笔式手电水平照射宝石，从上部观察。水平照明可使点状包体、气泡等清晰地显现出来。

⑦斜向照明法。用冷光源或笔式手电从宝石的不同角度斜向照射到宝石上，可用于观察气液两相包体、解理面等产生的薄膜干涉效应。

⑧偏光照明法。在宝石显微镜中添加上、下偏光片，将宝石置于其间，可用于观察宝石的光性特征、干涉图、多色性等。

⑨遮掩照明法。底光源照明，利用挡光板遮挡一部分光线，可使包体更具立体感。有利于确定晶体生长结构，如弯曲生长纹、双晶纹等。

除上述九种基本照明方法（图2-5）外，还可以用复合照明法，如亮域照明加顶部照明，暗域照明加顶部照明等。

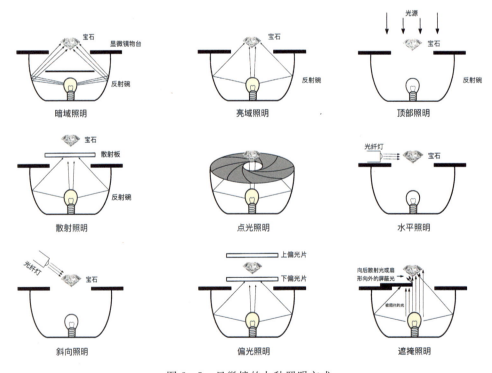

图2-5 显微镜的九种照明方式

(4) 使用宝石显微镜时的注意事项

①宝石显微镜是精密的光学仪器,操作应轻缓,不可用力过猛。

②不要用手触摸镜头,若需要清洁镜头,可用擦镜纸。

③不使用时随手关掉电源开关。

④用完后将物镜调至最低点,避免调焦螺旋疲劳并可延长其使用寿命。

⑤用完后套上镜罩。

(二) 折射仪

1. 方法原理

折射仪是根据全反射及临界角原理制成的。当光线从光密介质射入光疏介质时,折射光线远离法线。当入射角增大到一定程度时,折射角为90°,即折射光线沿两介质的界面传播,此时的入射角为临界角。当入射角大于临界角时,则光线全部返回到入射介质中,这种现象称为全反射。小于临界角的入射光线全部折射进入折射介质。而大于临界角的入射光线全部返回到入射介质中,因此形成明暗交界。此明暗交界在折射仪上的数值即宝石(折射介质)的折射率值。宝石的化学成分和晶体结构的不同,使它们具有不同的临界角。

$$N_\text{宝} \times \sin i = N_\text{棱} \times \sin \varphi$$

式中,$N_\text{宝}$ 为宝石折射率;$N_\text{棱}$ 为棱镜折射率;φ 为宝石的临界角;i 为入射角。临界角出现时,$\sin i = \sin 90° = 1$,所以 $N_\text{宝} = N_\text{棱} \times \sin \varphi$。

每种宝石都有临界角,故有一定的阴影边界,用刻度尺标注之后,即可读出折射率值(图2-6)。

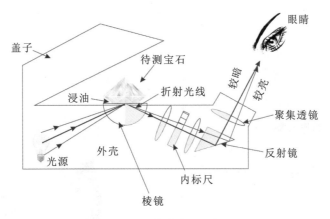

图2-6 折射仪原理图

2. 结构

折射仪由棱镜(半圆柱)、工作台、标尺、反射镜、目镜、偏光片、进光孔、密封盖、标准光源等组成(图2-7、图2-8)。使用折射仪时,还需要用到浸油。

棱镜:采用均质体、高折射率的材料,如铅玻璃、合成立方氧化锆等。

标尺:是一块有刻度的玻璃板,上面刻有数值。

反射镜:亦称直角反光棱镜,可使影像转动90°,便于观察。

目镜：起放大作用的放大镜，用来读折射率的数值。

偏光片：放在目镜之上，可以转动，读到的数值代表宝石在偏光片振动方向的光波的折射率值。

进光孔与标准光源：光源可用外部光源，也可用内部光源。标准光源为黄光或钠光源，波长为589.5（589）nm。

外壳与密封盖：外壳起连接与固定作用。密封盖使杂光、散光无法进入仪器，读数更清晰。

浸油：又称接触液、折射油。低折射率的宝石测折射率时，可使用二碘甲烷做浸油，其折射率值为1.74；通常用的浸油为二碘甲烷＋沉降硫，折射率为1.78～1.79；也可以用二碘甲烷＋沉降硫＋四碘乙烯（18%），折射率值为1.81。

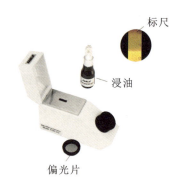

图2-7 折射仪外观

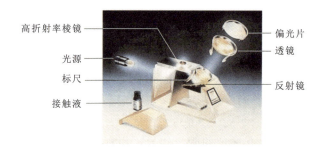

图2-8 折射仪分解图

3. 精度与测量范围

仪器精度：±0.002。

测量精度：±0.005（刻面测法）；±0.01（点测法）。

测量范围：1.350～1.810（视 $N_{浸油}$ 的值而定）。

4. 使用方法与操作步骤

（1）刻面测法（近视技术，图2-9）

适用于具有较大平整、光滑刻面的宝石。具体操作步骤如下。

①用酒精棉球清洁样品与棱镜台面。

②打开光源，观察视域的清晰程度。

③滴一小滴浸油（直径1～2mm为宜）于棱镜中心位置。

④置宝石于油滴上，轻轻转动宝石，以使宝石与棱镜有良好的光学接触。

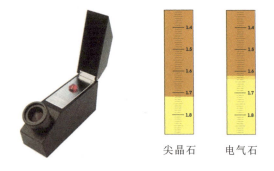

图2-9 刻面测法及目镜内的阴影边界

⑤眼睛靠近目镜（距离为1～3cm）观察，在明暗交界（阴影边界）处读数。

⑥转动宝石360°，每转一定角度立即观察和读数，同时旋转偏光片以便清晰读数。

⑦若为均质体或集合体,只有一条阴影边界(图2-9),即一个折射率值(集合体极少数情况会有两条阴影边界,如软玉——纤维状透闪石定向排列所致)。

⑧若为非均质体,可见两条阴影边界,取最大值和最小值即可(二者差值为双折射率或接近最大的双折射率)。

(2) 点测法(远视技术,图2-10)

适用于弧面型宝石以及尺寸很小的刻面型宝石。具体操作步骤如下。

步骤①~步骤④同刻面测法(油滴小些,直径1mm左右即可)。

⑤去掉偏光片,所见影像为圆或椭圆。

⑥眼睛距窗口至少30cm,上下移动视线观察(图2-10),当油滴呈一半亮一半暗时读数,油滴中的明暗交界处即为点测折射率值。读数方法有以下两种(图2-11)。

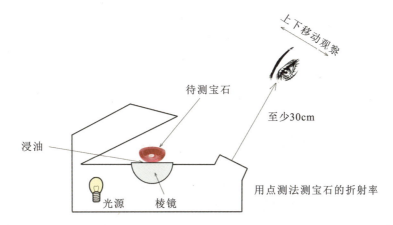

图2-10 点测法及目镜内的影像

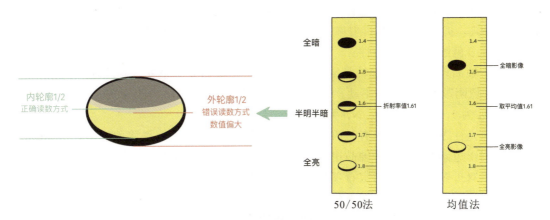

图2-11 点测法读数方法

50/50法:观察油滴呈半明半暗时明暗交界处的读数并记录。这种方法精度较高,通常可用于表面抛光良好的宝石。读数可精确到小数点后第二位。

均值法:观察油滴的亮度在标尺的某一区间逐渐变化的情况。读取宝石刚好全暗和刚好全亮时的读数,两者的平均值即为该宝石的折射率。这种方法通常用于抛光不好或表面稍有不平的宝石，因为这类宝石在测折射率时无法找到油滴半明半暗的分界线，无法用50/50法读数。这种方法精度较差。

（3）折射率值的记录

刻面测法的记录：单折射宝石记录到小数点后第三位，如尖晶石，$RI=1.718$；双折射宝石记录到小数点后第三位，大值和小值之间用","或"/"隔开，不建议用"-"、"—"或"～"。如红宝石RI记作1.762，1.770或1.762/1.770，但不建议记作1.762-1.770，1.762—1.770或1.762～1.770。

点测法的记录：点测法的折射率值记录到小数点后两位，后面加"（点）"。如水晶RI记作1.54（点），必须注明为点测法。

高折射率宝石折射率的记录：高折射率宝石折射率值超出了折射仪的测试范围，无阴影边界出现。此时记录其折射率值大于浸油的折射率值即可，且必须写出浸油的折射率值。如合成立方氧化锆，$RI>1.79$（浸油），不能写成$RI>$浸油。高折射率宝石记录为$RI>1.79$（浸油），也是有效鉴定证据之一，说明该宝石是高折射率的宝石。

5. 注意事项

（1）折射率精度和可靠性的影响因素

①样品的抛光质量与平整度。

②浸油的多少。浸油太多宝石可能浮起，太少则接触不良。

③样品、测台是否干净。

④光源应为黄光（钠光源），波长为589.5（589）nm。

（2）观测折射率的几种特殊现象

①假均质体现象。转动宝石360°，只见一条阴影边界，但快速转动偏光片，阴影边界好像上下移动。出现这种情况的原因是该非均质宝石双折射率小，如磷灰石、符山石。遇到这种情况可用二色镜观察其多色性，用偏光镜观察其光性特征。例如符山石因为双折射率有时小到0.001，折射仪测试其折射率只见一条阴影边界1.718，但观察光性特征可见四明四暗，观察其多色性可见弱二色性。

②假一轴晶现象。有些二轴晶宝石的Ng与Nm或Nm与Np差值很小，当宝石转动360°时，好像阴影边界有一条不动，另一条动。如金绿宝石，Nm接近Np，Ng为1.753～1.758，Nm为1.747～1.749，Np为1.744～1.747。

③特殊光性方位。一轴晶有时两条阴影边界重合，转动宝石可消除此现象；二轴晶有时可有一条阴影边界不动，与一轴晶相似，转动宝石或换刻面观测即可解决。

④某些双折射率特别大的宝石，其中一个折射率值位于折射仪的测试范围之内，而另一个折射率值超出了测试范围。如菱锰矿，$No=1.84$，$Ne=1.58$，当转动宝石时，只有一条阴影边界（Ne），但却不停移动（No已超出观测范围，无法观测）。

（3）无法读数的原因

①宝石折射率值大于浸油的折射率值，即宝石为高折射率的宝石，折射率值超出了折射仪的测试范围。

②宝石抛光不良。

③样品不在测台中央。

④刻面型宝石粒度太小，用刻面测法无法见到阴影边界，此时可用点测法读出其折射

率值。

⑤眼睛距离、方位不对。

⑥样品或测台不洁净。

6. 折射仪的应用

(1) 测折射率

刻面测法测得的折射率值精确,而点测法有时误差较大,定名时应结合相对密度等其他特征综合分析、判断。

(2) 测双折射率

置宝石于棱镜测台上。旋转偏光片,读出最大值与最小值,然后依次旋转宝石45°,同时旋转偏光片观察,记录其最大值与最小值。最后取所有读数中的最大值和最小值,二者之差为双折射率(或接近最大双折射率),有时须换刻面观测。

(3) 区分均质体与非均质体

均质体宝石为单折射宝石,只有一条阴影边界,即一个折射率值,而非均质体为双折射宝石,可测得两个折射率值。

(4) 测轴性

一轴晶宝石一条阴影边界不动(No),另一条阴影边界动(Ne),二轴晶宝石一般情况下两条阴影边界(Ng 和 Np)都动。

(5) 测光性正负

①一轴晶光性正负的测定。一轴晶的两条阴影边界,如果小值不动(No),大值动(Ne),即 $Ne>No$,为正光性(U^+);如果大值不动(No),小值动(Ne),即 $Ne<No$,为负光性(U^-)。

观测一轴晶宝石折射率时,不动的阴影边界为常光(No),动的阴影边界为非常光(Ne)。实际观测过程中,是大值动还是小值动往往难以判断。最好是用测双折射率的方法,转动宝石和偏光片,测两组或三组数据,即可确定一轴晶的光性正负。如紫晶,第一次测得 1.544、1.553,转动宝石一定角度后,旋转偏光片观测,测得第二组数据为 1.544、1.550。从两组数据中可以看出,常光(No)的折射率值是 1.544,是不动的;而 1.553、1.550 是非常光(Ne)的折射率值,是动的。因为 $Ne>No$,所以紫晶是一轴晶正光性(U^+)。

②二轴晶光性正负的测定。二轴晶中若 $Ng-Nm>Nm-Np$,为正光性(B^+);若 $Ng-Nm<Nm-Np$,为负光性(B^-)。即若大折射率(Ng)阴影边界上下移动幅度比小折射率(Np)移动幅度大,则说明 $Ng-Nm>Nm-Np$,为二轴晶正光性(B^+);反之,为二轴晶负光性(B^-)。

二轴晶光性正负的测定还可以用作图法。因为需要宝石有大刻面,抛光良好,同时又费时太多,故不要求掌握,一般了解即可。

(6) 测色散值

分别用红光(687nm)和紫光(430.8nm)做光源,测得的宝石的折射率值之差即为该宝石的色散值。

(7) 检查浸液的折射率值

在折射仪的测台棱镜中央滴一滴浸液,观察视域,找到阴影边界并读数,该读数即为浸液的折射率值。

（三）相对密度测定

密度：即单位体积物质的质量，单位为 g/cm³。

相对密度是在4℃及标准大气压下，材料的质量与等体积的水的质量之间的比值。相对密度是通过用物体的质量除以等体积的温度为4℃的蒸馏水的质量得到的。由于4℃时水的密度为1g/cm³，因此宝石的相对密度数值与其密度值正好相等，只不过相对密度无量纲。为了方便记录，宝石学中常用相对密度，本书也采用相对密度。

相对密度测定常用静水称重法及重液法，也可用磁流体法等。

1. 静水称重法

（1）原理

依据阿基米德定律，固体在液体中受到的浮力（失去的重量）等于它所排开的同体积液体的重量。由此可得密度公式：

$$\rho = \frac{m}{m-m_1} \times \rho_0$$

式中，ρ 为样品在室温时的密度（g/cm³）；m 为样品在室温时的质量（g）；m_1 为样品在液体介质中的质量（g）；ρ_0 为一定温度下液体介质的密度（g/cm³）。

（2）仪器

所用仪器为电子天平或其他衡器（图2-12），感量小于或等于1毫克（1mg），精度为千分之一。

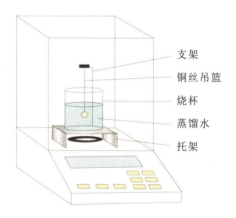

图 2-12　电子天平及其他辅助支架示意图

（3）操作步骤

调整天平到水平位置；在空气中称量宝石，记录其质量 m；在液体中称量宝石，记录其质量 m_1；按 $\rho = \frac{m}{m-m_1} \times \rho_0$ 公式计算，即得到宝石的密度值。密度单位统一用g/cm³，结果保留小数点后两位，如水晶密度为2.66g/cm³，碧玺密度为3.06g/cm³等。在实习时，将代入公式计算得出的宝石密度去掉单位即为相对密度，如水晶相对密度为2.66。

（4）注意事项

①清洁宝石。

②选用液体:蒸馏水密度一般采用 1.00g/cm³;四氯化碳需要做温度校正,25℃时密度为 1.579g/cm³,32℃时密度为 1.569g/cm³,35℃时密度为 1.559g/cm³。
③测量时宝石必须全部浸没于液体中。
④宝石表面粗糙或有穿孔,存在气泡,会影响精度。
⑤样品越小,误差越大,精度越差。样品过小(<0.005g)时,测量的密度误差大,不能作为鉴定依据。
⑥多孔样品、串连饰品、镶嵌饰物,不适合用这种方法测量密度。
⑦不要移动天平,保持天平处于水平位置。
⑧细心操作。铜丝吊篮不要接触到烧杯壁;烧杯壁不要碰到支架;秤盘上不要有灰尘,不要溅上液体;千万不要碰倒烧杯,万一碰倒烧杯,应立即断电,否则会引起严重后果;液体称量前要先归零(去皮);称重时将防护罩门关严;准确读数。
⑨若实验采用的液体为四氯化碳,实验结束后,将四氯化碳倒回瓶中,将盖子盖紧。

2. 重液法

重液法是利用相对密度不同的重液与宝石相比较,间接测定宝石相对密度的一种方法(图 2-13)。

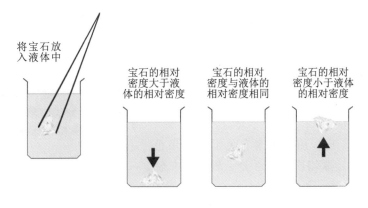

图 2-13 重液法

(1) 特点
简单、迅速,只能测得相对密度的大致范围。与重液起化学反应者无法测试。
(2) 原理
悬浮——二者相对密度相当;上(漂)浮——宝石相对密度小于相对密度重液;下沉——宝石相对密度大于重液相对密度。
(3) 理想重液的要求
所选重液挥发性应尽可能小,透明度好,化学性质稳定,黏度适宜,尽可能无毒无臭,可混溶而不产生第三种物质,混溶重液各成分挥发性尽可能一致。
常用重液的相对密度及折射率值见表 2-1。
(4) 注意事项
①应先使用相对密度大的重液进行测试以节省时间。
②每次测试后均须清洁宝石和镊子。

表 2-1 常用重液的相对密度及折射率值

重液	相对密度	折射率
克列里奇液	4.20	/
二碘甲烷	3.32	1.74
三溴甲烷	2.89	1.59
一溴甲烷	1.47	1.66
甲苯	0.87	1.49
饱和盐水	1.13	/

③重液用完后盖紧瓶盖。
④用棕色瓶子盛装重液,避光保存。

3. 磁流体法

盛有顺磁性(弱磁性)液体的容器置于非均匀磁场的电磁铁间隙,液体的相对密度将随磁场强度的变化而变化。磁场强度大的部分在下,磁场强度小的在上,即磁场强度"分层",顺磁性液体的相对密度也随之分层,形成一个相对密度递增的重液柱。将宝石投入到重液柱中,宝石将定位悬浮在某一相对密度范围内,借助标尺可读出其相对密度值。该法主要用于大量样品的分选,也可用于个别样品的相对密度测定。

(四) 二色镜

1. 应用

二色镜(图 2-14)用于观察有色宝石的多色性,可区分均质体、非均质体,区分一轴晶、二轴晶,以便鉴别宝石。

图 2-14 二色镜

2. 原理

当光波进入非均质体宝石时,分解成振动方向互相垂直的两束偏光,这两束偏光振动方向不同,选择吸收也不同,使非均质宝石产生多色性。二色镜中的冰洲石块双折射率大,可使多色性显现出来。

从非均质宝石同一部位透射的光被分解成振动方向互相垂直的两束偏光,当其振动方向与二色镜中冰洲石的光率体椭圆长、短半径分别平行时,即可观察到二色性;二者斜交时,观察到的是混合色。

3. 结构

二色镜通常是用冰洲石组装的(图 2-15、图 2-16)。由物镜进光窗口(二色镜聚焦在窗口)、冰洲石菱面体、目镜、金属固定架(或软木座)、玻璃棱镜、外圆筒等构成。用偏光片制作的二色镜观察时会产生很多问题,不建议使用。

4. 使用方法

①用连续光谱的白光作光源,如日光灯光、白炽灯光、手电筒光、日光等。

图 2-15　冰洲石二色镜主要结构示意图　　　图 2-16　冰洲石二色镜原理示意图

②用透射光观察（图 2-17）。
③眼睛距离二色镜、宝石距离二色镜 2～5mm。
④从宝石的两个以上方向观察，观察时转动二色镜。

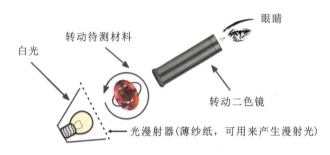

图 2-17　二色镜使用方法示意图

5. 注意事项

①光源不能用单色光、偏光，要用连续光谱的白光。
②宝石应为有色、透明—半透明的宝石。
③不要把二色性的过渡色（混合色）当作第三种颜色。
④均质体无多色性；一轴晶可具二色性（光轴方向除外）；二轴晶可具三色性；集合体多色性一般不可测。
⑤多色性有强（如堇青石、红柱石、蓝碧玺等）、中（如红宝石等）、弱（如紫晶、橄榄石等）、无（均质体及无色的非均质体）之分（图 2-18）。

图 2-18　宝石多色性

⑥一定要从宝石的多个方向观察,以避免光轴方向。从多个方向观察也是为了找到一轴晶的两个主要光学方向、二轴晶的3个主要光学方向。同时要旋转二色镜观察,以使从非均质宝石透过的两束互相垂直振动的偏光分别与二色镜冰洲石光率体椭圆长、短半径分别平行,观察到真正的多色性(观察三色性时,至少要从两个方向观察才能观察到三色性)。

⑦二色镜用完后放回盒中,以免掉到地下摔坏。

(五)偏光镜

1. 原理

根据正交偏光下宝石的消光与干涉现象确定宝石的光性特征,也可用平行偏光(相当于单偏光条件下)观察多色性和吸收性(图2-19)。观察宝石的光性特征,需要调节上、下偏光片到正交。

在正交偏光下有以下几种现象。

全暗:为均质体(包括非晶质、等轴晶系宝石)或非均质体垂直光轴的方向(沿光轴方向观察宝石)。

四明四暗:为非均质体(特殊方向除外)。有时均质体如石榴石,也有四明四暗的任意偏光现象。

全亮:一般为非均质集合体。部分均质集合体和非均质体受双晶、裂理、解理、裂隙发育、特殊结构或包体等因素的影响也可表现为全亮。

异常消光:斑块状、波状、蛇状消光等。均质体在正交偏光下应为全暗,有时会出现上述不规则消光,称之为异常消光。

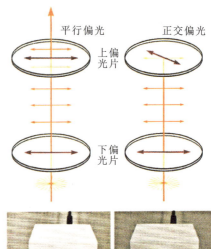

正交偏光时,偏光镜视域最暗　　平行偏光时,偏光镜视域最亮

图2-19　偏光镜的正交偏光和平行偏光

2. 结构

偏光镜的结构较简单(图2-20),有上偏光片,可调节,能转动360°;下偏光片,固定不动,其上有可以旋转的玻璃物台;底座内有光源(小功率灯泡);此外有电源变压器和开关等。

有的偏光镜还配有玻璃干涉球(相当于勃氏镜),可用来观察干涉图。

3. 操作步骤

①打开光源。

②调节上偏光片,使之与下偏光片正交,此时视域黑暗。

③将宝石置于玻璃物台上。

④旋转玻璃物台360°观察现象。

⑤从宝石的多个方向观察,以避免光轴方向或刻面的影响。

⑥根据全暗、四明四暗(图2-21)、全亮等现象判断宝石类型(要排除某些宝石的任

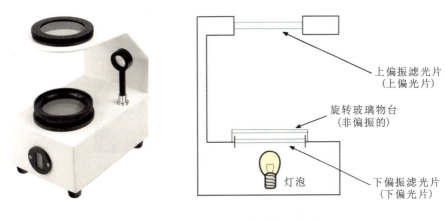

图 2-20 偏光镜的外观与结构示意图

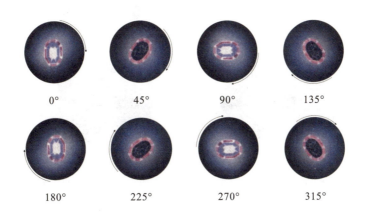

图 2-21 偏光镜下非均质体宝石转动 360°呈四明四暗现象

意偏光现象或异常消光现象)。

4. 干涉图的观察

干涉图是非均质体在正交偏光下所呈现的由彩色条带组成的图案。它是由锥形偏光、非均质体及上下偏光共同作用而产生的。

(1) 观察方法

均质体无干涉图,只有非均质体光轴与偏光片近于垂直时,才会出现干涉图。在正交偏光镜中放入宝石,若出现彩虹般的条带,转动角度寻找颜色最密集的地方,加上干涉球(或称锥光镜,也可用10倍放大镜替代),便可能观察到干涉图(图 2-22)。

(2) 现象解释

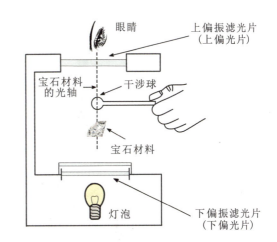

图 2-22 干涉图观察示意图

根据干涉图的形状可判断宝石的轴性。

①一轴晶干涉图由一个黑十字和围绕十字的多圈同心圆状色环组成（图2-23）。黑十字中间窄，边缘宽，转动宝石，图形不变。

 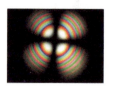

一轴晶宝石黑十字干涉图素描图　　一轴晶宝石黑十字干涉图

 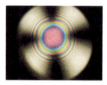

水晶的牛眼干涉图素描图　　水晶的牛眼干涉图

 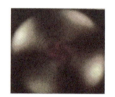

水晶的螺旋桨状干涉图素描图　　水晶的螺旋桨状干涉图

图2-23　一轴晶宝石的干涉图

水晶虽然是一轴晶，但因具有旋光性，会形成中空的黑十字图形，称为牛眼干涉图。一部分具有双晶的水晶干涉图呈螺旋桨状搅动的中空黑十字图形，称为螺旋桨状干涉图。

②二轴晶干涉图（图2-24）由一个黑十字及"∞"字形干涉色圈组成，黑十字的两条

 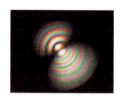

二轴晶宝石单臂干涉图素描图　　二轴晶宝石单臂干涉图

 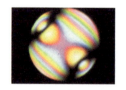

二轴晶宝石双臂干涉图素描图　　二轴晶宝石双臂干涉图

图2-24　二轴晶宝石干涉图

黑带粗细不等，"∞"字形干涉色圈的中心为两个光轴出露点，越往外色圈越密。转动宝石，黑十字从中心分裂成两条弯曲黑带，继续转动，弯曲黑带又合成黑十字，这种图形称为双臂干涉图（双光轴干涉图），较难观察到。较为常见的二轴干涉图是单臂干涉图（单光轴干涉图），它由一条黑带及同心圆干涉色圈组成，转动宝石，黑带弯曲，继续转动，黑带又变直。

5. 注意事项

①不透明或微透明的样品不能用偏光镜测试。
②从多个不同方向检测，以避免仅得到光轴方向的观察结果或减少刻面的影响。
③样品的包体和裂隙几乎可以导致任意的偏光现象。
④某些单折射的宝石，如石榴石、玻璃、欧泊和琥珀可呈现任意的偏光现象。
⑤折射率大（$RI>1.81$）的宝石，消光现象可能会出现问题。
⑥尺寸很小的样品，难以观察到现象和解释结果。
⑦有时受刻面的影响，很难观察消光现象。

6. 应用

①区分均质体、非均质体及非均质集合体。
②解析干涉图，确定轴性及光性（很困难，光性方位不容易确定）。
③观察多色性（在平行偏光，即单偏光条件下检查）。
④观察异常消光：在正交偏光镜下，将宝石转至最亮位置或局部最亮位置，然后转动上偏光片90°，若视域变得更亮，则宝石为异常消光（异常双折射）；若不变或变暗则为非均质（双折射）宝石。用上述方法观查异常消光经常会出现问题，最好是通过观察有无多色性，测试是否有双折射率等综合分析，才可以很好地判断宝石类型。

（六）分光镜

1. 原理

不同宝石致色元素不同，对可见光选择吸收后，吸收线、吸收带的位置及相对强度不同，因而可利用能形成连续光谱的分光镜观察样品在白光（400～700nm）照射下所产生的黑色谱线或谱带的位置及相对强度来鉴别宝石。

棱镜式分光镜的原理是：白光中不同波长的光在同一物质中传播速度不同，折射率值不等。一般而言，波长越短，传播速度越慢，折射率越大。因此，白光中不同波长的光就分布在分光镜的不同位置上，并形成连续光谱。

2. 结构

分光镜可分为棱镜式和光栅式两类。
（1）棱镜式分光镜的结构
棱镜式分光镜的结构如图2-25所示。
狭缝：控制进光量。观察透明宝石狭缝几乎闭合，半透明宝石狭缝开得稍大一些。测试时一般是先把狭缝关闭，再稍一打开观察现象，此时谱线（带）最清晰。
棱镜组：一组棱镜。要求不吸收可见光中特定波长的光，色散值不能太大，也不能太小，色散后的光谱带要有足够宽度。所用材料应为均质体，否则会产生两套光谱。
此外还有透镜、标尺及目镜、滑管（内管）、外管等。

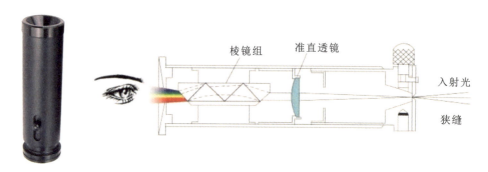

图2-25 分光镜的外观与结构示意图（棱镜式）

棱镜式分光镜除手持式分光镜之外，还有台式分光镜（图2-26）。台式分光镜有标尺、读数系统及分光镜支架等。

（2）光栅式分光镜的结构

光栅式分光镜主要由衍射光栅、准直透镜、纠偏棱镜（直角棱镜）、狭缝等组成（图2-27）。

光栅式分光镜光谱分布均匀，但不如棱镜式分光镜清晰，只是对透明度好且在红区有吸收线的宝石测试有利（图2-28）。

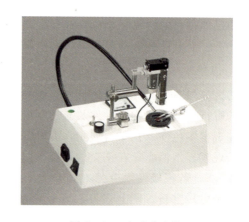

图2-26 台式分光镜

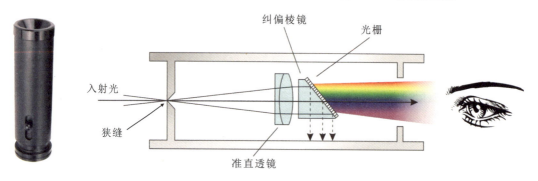

图2-27 分光镜的外观与结构示意图（光栅式）

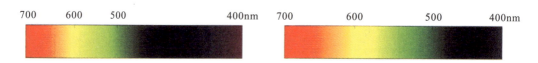

图2-28 棱镜式分光镜（左）与光栅式分光镜（右）的光谱对比

3. 操作步骤

①根据样品选择照明方法。

a. 透射法：适用于透明度较好（透明—半透明）的宝石。测试时首先清洁样品，将宝石置于光源上方，分光镜对准宝石光源最亮的地方，调节分光镜观察角度，找到最清晰的光谱进行观察（图 2-29）。

b. 内反射法：适用于颜色浅或透明的小颗粒宝石。将宝石台面向下置于黑色背景上，调节入射光方向与分光镜的夹角，尽可能使白光通过宝石的内部反射后全部进入分光镜。将分光镜对准宝石内反射光线最集中（最亮）的部位，调节分光镜的观察角度，找到最清晰的光谱进行观察（图 2-29）。

c. 表面反射法：适用于微透明—不透明的宝石。将宝石置于黑色背景上，调整光源照射角度，使光线从宝石表面反射出来，将分光镜对准反射光线，调节分光镜观察角度，找到最清晰的光谱进行观察（图 2-29）。

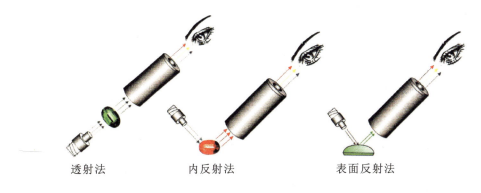

图 2-29 分光镜的照明方法

②一般采用透射法，因为它较易掌握。若用反射法须将样品放在黑色背景上，入射光与反射光呈 90°。

③调节分光镜镜头高度，狭缝与宝石距离 1cm 左右即可（有的学者认为距离 2.5cm 左右，但实践证明 1cm 左右观察效果较好）。

④调节狭缝与滑管焦距。狭缝关闭，稍一打开时谱线、谱带最清晰。调节滑管焦距，观察蓝区向上推，红区向下推（光栅式分光镜是不可调的，一部分棱镜式分光镜也是不可调的）。

⑤观察谱线、谱带位置与相对强度并画图。

4. 注意事项

①光源应为连续光谱（400～700nm）的白光光源。光源应为强光源，最好为冷光源。

②有发射光谱的日光灯、荧光灯等不能作为光源。

③仅让从光源发出并透过宝石的光进入分光镜。

④样品太小时，光谱弱，不易观察。

⑤样品透明度好，则光谱清晰度好。

⑥样品颜色深，则光谱清楚。

⑦手持宝石看光谱时若有 592nm 吸收线，应判别 592nm 吸收线是否由血液引起。

⑧分光镜用完后放回盒中，以免滚到地下摔坏。

（七）查氏镜（查尔斯滤色镜）

1. 原理

某些颜色相近的样品具有不同的光谱特征，可以在某些特定波长的滤色镜下呈现不同的颜色，由此可鉴别宝石。

宝石的颜色是宝石对白光选择吸收后剩余波长混合的结果。同样的颜色，可以由不同光谱组成。如绿色翡翠与绿色翠榴石，肉眼看二者都是绿色，无法区分，但前者绿色中一般不含红色的光；而后者绿色中含少量红色的光。查氏镜可以将二者区分开来，查氏镜下前者不变红，后者变红。

2. 结构

查氏镜发明于1934年。当时为了区分祖母绿及其仿制品，英国宝石检测实验室安德森与查尔斯科技学院合作设计生产了查氏镜，也叫祖母绿滤色镜。当时，祖母绿在查氏镜下变红，其他绿色宝石不变红，以此鉴别祖母绿与仿祖母绿。但这是当时的认识，目前已证明实际情况不是如此。例如哥伦比亚等地祖母绿在查氏镜下变红，而印度、巴基斯坦等地的祖母绿在查氏镜下不变红，翠榴石、某些绿色锆石在查氏镜下也变红。尽管如此，仍然可以利用查氏镜来鉴别某些宝石。

查氏镜的结构比较简单。将滤光片夹在起保护作用的玻璃片之间，再把玻璃片装在可以转入转出的塑料外壳中即组成了查氏镜（图2-30）。查氏镜的滤光片仅让部分红光和黄绿光通过，并且通过的红光比黄绿光多得多。

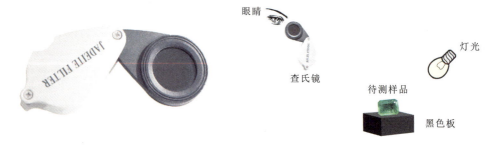

图2-30　查氏镜外观及使用方法示意图

3. 操作步骤

①清洁样品。

②将样品放在黑色板上（不反光或不影响观察的背景上）。

③光源用强的白光，并且要靠近样品照射。

④手持查氏镜尽量靠近眼睛，查氏镜距离样品30cm左右处观察。

4. 应用

①鉴定合成蓝色尖晶石、蓝色玻璃、合成蓝色水晶。三者均由钴致色，故在查氏镜下呈艳红色。而其他蓝色宝石在查氏镜下颜色均与它们不同，如蓝宝石（呈浅蓝色、灰蓝色）、海蓝宝石（呈黄绿色）、蓝色托帕石（呈灰蓝色、泛红）。

②鉴定绿色玉髓：铬致色的绿玉髓在查氏镜下变红，而镍致色的绿玉髓在查氏镜下不变红。

③鉴定染色绿色翡翠，铬盐染色的在查氏镜下变红，而有机染料染色的不变红。

④帮助鉴定其他相似宝石。绿色翡翠在查氏镜下不变红，而绿色水钙铝榴石在查氏镜下变红。若为祖母绿，并在查氏镜下呈亮红色，则为合成祖母绿的可能性极大。某些绿色锆石、翠榴石在查氏镜下呈粉红色。红宝石、红色尖晶石在查氏镜下呈红色，而红色石榴石呈灰黑色。

5. 注意事项

①光源为强的白光，弱手电、荧光灯、阳光不适合用作查氏镜的光源。

②查氏镜所观察到的颜色深浅取决于样品的大小、形状、透明度及其本身颜色深浅。

③由于染色剂的类型和含量的差异，每一样品的反应可以不同。

④只是辅助手段，尚须结合其他仪器综合判断宝石类型。

（八）紫外灯（紫外荧光灯）

1. 原理

根据宝石在长波紫外光和短波紫外光下的发光性鉴别宝石。紫外光是电磁波谱中10～400nm这一部分，位于可见光和X射线之间，波长较可见光短，不能为人眼所观察到。

当紫外光照射到某些样品时，激发样品发射可见光的现象，称为荧光或磷光。荧光按发光强度分为无、弱、中、强。某些宝石可有磷光（如欧泊、萤石等）。

铁是荧光的猝灭剂。

2. 结构

紫外灯实际是一个提供紫外光的光源。紫外光源为灯管加特制滤光片，可发出长、短波紫外光。长波波长为365nm，短波波长为254nm（253.7nm）。此外，有观察窗口、暗箱和开关。紫外灯外观如图2-31所示。

图2-31 紫外灯外观

3. 操作步骤

①在未打开紫外灯开关前，清洁宝石并将它放进暗箱内的样品台上。

②分别按LW（长波）和SW（短波）按钮，观察荧光反应。

③如果需要观察磷光性，关闭开关进行观察。

4. 应用

①鉴定宝石品种。如红宝石有红色荧光，红色石榴石无荧光，即荧光为惰性。

②帮助判别天然宝石与合成宝石。如无色蓝宝石可有红色—橙色荧光，而合成无色蓝宝石可有蓝白色荧光。无色尖晶石无荧光，而合成无色尖晶石为蓝绿色、蓝白色荧光。

③帮助鉴别钻石与仿钻石。钻石荧光变化很大，从无至强，可见各种颜色（图2-32）；而仿钻石如合成立方氧化锆，荧光则较一致。因此，可用来鉴别群镶钻石的真伪。

图 2-32 钻石首饰及其荧光

④帮助判断宝石是否经过人工处理。天然翡翠一般无荧光或荧光较弱,而某些 B 货翡翠可发出中—强的黄绿色或蓝白色荧光(图 2-33)。某些天然黑珍珠可发红色或浅黄色的荧光,而硝酸银处理的染色黑珍珠,无荧光或发灰白色荧光。

图 2-33 天然翡翠(左)和 B 货翡翠(右)的荧光

⑤帮助判断某些宝石的产地。如长波下斯里兰卡黄色蓝宝石呈黄色荧光,而澳大利亚黄色蓝宝石无荧光。

5. 注意事项

①紫外光会损伤眼睛,所以应在放置样品之后再打开开关。
②透明样品与不透明样品荧光有所不同。
③有时样品仅某一部分发荧光,如祖母绿中的油剂、青金石中的方解石。
④同类宝石不同样品的荧光可有明显差异。
⑤只是辅助手段,尚须结合其他仪器综合判断。

(九)热导仪

热导仪是 20 世纪 80 年代初设计生产的,是迅速而有效鉴定钻石与仿钻石的仪器。但近年来合成碳硅石的上市,给鉴别钻石与仿钻石提出了新的课题,因为二者无法用热导仪区分。

1. 原理

不同宝石传导热的性能不同，因此，测定热导率或相对热导率可鉴别宝石。

2. 结构

Ⅱ型热导仪由探头、测量显示系统、警报系统及电源组成（图2-34）。

图 2-34　Ⅱ型热导仪外观

3. 操作步骤

① 先清洁宝石，再打开开关预热。打开开关之后，会亮起一个红灯，等另一个红灯也亮时，说明预热已完成，可以进行下一步。

② 据室温和样品质量调挡（表2-2）。

表 2-2　Ⅱ型热导仪的调挡规定

质量/ct	温度/℃		
	<10	10~30	>30
<0.05	5	6	7
0.05~0.5	3	4	5
>0.5	1	2	3

③ 手持仪器，两手指捏住背部金属板。这是为了防止误判。警报系统是为了防止热导仪探头直接接触金属部分（金、银、铜等）使热导仪发出错误的信号而设置的。警报系统由人体、金属、探头及仪器背面的一块直角三角形的金属板及蜂鸣器等组成。当探头误触金属托时，蜂鸣器就会发出短促的"嘟！嘟！"声，而不是接触钻石时拉长的"嘟！——嘟！"声，以此发出提醒警报。

④ 探头垂直台面测试。

⑤ 据升挡及蜂鸣声判断样品是否为钻石。

4. 注意事项

① 待测宝石必须干净、干燥。

② 电池电力应充足。

③ 定期清洁探头，用软纸轻擦即可。

④ 钻石应放在金属板凹坑中，不要用手拿钻石，镶钻首饰可拿金属托。

⑤ 测试特别小的钻石（如分钻）时，声音可能不会很强。

⑥应尽量垂直台面测试。
⑦控制室内气流,避开风扇及窗口的风。
⑧测试时手指必须捏住仪器背部的三角形金属板,以免误判。
⑨测试完毕将探头戴上保护套,并立即断电。
⑩长时间不用应取出电池。

5. 应用

①鉴别钻石与仿钻石(合成碳硅石除外)。
②鉴别其他宝石,如海蓝宝石与蓝色托帕石,方柱石与紫晶等。
③检测贵金属及其含量。

(十)590型无色合成碳硅石/钻石测试仪("Tester Model 590"检测仪)

钻石与合成碳硅石在热导仪测试中均呈钻石反应。为此,美国C3公司生产了590型无色合成碳硅石/钻石测试仪(图2-35)。

图2-35 590型无色合成碳硅石/钻石测试仪

1. 原理

无色—浅黄色钻石具有透过长波紫外光的能力,而合成碳硅石却可以吸收长波紫外光。该仪器即利用此原理设计制作而成。

2. 结构

该仪器上装有接收紫外光的细光纤管,并有声响及指示灯装置。

3. 操作步骤

当长波紫外灯的光线射向钻石时,长波紫外光进入钻石,经过折射、内反射又折射到台面上,进入接收器,发出声响并使绿灯闪亮。若为合成碳硅石,则紫外光被吸收,无紫外光进入接收器,因而无声响,指示灯不闪亮。

4. 注意事项

①590型无色合成碳硅石/钻石测试仪应在正常温度、湿度下使用。温度超过30℃时,可能会出现错误结果。
②探头与样品应干净,否则会出现错误的结果。

三、实习要求

要求掌握每种常规仪器的原理、使用方法、操作步骤以及使用时的注意事项。细心、认真地观察测试,在实践中不断积累经验,总结、提高实际操作技能,争取尽快熟练使用各种仪器。

四、实习报告

1. 折射率观测

(1) 内容要求

刻面测法:包括红宝石、合成红宝石、祖母绿、紫晶、方柱石、石榴石、橄榄石、碧玺、磷灰石、萤石等。非均质体要记录最大折射率值、最小折射率值,数值精确到小数点后第三位,最大值与最小值之间用","或"/"隔开。

点测法:包括猫眼、红宝石、碧玺、水晶、翡翠、岫玉、欧泊、蓝晶石、独山玉、月光石、玛瑙等。记录到小数点后两位,并注明点测。

双折射率测定:包括紫晶、方柱石、堇青石、碧玺、磷灰石、橄榄石、红宝石等。

一轴晶光性的确定:包括紫晶、方柱石等。

(2) 折射率观测记录表(表2-3)

表2-3 折射率观测记录表

样品编号				样品名称			
颜色				琢型		大小/mm	
光泽				透明度		质量/g	
刻面测法		转动宝石		第一次读数	第二次读数		第三次读数
		折射率(大值)					
		折射率(小值)					
	检测结果	折射率					
		双折射率					
		光性					
		轴性					
点测法							

2. 宝石显微镜观察

（1）内容要求

包括红、蓝宝石的矿物包体、指纹状包体、双晶纹、裂理、平直或六边形色带（生长纹）及气液两相包体等；焰熔法合成红、蓝宝石的弧形生长纹（色带）、气泡等；玻璃猫眼的蜂窝状结构；翡翠（处理）的染色特征（丝网状绿色）；石英岩玉的粒状结构/鳞片粒状结构；养殖珍珠的"沙丘纹"（生长回旋结构）；尖晶石中的八面体负晶或矿物包体；橄榄石的睡莲叶状包体；合成碳硅石、橄榄石、碧玺、铬透辉石、锆石、合成金红石等的后刻面棱重影；欧泊、合成欧泊的变彩及彩片特征；透辉石猫眼两组近正交的完全解理及矽线石猫眼一组完全解理。

（2）宝石显微镜观察记录表（表2-4）

表2-4 宝石显微镜观察记录表

样品编号		样品名称			
颜色		琢型		大小/mm	
光泽		透明度		质量/g	
外部特征					
内部特征					
结论					

3. 密度测试

（1）内容要求

用静水称重法测定密度：包括锆石、合成立方氧化锆、紫晶、方柱石、红宝石、蓝宝石、祖母绿、合成祖母绿（水热法）、青金石、合成青金石、方钠石、翡翠、软玉、岫玉、贝壳等。密度值记录到小数点后第二位。密度去掉单位即为相对密度。

（2）密度测试记录表（表2-5）

表2-5 密度测试记录表

样品编号		样品名称	
颜色		琢型	
光泽		透明度	
空气中的质量 m/g		液体中的质量 m_1/g	
计算公式 $\rho=\dfrac{m}{m-m_1}\times\rho_0$			
密度/（g·cm^{-3}）			

4. 多色性观察

（1）内容要求

无多色性：尖晶石、石榴石、玻璃等。

二色性：红宝石、蓝宝石、祖母绿、碧玺、紫晶、符山石等。

三色性：堇青石、蓝晶石、坦桑石、红柱石、绿帘石等。

（2）多色性观察记录表（表2-6）

表 2-6 多色性观察记录表

样品编号		样品名称			
颜色		琢型		大小/mm	
光泽		透明度		质量/g	
多色性		不可见（ ）		可见（ ）	
二色性/三色性		二色性（ ）		三色性（ ）	
多色性强弱	强 （ ）	中 （ ）		弱 （ ）	无 （ ）
观察到的二色性/三色性颜色					
解释结果					

注：在括号内打"√"。

5. 吸收光谱观察

（1）内容要求

观察红宝石或合成红宝石、锆石、焰熔法深蓝色合成尖晶石、榍石、磷灰石、石榴石等吸收光谱并画图。

（2）吸收光谱观察记录表（表2-7）

表 2-7 吸收光谱观察记录表

样品编号		样品名称			
颜色		琢型		大小/mm	
光泽		透明度		质量/g	
吸收光谱	700　600　500　450　　400nm				

6. 查氏镜观察

（1）内容要求

观察绿色翡翠和绿色水钙铝榴石，天蓝色托帕石和海蓝宝石，红宝石和红色石榴石等的特征。

(2) 查氏镜观察记录表（表 2-8）

表 2-8　查氏镜观察记录表

样品编号		样品名称			
颜色		琢型		大小/mm	
光泽		透明度		质量/g	
查氏镜下特征					

7. 紫外灯观察

（1）内容要求

观察红宝石、红尖晶石、红色石榴石、钻石、合成立方氧化锆、磷灰石、欧泊、萤石等的荧光特征。

（2）紫外灯观察记录表（表 2-9）

表 2-9　紫外灯观察记录表

样品编号		样品名称			
颜色		琢型		大小/mm	
光泽		透明度		质量/g	
短波（SW）下特征					
长波（LW）下特征					

8. 偏光镜观察

（1）内容要求

用偏光镜观察红宝石、托帕石、碧玺、尖晶石、石榴石、玻璃、翡翠、岫玉、玛瑙、赛黄晶、水晶等，写出它们在偏光镜下观察到的现象和结论。

（2）偏光镜观察记录表（表 2-10）

表 2-10　偏光镜观察记录表

样品编号		样品名称			
颜色		琢型		大小/mm	
光泽		透明度		质量/g	
正交偏光镜下转动样品 360°观察到的现象					
结论					

适用于有色透明—半透明各向异性材料。
9. 热导仪测试
用热导仪测试钻石、合成碳硅石、合成立方氧化锆等。

第三章　钻石及其他贵重宝石鉴定实习

钻石及其他贵重宝石鉴定PPT

一、实习目的

①掌握钻石、红宝石、蓝宝石、祖母绿、金绿宝石、猫眼、变石的特征和鉴定方法。
②掌握钻石、仿钻石的鉴别方法以及钻石的4C评价原则。
③掌握其他贵重宝石的天然石、合成石以及优化处理石的鉴别。

二、实习内容

鉴定钻石、仿钻石（合成碳硅石、合成立方氧化锆、人造钇铝榴石、玻璃、无色蓝宝石、无色尖晶石等）、红宝石、合成红宝石、星光红宝石、合成星光红宝石、蓝宝石、合成蓝宝石、星光蓝宝石、合成星光蓝宝石、染色红宝石、充填红宝石、扩散蓝宝石、红宝石拼合石、蓝宝石拼合石、合成变色蓝宝石、祖母绿、合成祖母绿、猫眼、变石、金绿宝石、合成变石等宝石。

（一）钻石及其他贵重宝石主要鉴定特征

（1）钻石（diamond）

矿物名称：金刚石。

化学成分：C，可含有 N、B、H 等微量元素。Ⅰ型含 N；Ⅱ型含极少量的 N，Ⅱa 型不含 B，Ⅱb 型含 B。

晶　　系：等轴晶系。

颜　　色：无色—浅黄（褐、灰）色系列常见无色、淡黄色、浅黄色、浅褐色、浅灰色。彩色系列常为黄色、褐色、灰色及浅—深的蓝色、绿色、橙色、粉红色、红色、紫红色，偶见黑色。

光　　泽：金刚光泽。

解　　理：中等解理。

摩氏硬度：10。

相对密度：3.52（±0.01）。

光性特征：均质体，偶见异常消光。

多 色 性：无。

折 射 率：2.417。

双折射率：无。

紫外荧光：无—强，可有蓝白色、蓝色、黄色、橙黄色、粉色、黄绿色荧光，一般 LW 强于 SW，有些可见磷光。

吸收光谱：无色—浅黄色钻石在紫区 415nm 有一吸收带（线）。
放大观察：矿物包体、羽状纹、云状物、点状物等，腰围处常见三角形、阶梯状生长纹或原始晶面，棱线锐利。
其他特殊性质：色散强，色散值为 0.044，可见橙色、蓝色的火彩及钻石热导率高，为 870～2010W/（m·K）。Ⅱa 型钻石为非常好的绝缘体，Ⅱb 型钻石为优质高温半导体材料。

(2) 红宝石（ruby）

矿物名称：刚玉。
化学成分：Al_2O_3，含 Cr，也可含 Fe、Ti、Mn、V 等元素。
晶　　系：三方晶系。
颜　　色：红色、橙红色、紫红色、褐红色。
光　　泽：玻璃光泽—亚金刚光泽。
解　　理：无，双晶发育的宝石可显三组裂理。
摩氏硬度：9。
相对密度：4.00（±0.05）。
光性特征：非均质体，一轴晶，负光性。
多 色 性：强，紫红色、橙红色。
折 射 率：1.762～1.770（+0.009，−0.005）。
双折射率：0.008～0.010。
紫外荧光：LW 弱—强，红色、橙红色；SW 无—中，红色、粉红色、橙红色，少数强红色。
吸收光谱：694nm、692nm、668nm、659nm 吸收线，620～540nm 吸收带，476nm、475nm 强吸收线，468nm 弱吸收线，紫区吸收。
放大观察：气液两相包体、指纹状包体、矿物包体、平直或六边形色带（生长纹）、双晶纹、裂理、负晶、丝状包体、针状包体、雾状包体等。
特殊光学效应：星光效应、猫眼效应（稀少）。

(3) 蓝宝石（sapphire）

矿物名称：刚玉。
化学成分：Al_2O_3，含 Fe、Ti，也可含 Cr、Mn、V 等元素。
晶　　系：三方晶系。
常见颜色：蓝色、蓝绿色、绿色、黄色、橙色、粉色、紫色、黑色、灰色、无色等。
光　　泽：玻璃光泽—亚金刚光泽。
解　　理：无，双晶发育的宝石可显三组裂理。
摩氏硬度：9。
相对密度：4.00（+0.10，−0.05）。
光性特征：非均质体，一轴晶，负光性。
多 色 性：强，蓝色者，蓝色、绿蓝色；绿色者，绿色、黄绿色；黄色者，黄色、橙黄色；橙色者，橙色、橙红色；粉色者，粉色、粉红色；紫色者，紫色、紫红色。
折 射 率：1.762～1.770（+0.009，−0.005）。

双折射率：0.008～0.010。

紫外荧光：蓝色者，LW 无—强，橙红色荧光，SW 无—弱，橙红色荧光。个别产地如柬埔寨、澳大利亚、泰国产的蓝宝石可见弱白垩状蓝色—绿色荧光，而斯里兰卡和美国蒙大拿产的含 Cr 蓝宝石可有红色荧光。某些热处理的蓝宝石可有弱蓝色或弱绿白色荧光。

粉色者：LW 强，橙红色，SW 弱，橙红色。

橙色者：通常无，LW 下强，橙红色。

黄色者：LW 无—中，橙红色、橙黄色，SW 下弱，红色—橙黄色。

紫色、变色者：LW 无—强，红色，SW 无—弱，红色。

无色者：无—中，红—橙色（合成无色蓝宝石可有蓝白色或绿白色荧光）。

黑色、绿色者：无荧光。

吸收光谱：蓝色、绿色、黄色者，有 450nm 吸收带或 450nm、460nm、470nm 吸收线（蓝宝石特征吸收线为 450nm 的铁线。富 Fe 的黄色蓝宝石有特征的 451.5nm 铁线；而含 Fe 少的铁线弱或无。热处理的黄色蓝宝石只见 400～450nm 完全吸收带）。粉红色、紫色、变色蓝宝石具红宝石和蓝色蓝宝石的吸收谱线。

放大观察：气液两相包体、指纹状包体、矿物包体、平直或六边形色带（生长纹）、双晶纹、裂理、负晶、丝状包体、针状包体、雾状包体等。

特殊光学效应：变色效应、星光效应（常见六射星光，少见双星光）。

(4) 祖母绿 (emerald)

矿物名称：绿柱石。

化学成分：$Be_3Al_2Si_6O_{18}$，含有 Cr，也可含 Fe、Ti、V 等元素。

晶　　系：六方晶系。

常见颜色：浅—深绿色、蓝绿色和黄绿色。

光　　泽：玻璃光泽。

解　　理：一组不完全解理。

摩氏硬度：7.5～8。

相对密度：2.72（+0.18，-0.05）。

光性特征：非均质体，一轴晶，负光性。

多　色　性：中—强，蓝绿色、黄绿色。

折　射　率：1.577～1.583（±0.017）。

双折射率：0.005～0.009。

紫外荧光：通常无，有时 LW 弱，橙红色、红色；SW 弱，橙红色、红色。SW 下荧光常弱于 LW。

吸收光谱：683nm、680nm 强吸收线，662nm、646nm 弱吸收线，630～580nm 部分吸收带，紫区吸收。

放大观察：气液两相包体、气液固三相包体、矿物包体、生长纹、色带，裂隙较发育。

特殊光学效应：猫眼效应、星光效应（稀少）。

(5) 金绿宝石 (chrysoberyl)

矿物名称：金绿宝石。

化学成分：$BeAl_2O_4$，可含有 Fe、Cr、Ti 等元素。
晶　　系：斜方晶系。
晶体习性：板状、柱状，假六方的三连晶。
颜　　色：浅—中等黄色、黄绿色、灰绿色、褐色—黄褐色等，少见浅蓝色。
光　　泽：玻璃光泽—亚金刚光泽。
解　　理：三组不完全解理。
摩氏硬度：8~8.5。
相对密度：3.73（±0.02）。
光性特征：非均质体，二轴晶，正光性。
多 色 性：三色性，弱—中，黄色、绿色和褐色。
折 射 率：1.746~1.755（+0.004，-0.006）。
双折射率：0.008~0.010。
紫外荧光：LW 无；SW 黄色、绿黄色宝石通常为无色—黄绿色。
吸收光谱：445nm 强吸收带。
放大观察：气液两相包体、指纹状包体、丝状包体、双晶纹。
特殊光学效应：星光效应（极少）。

(6) 猫眼 (cat's-eye)
矿物名称：金绿宝石。
化学成分：$BeAl_2O_4$，可含有 Fe、Cr 等元素。
晶　　系：斜方晶系。
常见颜色：黄色—黄绿色、灰绿色、褐色—褐黄色等。变石猫眼呈蓝绿色和紫褐色，稀少。
光　　泽：玻璃光泽。
解　　理：三组不完全解理。
摩氏硬度：8~8.5。
相对密度：3.73（±0.02）。
光性特征：非均质体，二轴晶，正光性。
多 色 性：三色性，弱，黄色、黄绿色、橙色。
折 射 率：1.746~1.755（+0.004，-0.006），点测法常为 1.74。
双折射率：0.008~0.010。
紫外荧光：无，变石猫眼呈弱—中的红色。
吸收光谱：445nm 强吸收带。
放大观察：丝状包体、气液两相包体、指纹状包体、负晶。
特殊光学效应：猫眼效应、变色效应。

(7) 变石 (alexandrite)
矿物名称：金绿宝石。
化学成分：$BeAl_2O_4$，可含 Fe、Cr、V 等元素。
晶　　系：斜方晶系。
常见颜色：日光下，黄绿色、褐绿色、灰绿色—蓝绿色，白炽灯光下，橙红色、褐红色—紫红色。

光　　　泽：玻璃光泽—亚金刚光泽
解　　　理：三组不完全解理。
摩氏硬度：8～8.5。
相对密度：3.73（±0.02）。
光性特征：非均质体，二轴晶，正光性。
多　色　性：三色性，强，绿色、橙黄色、紫红色。
折　射　率：1.746～1.755（+0.004，-0.006）。
双折射率：0.008～0.010。
紫外荧光：无—中，紫红色。
吸收光谱：680nm、678nm 强吸收线，665nm、655nm、645nm 弱吸收线，630～580nm 部分吸收带，476nm、473nm、468nm 弱吸收线，紫区吸收。
放大观察：气液两相包体、指纹状包体、丝状包体、双晶纹。
特殊光学效应：变色效应、猫眼效应。

（二）钻石及其他贵重宝石的鉴定

1. 钻石的鉴别与分级

1）钻石与仿钻石的鉴别

热导仪可以快速、准确地鉴别钻石与仿钻石（合成碳硅石除外）。测试时，热导仪不发出蜂鸣声，即为仿钻石；发出蜂鸣声，即为钻石或合成碳硅石。因此，钻石与仿钻石的鉴别重点为钻石与合成碳硅石的鉴别（表3-1）。

表3-1　钻石与合成碳硅石的鉴别

宝石名称	钻石	合成碳硅石
放大观察	矿物包体、点状物、云状物等。无后刻面棱重影。 钻石内部矿物包体 钻石为均质体，无后刻面棱重影	球状金属包体，白点状、线状包体。可见后刻面棱重影。 白色线状包体 后刻面棱重影
偏光镜检测	全暗或异常消光 （等轴晶系）	四明四暗（光轴方向除外） （六方晶系，一轴晶，正光性）
相对密度	3.52（±0.01）	3.22（±0.02）
590型无色合成碳硅石/钻石测试仪	钻石反应	非钻石反应

2）钻石 4C 分级

国际上按颜色（color）、净度（clarity）、切工（cut）、质量（carat weight）4 个方面对钻石进行等级划分，简称 4C 分级或 4C 评价。

重点掌握肉眼估测钻石颜色级别及利用 10 倍放大镜估测钻石净度级别。

（1）钻石颜色级别

钻石颜色级别划分见表 3-2。各颜色级别的肉眼特征描述如下。

①D—E 级：极白。

D 级：纯净无色、极透明，可见极淡的蓝色。

E 级：纯净无色、极透明。

②F—G 级：优白。

F 级：从任何角度观察均为无色透明。

G 级：1ct 以下的从钻石的冠部、亭部观察均为无色透明，但 1ct 以上的钻石从亭部观察显示似有似无的黄（褐、灰）色调。

表 3-2 钻石颜色级别划分表

颜色级别	描述	
D	100	极白
E	99	
F	98	优白
G	97	
H	96	白
I	95	微黄（褐、灰）白
J	94	
K	93	浅黄（褐、灰）白
L	92	
M	91	浅黄（褐、灰）
N	90	
<N	<90	黄（褐、灰）

③H 级：白。

1ct 以下的钻石从冠部观察看不出任何颜色色调，但从亭部观察，可见似有似无的黄（褐、灰）色调。

④I—J 级：微黄（褐、灰）白。

I 级：1ct 以下的钻石从冠部观察呈无色，亭部和腰棱侧面呈微黄（褐、灰）白色。

J 级：1ct 以下的钻石从冠部观察呈近无色，亭部和腰棱侧面呈微黄（褐、灰）白色。

⑤K—L 级：浅黄（褐、灰）白。

K 级：从冠部观察呈浅黄（褐、灰）白色，亭部和腰棱侧面呈很浅的黄（褐、灰）白色。

L 级：从冠部观察旦浅黄（褐、灰）色，亭部和腰棱侧面呈浅的黄（褐、灰）色。

⑥M—N 级：浅黄（褐、灰）。

M 级：从冠部观察呈浅黄（褐、灰）色，从亭部和腰棱侧面观察有明显浅黄（褐、灰）色。

N 级：从任何角度观察钻石均带有明显浅黄（褐、灰）色。

⑦<N 级：黄（褐、灰）。

从任何角度观察钻石均带明显的黄（褐、灰）色，非专业人士都可以看出明显的黄（褐、灰）色。

（2）颜色级别划分规则

①待分级钻石颜色饱和度与某一比色石相同，则该比色石的颜色级别为待分级钻石的颜色级别。

②待分级钻石颜色饱和度介于相邻两粒连续的比色石之间，则以其中较低级别表示待分级钻石颜色级别。

③待分级钻石颜色饱和度高于比色石的最高级别，仍用最高级别表示该钻石的颜色级别。

④待分级钻石颜色饱和度低于 N 色比色石，则用<N 表示。

⑤灰色调至褐色调的待分级钻石，以其颜色饱和度与比色石比较，参照前四种划分规则进行分级。

（3）钻石净度级别

①LC 级：在 10 倍放大镜下，未见钻石具内、外部特征，细分为 FL 级、IF 级。

FL 级：在 10 倍放大镜下，未见钻石具内、外部特征。下列外部特征情况仍属 FL 级：额外刻面位于亭部，冠部不可见；原始晶面位于腰围，不影响腰部的对称，冠部不可见。

IF 级：在 10 倍放大镜下，未见钻石具内部特征。下列特征情况仍属 IF 级：内部生长纹理无反光，无色透明，不影响透明度；可见极轻微外部特征，经轻微抛光后可去除。

LC 级钻石净度特征小结：内部纯净，只有不明显的外部特征。

②VVS 级：在 10 倍放大镜下，钻石具极微小的内、外部特征，细分为 VVS_1 级、VVS_2 级。

钻石具有极微小的内、外部特征，10 倍放大镜下极难观察到，定为 VVS_1 级；钻石具有极微小的内、外部特征，10 倍放大镜下很难观察到，定为 VVS_2 级。

VVS 级钻石净度特征小结：允许有较容易发现的外部特征，如多余面、原晶面、小划痕或微小的缺口等；极少量可见度低的针点状物、发丝状小裂隙（位于亭部）；轻微的须状腰；少量有反射的生长纹、微弱的云状雾等。VVS 级与 LC 级的区别是 VVS 级含少量微小的内含物，而 LC 级只有不明显的外部特征。

③VS 级：在 10 倍放大镜下，钻石具细小的内、外部特征，细分为 VS_1 级、VS_2 级。

钻石具细小的内、外部特征，10 倍放大镜下难以观察到，定为 VS_1 级；钻石具细小的内、外部特征，10 倍放大镜下比较容易观察到，定为 VS_2 级。

VS 级钻石净度特征小结：钻石具有细小的内含物，专业技术人员以 10 倍放大镜观察时难发现（VS_1 级）或比较容易发现（VS_2 级）。除原晶面及冠部可见的多余面外，其他轻微的外部特征对该级别的影响不大。典型包体：点状包体群、较轻微的云状物、小的浅色包体、较小的云状纹等。与 VVS 级区别是在 10 倍放大镜下，尽管比较困难，但在 VS 级钻石内可以观察到瑕疵，而 VVS 级则几乎观察不到瑕疵。

④SI 级：在 10 倍放大镜下，钻石具明显的内、外部特征，细分为 SI_1 级、SI_2 级。

钻石具明显内、外部特征，10 倍放大镜下容易观察到，定为 SI_1 级；钻石具明显内、外部特征，10 倍放大镜下很容易观察到，定为 SI_2 级。

SI 级钻石净度特征小结：各种包体都可能出现，典型包体为较大浅色包体、较小深色包体、较明显的云雾、羽状纹等。与 VS 级的区别在于，专业技术人员以 10 倍放大镜检查 SI 级钻石容易（SI_1 级）和很容易（SI_2 级）发现钻石的内、外部特征。但是去掉放大装置，用肉眼无法看到内、外部特征。SI_1 级的内含物用肉眼无论从任何角度都看不见，SI_2 级的内含物肉眼从亭部观察介于可见与不可见之间。

⑤P 级：从冠部观察，肉眼可见钻石具内、外部特征，细分为 P_1 级、P_2 级、P_3 级。

钻石具明显的内、外部特征，肉眼可见，定为 P_1 级；钻石具很明显的内、外部特征，肉眼易见，定为 P_2 级；钻石具极明显的内、外部特征，肉眼极易见并可能影响钻石的坚固度，定为 P_3 级。

P 级钻石净度特征小结：典型包体为大的云状物、羽状纹、深色包体，并且这些包体可能影响钻石的耐久性、透明度和明亮度等。专业技术人员在 10 倍放大镜下很容易见到及肉眼可见 P 级的净度特征。

2. 红、蓝宝石的鉴别

在红、蓝宝石的鉴别中，重点掌握红、蓝宝石与焰熔法合成红、蓝宝石的鉴别以及染色红宝石和扩散蓝宝石的鉴别。

（1）红、蓝宝石与相似的红色、蓝色宝石的鉴别

红、蓝宝石与相似的红色、蓝色宝石，依据折射率、相对密度、光性特征、多色性、荧光、吸收光谱等，一般不难鉴别（表 3-3、表 3-4）。其中，容易出现问题的是红宝石与某些红色石榴石的鉴别（表 3-5），二者折射率、相对密度有时相近，尤其对于弧面型宝石，更易混淆。

表 3-3　红宝石与相似红色宝石的鉴别

宝石名称	常见颜色	多色性	折射率	光性	相对密度	主要区别
红宝石	红色—紫红色	强	1.762～1.770 (+0.009，-0.005)	一轴晶（-）	4.00（±0.005）	特征金红石针
铁铝榴石	褐红色—暗红色	无	1.790（±0.030）	均质体	4.05 (+0.05，-0.03)	三组异面的金红石针，锆石晕及浑圆状矿物包体
镁铝榴石	浅红色—红色	无	常为 1.740	均质体	3.78 (+0.09，-0.16)	金红石针、浑圆状矿物包体
尖晶石	褐红色、橙红色	无	1.718 (+0.017，-0.008)	均质体	3.60 (+0.10，-0.03)	八面体负晶定向排列
碧玺	粉红色、褐红色	强	1.624～1.644 (+0.011，-0.009)	一轴晶（-）	3.06 (+0.20，-0.06)	特征的扁平液态包体及管状包体
红柱石	褐红色—红色	强	1.634～1.643 (±0.005)	二轴晶（-）	3.17 (±0.04)	肉眼可见的强三色性
玻璃	红色	无	1.470～1.700	均质体	2.30～4.50	气泡、收缩纹

（2）合成红、蓝宝石及其鉴别

合成红、蓝宝石的方法较多，有焰熔法、助熔剂法、水热法、提拉法、熔区法等。从物理参数来看，合成红、蓝宝石与天然品基本相同，主要依据外观特征及内部特征来区别。

①红宝石与焰熔法合成红宝石的鉴别见表 3-6。

表 3-4 蓝宝石与相似蓝色宝石的鉴别

宝石名称	常见颜色	多色性	折射率	相对密度	主要区别
蓝宝石	蓝色—蓝紫色	强	1.762～1.770 (+0.009，-0.005)	4.00 (+0.10，-0.05)	强玻璃光泽、金红石针、平直或六边形色带（生长纹）
蓝锥矿	蓝色—蓝紫色	强	1.757～1.804	3.68 (+0.01，-0.07)	玻璃光泽—亚金刚光泽、强荧光、强色散、低硬度（摩氏硬度为6～7），后刻面棱重影明显
坦桑石	蓝色、紫蓝色—蓝紫色	三色性强	1.691～1.700 (±0.005)	3.35 (+0.10，-0.25)	玻璃光泽、低色散、低硬度（摩氏硬度为6～7）
堇青石	蓝色、紫色	三色性极强	1.542～1.551 (+0.045，-0.011)	2.61 (±0.05)	色带、气液两相包体
尖晶石	蓝色	无	1.718 (+0.017，-0.008)	3.60 (+0.10，-0.30)	八面体负晶定向排列

表 3-5 红宝石与红色石榴石的鉴别

宝石名称	红宝石	红色石榴石
紫外荧光	红色荧光	无
多色性	二色性，紫红色、橙红色等	无
双折射率	0.008	0
内含物	矿物包体、气液两相包体、指纹状包体、平直或六边形色带（生长纹）、双晶纹、裂理等	针状及浑圆状矿物包体等
吸收光谱	Cr谱：694nm、692nm、668nm、659nm 吸收线，620～540nm 吸收带，476nm、475nm 强吸收线，468nm 弱吸收线，紫区全吸收	镁铝榴石：564nm 宽吸收带，505nm 吸收线，含铁者可有440nm、445nm 吸收线，优质镁铝榴石可有铬谱（红区）。铁铝榴石（铁窗）：504nm、520nm、573nm 强吸收带

②蓝宝石与焰熔法合成蓝宝石的鉴别：弧形生长纹或色带以及气泡是焰熔法合成蓝宝石的重要鉴定特征。此外，可参考发光性和吸收光谱特征。

a. 发光性。

蓝色：天然者一般无荧光，而焰熔法合成者 SW 可有淡蓝色—白色或淡绿色荧光。

绿色：天然者一般无荧光，而焰熔法合成者 LW 可有橙色荧光。

无色：天然者紫外荧光无—中等强度，红色—橙色荧光；而焰熔法合成者可有蓝白色、绿白色荧光。

黄色：天然者无荧光或橙红色、橙黄色荧光，而在焰熔法合成中，Ni 致色的无荧光，Ni 和 Cr 致色的 SW 有弱红色荧光。

b. 吸收光谱特征。

蓝色：天然者特征吸收为 450nm 的铁线，有的有 460nm 和 470nm 弱吸收线；而焰熔法

表 3-6 红宝石与焰熔法合成红宝石的鉴别

宝石名称	红宝石	焰熔法合成红宝石
外观	六方柱状、桶状晶形，常有颜色不均匀现象，色带、裂理、裂隙常见	原料为梨状、棒状晶形，颗粒大，颜色均一、鲜艳、完美
内含物	平直或六边形色带（生长纹）、针状矿物包体、晶体包体、指纹状包体、气液两相包体等	弧形生长纹及气泡等
二色性	垂直台面观察一般不见多色性或多色性弱	一般垂直台面观察多色性最明显
紫外荧光	红色，一般弱于合成者	红色，一般强于天然者

合成蓝宝石无铁线或仅有 450nm 弱吸收线。热处理的斯里兰卡天然蓝宝石无 450nm 铁线。

绿色：天然者有 450nm 铁线，而焰熔法合成者无铁线或铁线很弱、很模糊，却有 500nm、530nm、635nm、690nm 吸收线（由 Co、V 和 Ni 致色）。

黄色：天然者富 Fe 的有特征的 450nm 铁线，如澳大利亚产的黄色蓝宝石；而含 Fe 少的铁线弱或无，如斯里兰卡产的黄色蓝宝石。热处理的天然黄色蓝宝石只见 400~450nm 的完全吸收带。焰熔法合成的黄色蓝宝石，由 Ni 致色的，在约 455nm 处仅见弱吸收线；由 Ni 和 Cr 致色的，红区可见铬线。

变色蓝宝石：天然者具有典型的红宝石和蓝色蓝宝石的吸收线谱；而合成者可见 473nm 钒吸收线，并有以 580nm 为中心的宽吸收带及 690nm 吸收线。

③再次热处理的焰熔法合成红、蓝宝石的鉴别：市场上可以见到再次热处理的焰熔法合成红、蓝宝石。因焰熔法合成品通常过于完美且有特征的弧形生长纹，易于识别。为了仿冒天然品，可对其热处理以消除弧形生长纹。放大观察，可以见到其中有明显的裂隙，沿裂隙分布有假指纹状包体。同时，可以观察到气泡或不明显的弧形生长纹。这些再次热处理的合成红、蓝宝石，易被误认为是天然的，也有人错误地认为它们是助熔剂法合成的。其实，这是把焰熔法合成红、蓝宝石戒面加热之后再冷却，产生裂隙，并将其浸入乙酸苯胺等液体中，使其内部产生了似指纹状包体。

按国家标准《珠宝玉石　名称》（GB/T 16552—2017）规定，此类宝石仍然被定名为合成红（蓝）宝石。

④焰熔法合成星光红、蓝宝石与天然星光红、蓝宝石的鉴别如下。

a. 颜色：焰熔法合成星光红宝石为粉红色—红色；焰熔法合成蓝宝石为乳蓝色—蓝色、白色—灰色、紫色、绿色、黄色、褐色、黑色等（图3-1）。

b. 星线：合成星光红、蓝宝石星线较细、清晰、完美，仅存在于表层（图3-2）；而天然星光红、蓝宝石星线较粗，可有缺失，不完整，星线产生于样品内部（图3-3）。

图3-1 焰熔法合成星光红、蓝宝石

图3-2 合成星光红宝石星线完美　　　图3-3 星光红宝石星线可有缺失

c. 内含物特征：合成星光红、蓝宝石透明度较差，多为微透明—半透明，其包体分布于表层者，可用顶光源观察。放大观察可见弧形生长纹（图3-4）、气泡或圆形凹坑，在高倍镜（＞100倍）下可观察到三向细小的金红石针；而天然者可见矿物包体、气液两相包体、三向针状矿物包体（图3-5）、平直或六边形色带（生长纹）（图3-6）、双晶纹和裂理等。

 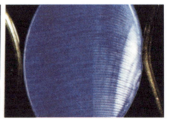

图3-4 焰熔法合成星光红、蓝宝石肉眼可见的弧形生长纹

⑤助熔剂法合成红、蓝宝石：一般用氧化铅、氧化铋和钼酸锂作熔剂，生产工艺较复杂，成本较高，合成出来的宝石性质与天然红、蓝宝石更加接近，鉴定起来有一定难度。助熔剂法合成红、蓝宝石的主要制造商有美国的查塔姆、拉姆拉、卡善，奥地利的尼希卡和莱切雷特纳及希腊的多罗斯等。每个厂商生产的红、蓝宝石内部助熔剂包体在形态和颜色上都略有不同。

助熔剂法合成红、蓝宝石的主要鉴定特征如下。

图 3-5 星光红宝石中的金红石针

图 3-6 星光红宝石中的六边形色带（生长纹）

a. 晶形：原料晶形具有完好的几何形态，主要为板状、粒状，单晶中底轴面及菱面体十分发育，柱面不发育，板状晶体内可发育天然红、蓝宝石缺失的穿插双晶。

b. 内含物：有固态的助熔剂残余物。助熔剂残余物绝大多数不透明，所以当只用底光源观察时，呈灰黑色或棕褐色，而只用顶光源观察时，可为橙黄色、橙红色，且有金属光泽。助熔剂的形态多样，有指纹状、树枝状、栅栏状、网状、扭曲的云翳状、熔滴状和彗星状等（图3-7、图3-8）。此外，可有平直或角状色带，还可有三角形、六边形及不规则状不透明的铂金片（透射光下呈黑色，反射光下呈银白色并且具有金属光泽）。

图 3-7 定向排列的浅黄色助熔剂残余

图 3-8 似指纹状包体的羽状助熔剂残余

c. 发光性：助熔剂法合成红宝石可有较强的红色荧光。助熔剂法合成蓝宝石中的助熔剂残余物可呈较强的粉红色、黄绿色、棕绿色荧光，而天然蓝宝石紫外荧光多为惰性。

d. 查氏镜观察：助熔剂法合成红宝石可显较明显的红色。

e. 吸收光谱：助熔剂法合成蓝宝石可能缺失460nm、470nm吸收线。

f. X射线荧光光谱分析：助熔剂法合成红宝石有Pb等助熔剂中的微量元素的存在。

图 3-9 水热法合成红宝石中的波纹状生长纹

⑥水热法合成红、蓝宝石的鉴定特征：水热法合成红、蓝宝石的温压条件更接近天然宝石的自然生长环境，因此水热法合成的红、蓝宝石与天然红、蓝宝石极为相近，其鉴定特征如下。

a. 晶形：原料多呈板状，可见种晶片。

b. 颜色：浅红色—深红色、蓝色。颜色均匀、艳丽，透明度高，外观完美，内部洁净。

c. 内含物：锯齿状、波纹状、树枝状生长纹、双晶纹（图3-9），平直或六边形生长纹（色带），大量气液两相包体呈无色透明的纱网状、褶皱状分布,"钉状"液体包体,铂金片,种晶片等。桂林水热法合成红宝石中还普遍存在可作为鉴定依据的面包屑状包体。

d. 发光性:体色浅者,如粉红色者,几乎没有荧光,体色深者可有强的红色荧光。

e. 红外光谱测试:水热法合成红、蓝宝石中含较多的水,因此在红外光谱上水的吸收峰远强于天然产出的红、蓝宝石,但桂林水热法合成红、蓝宝石的红外光谱中无水的特征吸收。

(3) 红、蓝宝石的优化处理及鉴定

红、蓝宝石的优化处理方法有热处理、染色、浸有色油、充填、扩散、拼合、辐照、覆膜等。

①热处理:红、蓝宝石的热处理历史悠久,因其结果稳定、效果持久而被人们接受。目前市场上大部分红、蓝宝石都会使用热处理的方式来改善其颜色或透明度,市场上甚至出现了对焰熔法合成红宝石进行加热来掩盖其弯曲生长纹并仿天然红宝石裂隙的情况。

现在许多的热处理是在传统热处理的基础上加入硼砂或硅土等外来辅助物质(部分资料中称之为"助熔剂"),以防止宝石在高温处理过程中发生炸裂,同时这些助熔剂可以进入愈合裂隙和开放的孔洞,起到充填的作用。因助熔剂折射率高,宝石不但颜色变得美观,净度也会有所改善。添加助熔剂的热处理技术最早被应用于多裂的缅甸孟速红宝石上,后来扩大到其他产地的红、蓝宝石。

国际上将红、蓝宝石按照有无热处理及热处理残留物的多少分为不同级别,如无热处理迹象(N)、热处理但无残留(H)、热处理少量残留(H, minor)、热处理中量残留(H, moderate)、热处理大量残留(H, significant)等。通过在不同温度、不同氧化/还原环境中对红、蓝宝石进行加热处理,可以改善红、蓝宝石的品质。

热处理红、蓝宝石的鉴定特征如下。

a. 颜色:可有颜色不均匀的现象,如格子状色块、不均匀扩散晕等,原色带的颜色、清晰度也会发生不同程度的变化。

b. 内含物(图3-10):低熔点固体矿物包体熔蚀成"雪球状"外观;有些晶体熔融或部分熔融后会在与主晶的接触面上形成颜色浓集的区域,称为"色边";针状、丝状包体断裂成点状、断续的丝状。熔点高的矿物包体,在热处理过程中一般受影响较小,但仍可能会出现环绕包体的圆盘状、环礁状或放射状应力纹(晕)。原生流体包体可能因高温胀裂,液体流入新胀裂的裂隙中,形成树枝状等形态。

c. 高温会使宝石表面局部熔融,形成一些凹凸不平的凹坑。

d. 热处理的黄色、蓝色蓝宝石缺失450nm吸收线;某些蓝宝石热处理后,可有荧光,SW下呈弱的淡绿色、淡蓝色荧光。

②染色红宝石:将染色剂和宝石一起在染料溶液中煮,以加深或改变宝石颜色。该法历史悠久,红宝石常用这种方法处理,因为红宝石裂隙多,易于染色。染色红、蓝宝石的鉴定特征如下。

a. 染料集中于裂隙、裂理、凹坑中(图3-11)。

b. 用蘸有酒精或丙酮的棉球擦拭样品时,棉球会被染色。

c. 多色性异常:颜色浓艳却无二色性或二色性不明显。

d. 可有荧光异常(图3-12)。

e. 吸收光谱可有异常。

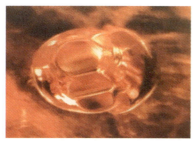
热处理红宝石中部分熔融的单斜磁黄铁矿

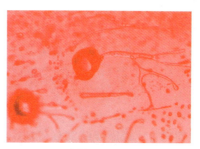
流体包体爆裂

热处理前缅甸红宝石中的金红石丝状包体

高温热处理后，部分金红石针被宝石吸收，剩下一些微滴，按照原来的方式排列

当蓝宝石中有含钛包体时，热处理后，钛会扩散到包体周围呈现蓝色的晕圈

热处理蓝宝石中的锆石晕

图 3-10　热处理红、蓝宝石的内含物

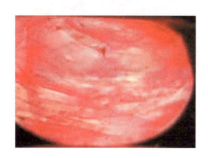

图 3-11　颜色集中于裂隙中

图 3-12　紫外灯下染色红宝石的白垩状荧光

③浸有色油：红宝石有时使用浸有色油的方法来改善其透明度和颜色。浸有色油红宝石的鉴定特征如下。

a. 裂隙中充填有色油而引起五颜六色的干涉色。

b. 裂隙中有油痕及渣状沉淀物。

c. 热针接触有油珠析出。

④充填处理：将各种充填材料注入或填充到红、蓝宝石的裂隙、空洞和孔隙中，以掩盖其裂隙缺陷，减少内反射，进而达到提高宝石亮度、透明度和改善颜色的效果。

a. 传统充填红宝石。采用的充填物通常为石蜡、合成树脂、水玻璃等材料，其鉴定特征如下。

- 充填物颜色、光泽与红宝石有差异（图 3-13）。
- 充填可使裂隙或空洞中残留气泡或流动构造。
- 充填物可有灰色或强蓝色荧光。

 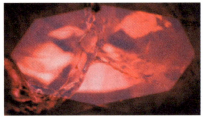

图 3-13 裂隙内充填物的光泽、颜色与红宝石不同

b. 新型铅玻璃充填红宝石的鉴别。

- 充填处光泽与宝石主体差异不明显，甚至光泽更强。
- 因铅玻璃硬度低，充填处的抛光较差。
- 充填处可见大量扁平小气泡和小孔隙。
- 充填的裂隙处可见弱—中等程度的蓝色、紫色、橙红色闪光（图 3-14）。
- 充填物 SW 显强的蓝色荧光。

 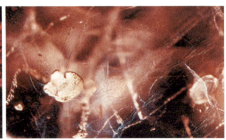

图 3-14 充填红宝石中的闪光效应及扁平气泡

c. 钴玻璃充填蓝宝石的鉴别。

- 充填物颜色、光泽与蓝宝石有差异。
- 充填处可见残留气泡。
- 颜色沿裂隙浓集（图 3-15）。
- 充填物在查氏镜下变红（图 3-16）。

⑤扩散处理：将切磨好的红、蓝宝石放入含有致色元素的介质中，置于高温炉中，使致

图 3-15 不均匀的网状颜色及气泡

图 3-16 查氏镜下裂隙内充填物变红

色元素通过表面扩散的方式,渗透进宝石晶格中,使之着色。根据着色层的厚度,可分为表面扩散和体扩散。传统的 Fe、Ti、Cr、Co 扩散都属于表面扩散,着色层仅几微米至几百微米。20 世纪初出现的 Be 扩散,可以渗透进宝石内部较深处,可称为体扩散。

a. Fe、Ti 扩散处理的蓝宝石的鉴别。

・Ⅰ型产品呈灰蓝色、蓝色,具有雾状外观;Ⅱ型为清澈的蓝色、蓝紫色。

・在显微镜散射照明下或在浸液中观察,颜色分布不均匀,腰围及棱线处颜色集中,呈"蛛网状"图案;样品的开放裂隙及表面凹坑处可有颜色浓集现象(图 3-17、图 3-18)。

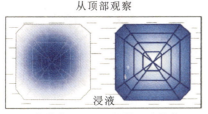
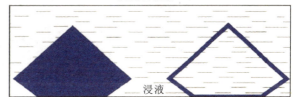

图 3-17 天然蓝宝石和扩散处理蓝宝石在浸液中的特征对比

图 3-18 扩散处理蓝宝石颜色集中在腰棱、刻面棱线及裂隙处

・某些样品 SW 可有白垩状蓝色或绿色荧光,另一些样品 LW 可有蓝色、绿色甚至橙色荧光。

・缺少 450nm 吸收谱线。

b. Co 扩散处理蓝宝石的鉴别。

・呈鲜艳的钴蓝色,可有颜色略浅的斑点,棱线处会出现颜色变浅的现象。

- 折射率超出折射仪测试范围。
- 分光镜检测有 Co 吸收谱（3 条吸收带）。
- 在查氏镜下变红。

c. Cr 扩散处理红宝石的鉴别。
- 颜色不太均匀、常呈斑块状，透明度较差，呈雾状外观。
- 在显微镜散射照明下或在浸液中观察，可见红色多集中于腰围、刻面棱及开放裂隙中。
- 折射率超出折射仪测试范围。
- SW 可有斑块状蓝白色荧光。
- 样品可具有模糊的二色性，有时表现出特殊的黄色、棕黄色的二色性。
- 用分光镜较难观察到天然红宝石上明显的 694nm 附近的吸收线。

d. 新型 Be 扩散处理的红、蓝宝石的鉴别。
- 颜色：为黄色—橙黄色—粉橙色—橙粉色—橙色—橙红色—红色，也有体色呈蓝色者，可能是深色蓝宝石（如我国山东昌乐蓝宝石）经 Be 扩散，颜色变浅所致。在二碘甲烷浸液中观察可发现颜色分布不均匀，在近表面处颜色变浅，通常表现为宝石的外围有一层浅浅的无色—橙黄色的色域包围（图 3-19、图 3-20）。

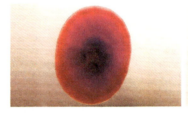

图 3-19　在 Be 扩散蓝宝石的切片中可见外围的黄色包围圈

图 3-20　浸液中 Be 扩散蓝宝石可见外层的橙黄色色圈

- 具热处理特征：内部可见应力纹，表面具熔蚀纹、麻点等其他高温热处理的现象（图 3-21—图 3-23），如锆石包体变成不规则形，并且常含气泡，具蕨叶状锆石重结晶现象。Be 扩散处理后表面常出现重结晶的多晶刚玉集合体等。这些都是宝石经过了高温的证据，但不能直接证明宝石经过了 Be 扩散。

图 3-21　Be 扩散处理蓝宝石中熔化的晶体包体及周围的白色云团

- 吸收光谱：只见黄绿区宽吸收带，无 Cr 谱。

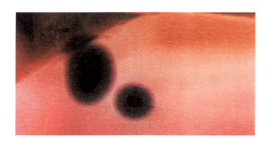 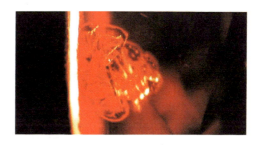

图 3-22 含金红石的蓝宝石 Be 扩散后形成的蓝色光晕
（高温时 Ti 从金红石中流出，进入周围的蓝宝石中，形成一个个蓝色的光晕）

图 3-23 Be 扩散蓝宝石内包体产生的局部重结晶

- 荧光：无或极弱的淡绿色荧光。
- 微量元素：用等离子体质谱仪和 X 射线能谱仪等大型仪器检测，表层 Be 含量高，往里迅速减少。

e. 表面扩散处理星光红、蓝宝石的鉴别。
- 颜色：扩散星光蓝宝石为具黑灰色调的深蓝色，戒面底部或裂隙内有红色斑块状物质。
- 星光：星线均匀，过于完美（图 3-24）。
- 内含物：具有天然红、蓝宝石中所有的内含物，但星光仅局限于样品表面。弧面型宝石表面有一层极薄的絮状物（图 3-25），由细小白点聚集而成，无三组定向的金红石丝状物（电子显微镜放大 3000 倍也未见）。

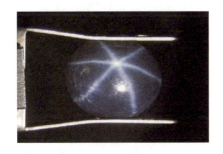 

图 3-24 扩散星光蓝宝石星线完美均匀

图 3-25 扩散星光蓝宝石表面的絮状物

- 荧光：惰性。某些样品红色斑块部分发红色荧光。
- Cr_2O_3 含量：异常，可达 4%。

浸油观察样品表面呈现红色，具轮廓清晰的红色色圈。

（4）拼合红、蓝宝石的鉴别

拼合红、蓝宝石通常冠部为一薄层无色或浅色的蓝宝石，亭部为焰熔法合成红、蓝宝石。

鉴别时注意观察拼合缝，拼合面处的气泡，上下颜色的差异。而且冠部具有天然红、蓝宝石内含物，亭部为焰熔法合成红、蓝宝石的内含物。

3. 祖母绿的鉴定

(1) 祖母绿与其他相似绿色宝石的鉴别

祖母绿与其他相似的绿色宝石，依据折射率、相对密度、光性特征、内部特征等不难鉴别（表3-7）。绿色天河石易与低档祖母绿混淆，它们外观相似，但折射率、相对密度等特征明显不同。

表3-7 祖母绿与相似宝石的区别

宝石名称	折射率	双折射率	光性	摩氏硬度	相对密度	区别要点
祖母绿	1.577～1.583（±0.017）	0.005～0.009	一轴晶（－）	7.5～8	2.72（+0.18，－0.05）	折射率较低、相对密度小，裂隙较发育
铬透辉石	1.675～1.701（+0.029，－0.010）	0.024～0.030	二轴晶（+）	5～6	3.29（+0.11，－0.07）	折射率高，双折射率高，相对密度大，两组完全解理，后刻面棱重影明显
铬钒钙铝榴石	1.740（+0.20，－0.010）	/	均质体	7～8	3.61（+0.12，－0.04）	均质体，折射率高，相对密度大
翠榴石	1.888（+0.007，－0.033）	/	均质体	7～8	3.84（±0.03）	均质体，折射率高，相对密度大
翡翠	1.66（点）	不可测	非均质集合体	6.5～7	3.34（+0.11，－0.09）	集合体，折射率较高，相对密度大
萤石	1.434（±0.001）	/	均质体	4	3.18（+0.07，－0.18）	均质体，折射率低，相对密度大，硬度低，四组完全解理
碧玺	1.624～1.644（+0.011，－0.009）	0.020	一轴晶（－）	7～8	3.06（+0.20，－0.06）	折射率较高，双折射率高，相对密度大，后刻面棱重影较明显
磷灰石	1.634～1.638（+0.012，－0.006）	0.002～0.005	一轴晶（－）	5～5.5	3.18（±0.05）	折射率较高，相对密度大，硬度低
天河石	1.522～1.530（±0.004）	0.008（通常不可测）	二轴晶（+/－）	6～6.5	2.56（±0.02）	折射率低，相对密度小，两组完全解理，具有网格状色斑
玻璃	1.47～1.70	/	均质体	5～6	2.30～4.50	均质体，有气泡、旋涡纹、圆滑刻面棱、表面划痕

(2) 祖母绿与合成祖母绿的鉴别

目前合成祖母绿的方法主要有水热法和助熔剂法两种，合成祖母绿与天然祖母绿的折射率、相对密度等物理特征很接近，主要通过内部特征和红外光谱特征来鉴别它们（表3-8）。

表3-8 祖母绿与合成祖母绿的鉴别

宝石名称	祖母绿	水热法合成祖母绿	助熔剂法合成祖母绿
内含物	矿物包体、气液两相包体、气液固三相包体、生长纹、色带，裂隙较发育	钉状包体（"钉头"为硅铍石晶体，"钉尖"为气液两相包体）、树枝状生长纹、硅铍石晶体、金属包体、无色种晶片、平行线状微小的两相包体、平行管状两相包体	助熔剂残余（面纱状、网状、水滴状）、铂金片、硅铍石晶体、均匀的平行生长面
相对密度	2.72（±0.18，-0.05）	2.67～2.70	2.65～2.67
折射率	1.577～1.583（±0.017）	1.566～1.578	1.561～1.568
双折射率	0.005～0.009	0.005～0.006	0.003～0.004
红外光谱	有Ⅰ型水、Ⅱ型水，峰位及强弱与水热法合成者不同	有Ⅰ型水、Ⅱ型水，峰位及强弱与天然者不同	无水的吸收峰

（3）优化处理祖母绿的鉴别

祖母绿的优化处理方法主要有充填处理、染色处理、覆膜处理三种。

①充填处理。由于祖母绿内部裂隙多，一直以来，人们用各种各样的充填物来改善祖母绿的净度。通常用天然或人工的各种油、蜡、树脂等物质浸入（或注入）祖母绿内部来掩盖裂隙，改善祖母绿净度（图3-26）和提升耐久度。

图3-26 祖母绿浸无色油前后对比

a. 浸无色油祖母绿的鉴别：浸无色油对祖母绿来说极为普遍，目前市场接受度较高，在我国国标中将它归为优化。其主要鉴定特征如下。

- 反射光下可见裂隙中无色油产生的干涉色。
- 可见油痕（图3-27）。
- 受热"出汗"流油（图3-28）。

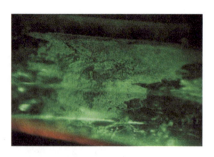

图3-27 浸油祖母绿内油的干涸痕迹

图3-28 热针接触裂隙处有油析出("出汗")

- 油会污染包装纸。

b. 浸有色油祖母绿的鉴别：祖母绿浸有色油属于处理，浸有色油与浸无色油的观察方法相同。其主要鉴定特征如下。

- 绿色油呈丝状分布于裂隙中。
- 油干后会在裂隙处留下绿色染料颗粒。
- 某些油可有紫外荧光。
- 油会染绿包装纸。

c. 树脂类充填祖母绿的鉴别：目前较常用的祖母绿充填物为各种环氧树脂（图3-29）。国家标准《珠宝玉石 名称》（GB/T 16552—2017）中规定，祖母绿的充填与充填物的类型、多少及对祖母绿的改善程度有关，视情况定为优化或处理。其主要鉴定特征如下。

- 在反射光下观察样品，充填处光泽较弱，表面有蛛网状的裂隙充填物。
- 可见异常的蓝色、橙色闪光效应（图3-30）。
- 充填物呈雾状、树枝状等不规则形状，充填物内有流动构造以及残余的扁平气泡（图3-31）。

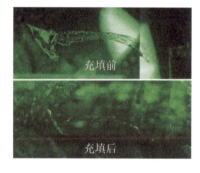

图3-29 祖母绿充填前后对比

图3-30 裂隙中的充填物及闪光效应

图3-31 充填物的流动构造

- 充填物硬度较低，钢针可刺入。
- 在紫外灯下有树脂特殊的荧光。

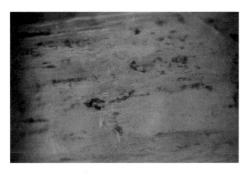

图 3-32 染色祖母绿中的染料在凹坑及裂隙处浓集

②染色处理。染色处理多用于颜色较浅的祖母绿，或将无色的绿柱石染成"祖母绿"。这种方法不被市场接受，被视为处理。鉴定特征如下。

- 染料沿裂隙分布（图 3-32），可呈蛛网状。
- 可有 630～660nm 吸收带。
- LW 可呈黄绿色荧光。

③覆膜处理。

a. 底衬处理的祖母绿：为加深祖母绿的颜色，在祖母绿戒面底部，衬上一层绿色的薄膜或绿色的锡箔，用闷镶的形式镶嵌。鉴定特征如下。

- 底部绿色薄膜和宝石间有接合缝。
- 接合面处可有气泡残留。
- 有时会有薄膜脱落、起皱现象。
- 颜色鲜艳，但多色性无或弱。
- 无 Cr 谱或仅有模糊的 Cr 谱。

b. 涂覆处理的祖母绿：通常是在浅色祖母绿或无色、浅色绿柱石表面覆上一层绿色塑料涂层，以增强或改变祖母绿的颜色或用来仿祖母绿。鉴定特征如下。

- 部分薄膜会自然脱落或用针挑会脱落，脱落处边缘可见干涉色。
- 可有塑料的荧光反应。
- 表面可有划痕。

④再生祖母绿。再生祖母是在无色绿柱石外层再生长合成祖母绿薄层。鉴定特征如下。

- 外层合成祖母绿一般厚度只有 0.5mm，因此很容易产生裂纹而呈交织网状。
- 在浸液中观察，腰围、棱角处颜色集中。
- 内部包体为无色绿柱石的包体特征，即有雨丝状、管状包体，气液两相包体，外层可含合成祖母绿中的包体。
- 外层 LW 荧光更强。

（4）拼合石的鉴别

仿祖母绿的拼合石的形式很多，可有两层或三层拼合。最常见的一种被称为"苏达祖母绿"。这种拼合石早期用无色水晶做冠部和亭部，中间用绿色胶黏结。现在新型的"苏达祖母绿"采用一层绿色玻璃代替了绿色胶，中间用无色胶黏结。此外还常见以无色合成尖晶石为冠部和亭部，中间用绿胶黏结制成的拼合石（图 3-33）。其主要鉴别特征如下。

①从侧面观察冠部和亭部为无色，冠亭之间有绿色薄层，或者是彩色的冠部和亭部中间夹着无色的薄层。

②腰围处可见拼接缝。

③放大观察有色层内可见气泡或因胶层干涸而出现的龟裂纹。

④冠部和亭部的折射率与祖母绿不同。

| 从台面看很像祖母绿 | 侧面可看出上下层为无色材料，中间为绿色胶 |

图 3-33 仿祖母绿的拼合石

4. 金绿宝石、猫眼、变石的鉴定

（1）金绿宝石与相似宝石的鉴别

金绿宝石与钙铝榴石、尖晶石、橄榄石等相似的宝石依据光性特征、折射率、相对密度等特征不难区分（表 3-9）。金绿宝石与颜色相近的蓝宝石的鉴别应特别注意。

表 3-9 金绿宝石与相似宝石的区别

宝石名称	折射率	双折射率	相对密度	光性	多色性	区别要点
金绿宝石	1.746~1.755（+0.004，−0.006）	0.008~0.010	3.73（±0.02）	二轴晶（+）	三色性弱—中	折射率高，二轴晶正光性，可见阶梯状生长纹等
蓝宝石	1.762~1.770（+0.009，−0.005）	0.008~0.010	4.00（+0.10，−0.05）	一轴晶（−）	二色性强	折射率高，相对密度大，一轴晶负光性，常见平直色带、双晶纹
钙铝榴石	1.740（+0.020，−0.010）	/	3.61（+0.12，−0.04）	均质体	无	均质体，无多色性，相对密度小
尖晶石	1.718（+0.017，−0.008）	/	3.60（+0.10，−0.30）	均质体	无	均质体，无多色性折射率低，相对密度小
符山石	1.713~1.718（+0.003，−0.013）	0.001~0.012	3.40（+0.10，−0.15）	一轴晶（+/−）	二色性无—弱	折射率低，相对密度小，一轴晶
绿柱石	1.577~1.583（±0.017）	0.005~0.009	2.72（+0.18，−0.05）	一轴晶（−）	二色性无—弱	折射率低，相对密度小，一轴晶
橄榄石	1.654~1.690（+0.020）	0.035~0.038，常为 0.036	3.34（+0.14，−0.07）	二轴晶（+/−）	三色性弱	折射率低，相对密度小，睡莲叶状包体，后刻面棱重影明显

(2) 猫眼与相似宝石的鉴别

猫眼与其他具猫眼效应的宝石不难鉴别（表3-10）。极罕见的石榴石猫眼无多色性，以此可区别于猫眼；玻璃猫眼为均质体，有蜂窝状、网状结构，气泡；其他具猫眼效应的宝石的折射率、相对密度均小于猫眼，明显不同，不难鉴别。合成猫眼是借表层平行排列的微粒而产生猫眼效应，内部无天然猫眼的丝状物。

表3-10 猫眼与相似宝石的区别

宝石名称	颜色	折射率（点测）	相对密度	区别要点
猫眼	黄色、绿黄色、褐黄色	1.74	3.73（±0.02）	平行丝状物，445nm强吸收带
石英猫眼	褐灰色、灰白色、黄色、黄绿色	1.54	2.66（+0.03，-0.02）	折射率低，相对密度小
阳起石猫眼	浅绿色、深绿色、黄绿色、黑色	1.62	3.00（+0.10，-0.05）	折射率低，相对密度小，具有平行纤维状结构
磷灰石猫眼	黄色、绿色、紫色、褐色、蓝色	1.63	3.18（±0.05）	折射率低，相对密度小，580nm双吸收线
透辉石猫眼	蓝绿色、黄绿色、灰褐色、黑色	1.68	3.29（+0.11，-0.07）	折射率低，相对密度小，505nm吸收线，若含铬则有690nm双线吸收
海蓝宝石猫眼	绿蓝色、蓝绿色、浅蓝色	1.57	2.72（+0.18，-0.05）	折射率低，相对密度小，可有平行管状包体
方柱石猫眼	粉红色、橙色、黄色、紫色、无色	1.55	2.60~2.74	折射率低，相对密度小，可有平行管状、针状、气液两相包体
碧玺猫眼	红色、绿色、黄色、无色等	1.62	3.06（+0.20，-0.06）	折射率低，相对密度小，强二色性
正长石猫眼	无色、浅黄色	1.52	2.56	折射率低，相对密度小，可有纤维状包体
木变石猫眼	灰蓝色、棕黄色、红棕色	1.53~1.54	2.48~2.85	折射率低，相对密度小，具有纤维状结构
玻璃猫眼	各种颜色	1.47~1.70	2.3~4.5	蜂窝状结构，底部可见平行纤维

(3) 变石与相似宝石的鉴别

除变石外，具有变色效应的宝石有变色石榴石、变色尖晶石、变色蓝宝石、变色萤石、变色蓝晶石等。红柱石由于具有强多色性，易与变石混淆，也需要注意区分（表3-11）。另外，市场上有些具有变色效应的合成宝石也可仿变石。

表 3-11 变石与相似宝石的区别

宝石名称	颜色		折射率	双折射率	相对密度	变色原因	光性	多色性
	日光（灯）	白炽灯						
变石	黄绿色、褐绿色、灰绿色—蓝绿色	橙红色、褐红色—紫红色	1.746～1.755（+0.004，-0.006）	0.008～0.010	3.73（±0.02）	含 Cr	二轴晶（+）	三色性强
变色石榴石	蓝绿色	红色、红紫色	1.790～1.814 或 1.740	/	3.78（+0.09，-0.16）或 4.15（+0.05，-0.03）	含 Cr、V	均质体	无
变色尖晶石	紫蓝色	红紫色	1.718	/	3.60	含 Cr、V	均质体	无
合成变色尖晶石	灰蓝色	紫色	1.728	/	3.64	含 Cr、V	均质体	无
变色蓝宝石	灰紫色、蓝色	浅紫红色、褐红色	1.762～1.770（+0.009，-0.005）	0.008～0.010	4.00（+0.10，-0.15）	含 Cr	一轴晶（-）	二色性强
合成变色蓝宝石	蓝紫色	紫红色	1.762～1.770（+0.009，-0.005）	0.008～0.010	4.00（+0.10，-0.15）	含 V_2O_5，3%～4%	一轴晶（-）	二色性强
变色萤石	蓝色	浅紫色	1.434	/	3.18	含 Y、Ce、Sn	均质体	无
变色蓝晶石	绿蓝色	红紫色	1.716～1.731（±0.004）	0.012～0.017	3.68（+0.01，-0.12）	含 Fe、Ti、Cr	二轴晶（-）	三色性强
红柱石	黄绿色或红褐色（不变色）		1.634～1.643（±0.005）	0.007～0.013	3.17（±0.04）	/	二轴晶（-）	三色性强

（4）合成金绿宝石的鉴别

合成金绿宝石有合成金绿宝石、合成猫眼、合成变石三个品种，最常见的是合成变石。合成方法有助熔剂法、晶体提拉法和区域熔炼法，不同合成方法内部包体特征不同。

助熔剂法：助熔剂残余、铂金片。

提拉法：针状包体及弧形生长纹。

区域熔炼法：小的球形气泡和旋涡状结构。

此外，天然变石的红外光谱中有水分子的特征吸收峰，而合成变石无水的吸收峰存在。

三、实习要求

掌握钻石及其他贵重宝石的主要鉴定特征和鉴定方法；重点掌握钻石与合成碳硅石的鉴

别，红、蓝宝石与焰熔法合成红、蓝宝石的鉴别，祖母绿与水热法合成祖母绿的鉴别。对染色红宝石、扩散蓝宝石、红宝石拼合石、蓝宝石拼合石亦应给予充分的注意。

四、实习报告

1. 实习品种

包括钻石、合成碳硅石、红宝石、焰熔法合成红宝石、蓝宝石、焰熔法合成蓝宝石、祖母绿、水热法合成祖母绿、猫眼、合成变石。

2. 要求

①要有三项有效、关键的鉴定特征。

②红宝石、合成红宝石必须进行分光镜检测并画图。

③如样品为钻石，除鉴定外尚须评价其颜色、净度级别。

3. 观察记录表（表 3-12）

表 3-12　观察记录表

样品编号		样品质量/g		琢型	
颜色		光泽		透明度	
请给出三项有效、关键的鉴定特征： 1. 2. 3. 其他鉴定特征（不超过三项）： 定名：					

第四章 一般宝石及少见宝石鉴定实习

一般宝石及少见宝石的鉴定PPT

一、实习目的

①掌握一般宝石及少见宝石的主要鉴定特征及鉴定方法。
②掌握易混淆宝石的鉴别方法以及合成宝石、优化处理宝石的鉴别。

二、实习内容

一般宝石：

海蓝宝石及其他绿柱石、碧玺、尖晶石、锆石、橄榄石、托帕石、石榴石、水晶（紫晶、黄晶、绿水晶、芙蓉石等）、长石（月光石、天河石、日光石、拉长石等）。

少见宝石：方柱石、黝帘石（坦桑石）、绿帘石、堇青石、榍石、磷灰石、辉石（透辉石、顽火辉石、普通辉石、锂辉石）、红柱石、矽线石、蓝晶石、符山石、锡石。

（一）一般宝石及少见宝石的主要鉴定特征

1. 一般宝石

（1）海蓝宝石（aquamarine）

矿物名称：绿柱石。

化学成分：$Be_3Al_2Si_6O_{18}$，含 Fe 等元素。

晶　　系：六方晶系。

晶体习性：六方柱状，常见晶面纵纹。

颜　　色：浅蓝色、绿蓝色—蓝绿色，通常色调较浅。

光　　泽：玻璃光泽。

解　　理：一组不完全解理。

摩氏硬度：7.5～8。

相对密度：2.72（+0.18，-0.05）。

光性特征：非均质体，一轴晶，负光性。

多 色 性：弱—中，蓝色、绿蓝色，或不同色调的蓝色。

折 射 率：1.577～1.583（±0.017）。

双折射率：0.005～0.009。

紫外荧光：无。

放大观察：气液两相包体、气液固三相包体、矿物包体、平行管状包体、生长纹。

特殊光学效应：猫眼效应。

(2) 绿柱石（beryl）

矿物名称：绿柱石。

化学成分：$Be_3Al_2Si_6O_{18}$，可含 Fe、Mg、V、Cr、Ti、Li、Mn、K、Cs、Rb 等微量元素。

晶　　系：六方晶系。

晶体习性：六方柱状，偶见六方板状，常见晶面纵纹。

颜　　色：无色、绿色、黄色、浅橙色、粉色、红色、蓝色、棕色、黑色等，粉红色绿柱石又称为摩根石。

光　　泽：玻璃光泽。

解　　理：一组不完全解理

摩氏硬度：7.5～8。

相对密度：2.72（＋0.18，－0.05）。

光性特征：非均质体，一轴晶，负光性。

多色性：弱—中，因颜色而异。黄色者，弱，绿黄色、黄色，或不同色调的黄色；绿色者，弱—中，蓝绿色、绿色，或不同色调的绿色；粉红色者，弱—中，浅红色、紫红色。

折射率：1.577～1.583（±0.017）。

双折射率：0.005～0.009。

紫外荧光：通常弱。无色者，无—弱，黄色或粉色；黄色、绿色者，通常无荧光；粉红色者，无—弱，粉色或紫色。

放大观察：气液两相包体、气液固三相包体、矿物包体、平行管状包体、生长纹。

特殊光学效应：猫眼效应、星光效应（稀少）。

(3) 碧玺（tourmaline）

矿物名称：电气石。

化学成分：$(Na, K, Ca)(Al, Fe, Li, Mg, Mn)_3(Al, Cr, Fe, V)_6Si_6O_{18}(BO_3)_3(OH, F)_4$。

晶　　系：三方晶系。

晶体习性：浑圆三方柱状或复三方锥柱状晶体，晶面纵纹发育。

颜　　色：各种颜色，晶体不同部位可呈双色或多色。

光　　泽：玻璃光泽。

解　　理：无。

摩氏硬度：7～8。

相对密度：3.06（＋0.20，－0.60）。

光性特征：非均质体，一轴晶，负光性。

多色性：中—强，深浅不同的体色。

折射率：1.624－1.644（＋0.011，－0.009）。

双折射率：0.018～0.040，通常为 0.020，暗色者可达 0.040。

紫外荧光：通常无。红色、粉红色碧玺荧光弱，红色—紫色。

放大观察：气液两相包体、矿物包体、生长纹、色带、不规则管状包体、平行线状包体，可见双折射现象。

特殊光学效应：猫眼效应、变色效应（稀少）。

(4) 尖晶石（spinel）

矿物名称：尖晶石。

化学成分：$MgAl_2O_4$，可含有 Cr、Fe、Zn、Mn 等元素。

晶　　系：等轴晶系。

晶体习性：八面体，有时与菱形十二面体和立方体形成聚形。

颜　　色：红色、橙红色、粉红色、紫红色、无色、黄色、橙黄色、褐色、蓝色、绿色、紫色等。

光　　泽：玻璃光泽—亚金刚光泽。

解　　理：不完全。

摩氏硬度：8。

相对密度：3.60（+0.10，-0.03），黑色者近于 4.00。

光性特征：均质体。

多 色 性：无。

折 射 率：1.718（+0.017，-0.008），随着 Zn、Fe、Cr 等元素含量的增加，折射率逐渐增大，最高可至 2.00。

双折射率：无。

紫外荧光：红色、橙色、粉色者，LW 弱—强，红色、橙红色，SW 无—弱，红色、橙红色；绿色者，LW 无—中，橙色—橙红色；其他颜色者通常无荧光。

吸收光谱：红色者有 685nm、684nm 强吸收线，656nm 弱吸收带，595～490nm 强吸收带；蓝色、紫色者有 460nm 强吸收带，430～435nm、480nm、550nm、565～575nm、590nm、625nm 吸收带。

放大观察：气液两相包体、矿物包体、生长纹、双晶纹、单个或呈指纹状分布的细小的八面体负晶。

特殊光学效应：星光效应（稀少）、变色效应。

(5) 锆石（zircon）

矿物名称：锆石。

化学成分：$ZrSiO_4$，可含有 Ca、Mg、Mn、Fe、Al、P、Hf、U、Th 等元素。

结晶状态：晶质体。由于放射性微量元素的影响，结晶程度降低，根据结晶程度，可分为高、中、低型。

晶　　系：四方晶系。

晶体习性：晶体常呈四方双锥状、柱状、板柱状。

常见颜色：无色、蓝色、黄色、绿色、褐色、橙色、红色、紫色等。

光　　泽：玻璃光泽—金刚光泽。

解　　理：无。

摩氏硬度：6～7.5。

相对密度：通常为 3.90～4.73。其中高型，4.60～4.80；中型，4.10～4.60；低型，3.90～4.10。

光性特征：非均质体，一轴晶，正光性。
多 色 性：通常弱，因颜色而异。蓝色者，强，蓝色、棕黄色—无色；绿色者，很弱，绿色、黄绿色；橙色—褐色者，弱—中，紫棕色、棕黄色；红色者，中，紫红色、紫褐色。
折 射 率：高型，1.925～1.984（±0.040）；中型，1.875～1.905（±0.030）；低型，1.810～1.815（±0.030）。
双折射率：0.001～0.059。
紫外荧光：蓝色者，LW 无—中，浅蓝色，SW 无；绿色者，通常无；黄色、橙黄色者，无—中，黄色、橙色；红色、橙红色者，无—强，黄色、橙色；棕、褐色者，无—极弱，红色。
吸收光谱：可见 2～50 多条吸收线，特征吸收为 653.5nm 吸收线。
放大观察：气液两相包体、矿物包体。高型锆石双折射现象明显；中型、低型锆石中可见平直的分带现象，絮状包体。此外锆石性脆，棱角易磨损。
特殊光学效应：猫眼效应（稀少）。

(6) 托帕石（topaz）

矿物名称：黄玉。
化学成分：$Al_2SiO_4(F, OH)_2$，可含有 Li、Be、Ga 等微量元素，粉红色者可含 Cr。
晶　　系：斜方晶系。
晶体习性：柱状，柱面常有纵纹。
常见颜色：无色、淡蓝色、蓝色、黄色、绿色、粉色、粉红色、褐红色等。
光　　泽：玻璃光泽。
解　　理：平行 {001} 的一组完全解理。
摩氏硬度：8。
相对密度：3.53（±0.04）。
光性特征：非均质体，二轴晶，正光性。
多 色 性：弱—中。黄色者，褐黄色、黄色、橙黄色；褐色者，黄褐色、褐色；红色、粉色者，浅红色、橙红色、黄色；绿色者，蓝绿色、浅绿色；蓝色者多色性为不同色调的蓝色。
折 射 率：1.619～1.627（±0.010）。
双折射率：0.008～0.010。
紫外荧光：LW 无—中，橙黄色、黄色、绿色，SW 无—弱，橙黄色、黄色、绿白色。
吸收光谱：不特征。
放大观察：气液两相包体、气液固三相包体、矿物包体、生长纹、负晶。
特殊光学效应：猫眼效应（稀少）。

(7) 橄榄石（peridot）

矿物名称：橄榄石。
化学成分：$(Mg, Fe)_2SiO_4$。
晶　　系：斜方晶系。
晶体习性：可呈柱状或短柱状，常为不规则粒状。

常见颜色：黄绿色、绿色、褐绿色等。
光　　泽：玻璃光泽。
解　　理：{010} 解理中等，{001} 解理不完全。
摩氏硬度：6.5～7。
相对密度：3.34（+0.14，-0.07）。
光性特征：非均质体，二轴晶，正光性或负光性。
多　色　性：弱，黄绿色、绿色。
折　射　率：1.654～1.690（±0.020）。
双折射率：0.035～0.038，常为0.036。
紫外荧光：无。
吸收光谱：453nm、477nm、497nm 强吸收带。
放大观察：盘状气液两相包体、矿物包体、负晶，双折射现象明显。
特殊光学效应：星光效应，猫眼效应（稀少）。

(8) 石榴石 (garnet)

矿物名称：石榴石。
化学成分：$X_3Y_2(SiO_4)_3$，其中 X 为 Mg^{2+}、Fe^{2+}、Mn^{2+}、Ca^{2+} 等，Y 为 Al^{3+}、Fe^{3+}、Cr^{3+} 等。

① 镁铝榴石 (pyrope)。
化学成分：$Mg_3Al_2(SiO_4)_3$。
晶　　系：等轴晶系。
晶体习性：菱形十二面体、四角三八面体，也可为菱形十二面体与四角三八面体的聚形。
常见颜色：中—深，橙红色、红色。
光　　泽：玻璃光泽—亚金刚光泽。
解　　理：无。
摩氏硬度：7～8。
相对密度：3.78（+0.09，-0.16）。
光性特征：均质体，常见异常消光。
多　色　性：无。
折　射　率：1.714～1.742，常为1.740。
双折射率：无。
紫外荧光：无。
吸收光谱：564nm 宽吸收带，505nm 吸收线，含 Fe 者可有 440nm、445nm 吸收线，优质镁铝榴石可有 Cr 谱（红区）。
放大观察：针状矿物包体、浑圆状矿物包体等。

② 镁铁铝榴石（红榴石，rhodolite），又可为镁铝榴石与铁铝榴石之间的过渡种属。
化学成分：$(Mg,Fe)_3Al_2(SiO_4)_3$。
晶　　系：等轴晶系。
晶体习性：菱形十二面体、四角三八面体，也可为菱形十二面体与四角三八面体的聚形。

常见颜色：红紫色、紫红色。

光　　泽：玻璃光泽—亚金刚光泽。

解　　理：无。

摩氏硬度：7～8。

相对密度：3.84（±0.10）。

光性特征：均质体，常见异常消光。

多 色 性：无。

折 射 率：1.76（+0.010，−0.020）。

双折射率：无。

紫外荧光：无。

吸收光谱：类似铁铝榴石。

放大观察：针状矿物包体、浑圆状矿物包体等。

③铁铝榴石（almandine）。

化学成分：$Fe_3Al_2(SiO_4)_3$。

晶　　系：等轴晶系。

晶体习性：菱形十二面体、四角三八面体，也可为菱形十二面体与四角三八面体的聚形。

常见颜色：橙色—红色、紫红色—红紫色，颜色较暗。

光　　泽：玻璃光泽—亚金刚光泽。

解　　理：无。

摩氏硬度：7～8。

相对密度：4.05（+0.25，−0.12）。

光性特征：均质体，常见异常消光。

多 色 性：无。

折 射 率：1.790（±0.030）。

双折射率：无。

紫外荧光：无。

吸收光谱：504nm、520nm、573nm 强吸收带（铁铝榴石窗），423nm、460nm、610nm、680～690nm 弱吸收带。

放大观察：针状矿物包体、浑圆状矿物包体及锆石晕。

④锰铝榴石（spessarite）。

化学成分：$Mn_3Al_2(SiO_4)_3$。

晶　　系：等轴晶系。

晶体习性：菱形十二面体、四角三八面体，也可为菱形十二面体与四角三八面体的聚形。

常见颜色：橙色—橙红色。

光　　泽：玻璃光泽—亚金刚光泽。

解　　理：无。

摩氏硬度：7～8。
相对密度：4.15（+0.05，-0.03）。
光性特征：均质体，常见异常消光。
多 色 性：无。
折 射 率：1.810（+0.004，-0.020）。
双折射率：无。
紫外荧光：无。
吸收光谱：410nm、420nm、430nm吸收线，460nm、480nm、520nm吸收带，有时可有504nm、573nm吸收线。
放大观察：波浪状、浑圆状、不规则状晶体或液态包体，针状矿物包体等。

⑤钙铝榴石（grossular）。
化学成分：$Ca_3Al_2(SiO_4)_3$。
晶　　系：等轴晶系。
晶体习性：菱形十二面体、四角三八面体，也可为菱形十二面体与四角三八面体的聚形。
常见颜色：浅—深绿色、浅—深黄色、橙红色，少见无色。
光　　泽：玻璃光泽—亚金刚光泽。
解　　理：无。
摩氏硬度：7～8。
相对密度：3.61（+0.12，-0.04）。
光性特征：均质体，常见异常消光。
多 色 性：无。
折 射 率：1.740（+0.020，-0.010）。
双折射率：无。
紫外荧光：通常无，近于无色、黄色、浅绿色钙铝榴石可呈弱橙黄色荧光。
吸收光谱：Fe致色的桂榴石可有407nm、430nm吸收带。
放大观察：短柱状或浑圆状矿物包体，热浪效应（也称为热波效应，是桂榴石变种特有的一种特征，难以聚焦观察）。

⑥钙铁榴石（andradite）。
化学成分：$Ca_3Fe_2(SiO_4)_3$。
晶　　系：等轴晶系。
晶体习性：菱形十二面体、四角三八面体，也可为菱形十二面体与四角三八面体的聚形。
常见颜色：黄色、绿色、褐黑色。
光　　泽：玻璃光泽—亚金刚光泽。
解　　理：无。
摩氏硬度：7～8。
相对密度：3.84（±0.03）。
光性特征：均质体，常见异常消光。

多 色 性：无。
折 射 率：1.888（+0.007，-0.033）。
双折射率：无。
紫外荧光：无。
吸收光谱：440nm 吸收带，也可有 618nm、634nm、685nm、690nm 吸收线。
放大观察：翠榴石常见马尾丝状包体。

⑦钙铬榴石（uvarovite）。
化学成分：$Ca_3Cr_2(SiO_4)_3$。
晶　　系：等轴晶系。
晶体习性：菱形十二面体、四角三八面体，也可为菱形十二面体与四角三八面体的聚形。
常见颜色：绿色。
光　　泽：玻璃光泽—亚金刚光泽。
解　　理：无。
摩氏硬度：7～8。
相对密度：3.75（±0.03）。
光性特征：均质体，常见异常消光。
多 色 性：无。
折 射 率：1.850（±0.030）。
双折射率：无。
紫外荧光：无。

(9) 水晶（紫晶、黄晶、烟晶、绿水晶、芙蓉石、发晶）[rock crystal (amethyst、citrine、smoky quartz、green quartz、rose quartz、rutilated quartz)]

矿物名称：石英。
化学成分：SiO_2，可含有 Ti、Fe、Al 等元素。
晶　　系：三方晶系。
晶体习性：六方柱状晶体，柱面横纹发育。
常见颜色：水晶为无色；紫晶，浅—深紫色；黄晶，浅—深黄色；烟晶，浅—深褐色；绿水晶，绿色—黄绿色；芙蓉石，浅—中粉红色，色调较浅；发晶，无色、浅黄色、浅褐色等，因含金红石常呈金黄色、褐红色等，含电气石常呈灰黑色，含阳起石而呈灰绿色。
光　　泽：玻璃光泽。
解　　理：无。
摩氏硬度：7。
相对密度：2.66（+0.03，-0.02）。
光性特征：非均质体，一轴晶，正光性，可有牛眼干涉图，紫晶常有巴西律双晶。
多 色 性：弱，因颜色而异。
折 射 率：1.544～1.553。
双折射率：0.009。

紫外荧光：无。
吸收光谱：不特征。
放大观察：气液两相包体，气液固三相包体，生长纹，色带，双晶纹，针状金红石、电气石等矿物包体，负晶等。
特殊光学效应：星光效应（六射，常见于芙蓉石中）、猫眼效应。

(10) 长石（月光石、天河石、日光石、拉长石）[feldspar (moonstone、amazonite、sunstone、labradorite)]

矿物名称：长石。
化学成分：$XAlSi_3O_8$，X 为 Na、K、Ca。钾长石为 $KAlSi_3O_8$，可含有 Ba、Na、Rb、Sr 等元素。斜长石为 $NaAlSi_3O_8-CaAl_2Si_2O_8$。
晶　　系：月光石、天河石为单斜或三斜晶系，日光石、拉长石为三斜晶系。
晶体习性：板状、短柱状晶形，常发育卡氏双晶、聚片双晶、格子状双晶等。
颜　　色：常见无色—浅黄色、绿色、橙色、褐色等。月光石，无色—白色，具有蓝色、黄色或无色的月光效应；天河石，亮绿色、亮蓝绿色—浅蓝色，常见绿色和白色的格子状色斑；日光石，黄色、橙黄色—棕色，具有红色或金色的砂金效应；拉长石，灰色—灰黄色、橙色—棕色、棕红色、绿色等，可具晕彩效应。
光　　泽：玻璃光泽。
解　　理：两组完全解理（90°或近 90°相交）。
摩氏硬度：6~6.5。
相对密度：2.55~2.75。月光石为 2.58（±0.03），天河石为 2.56（±0.02），日光石为 2.65（+0.02，-0.03），拉长石为 2.70（±0.05）。
光性特征：非均质体，二轴晶，正光性或负光性。
多 色 性：通常无。
折 射 率：1.508~1.572。月光石为 1.518~1.526（±0.010），天河石为 1.522~1.530（±0.004），日光石为 1.537~1.547（+0.004，-0.006），拉长石为 1.559~1.568（±0.005）。
双折射率：0.005~0.010。月光石为 0.005~0.008，天河石为 0.008（通常不可测），日光石为 0.007~0.010，拉长石常为 0.009。
紫外荧光：无—弱，白色、紫色、红色、黄色等。
吸收光谱：通常不特征。
放大观察：解理、双晶纹、气液两相包体、矿物包体、针状包体等。月光石中可见蜈蚣状包体、指纹状包体、针状包体；天河石中常见网格状色斑；日光石中常见红色或金色的板状包体，具金属质感；拉长石中常见双晶纹。
特殊光学效应：晕彩效应、猫眼效应、砂金效应、星光效应。

长石主要品种的性质见表 4-1。

表 4-1 长石的主要品种

品种（罕见品种）	颜 色	折射率	双折射率	相对密度	特殊光学效应
正长石	无色、白色、橙色、黄色、绿色、褐色、灰色、黑色	1.518~1.533	0.005~0.008	2.55~2.63	砂金效应、猫眼效应、星光效应、晕彩效应
（透长石）	无色、粉红色	1.518~1.531	0.005~0.008	2.56~2.62	猫眼效应
（冰长石）	无色、乳白	1.518~1.531	0.005~0.008	2.55~2.63	晕彩效应
微斜长石	白色、蓝色—绿色、粉红色—褐色、灰色	1.522~1.530	0.005~0.008	2.55~2.63	晕彩效应
钠长石	无色、白色、绿色、灰色、淡蓝色、淡红色	1.527~1.542	0.005~0.010	2.60~2.63	晕彩效应
歪长石	白色、无色、灰色、淡黄色、淡绿色	1.522~1.536	0.005~0.007	2.55~2.62	猫眼效应、晕彩效应
奥长石	红色、橙色、黄色、褐色、灰色	1.537~1.547	0.010	2.65	砂金效应、晕彩效应
拉长石	无色、灰色、红橙色、黄色、绿色、褐色	1.559~1.568（±0.005）	0.009	2.65~2.75	晕彩效应、砂金效应、猫眼效应
中长石	黄白色、黄褐色、绿黄色、棕红色	1.555~1.563	0.008	2.65~2.73	晕彩效应、砂金效应
培长石	浅黄色、红色	1.55~1.57	0.009	2.74	晕彩效应、砂金效应

2. 少见宝石

（1）方柱石（scapolite）

矿物名称：方柱石。

化学成分：$Na_4Al_3Si_9O_{24}Cl - Ca_4Al_6Si_6O_{24}(CO_3,SO_4)$。方柱石是钠柱石（Ma）和钙柱石（Me）为端员的完全类质同象系列，自然界的方柱石都是两个端员的固溶体混晶。方柱石中，随着钙柱石的增加，折射率、双折射率、相对密度随之增加。

晶　　系：四方晶系。

晶体习性：柱状晶体，晶面常有纵纹。

常见颜色：无色、粉红色、橙色、黄色、绿色、蓝色、紫色、紫红色等。

光　　泽：玻璃光泽。

解　　理：一组中等解理，一组不完全解理。

摩氏硬度：6~6.5。

相对密度：2.60~2.74，紫色者常为 2.60。

光性特征：非均质体，一轴晶，负光性。
多 色 性：粉红色、紫红色、紫色者，中—强，蓝色、蓝紫红色；黄色者，弱—中，不同色调的黄色。
折 射 率：1.550~1.564（+0.015，-0.014），紫色者为1.536~1.541。
双折射率：0.004~0.037。其中，紫色者为0.005，黄色者为0.037。
紫外荧光：无—强，粉红色、橙色或黄色。
吸收光谱：粉红色者有663nm和652nm吸收线。
放大观察：平行管状包体、针状包体、矿物包体、气液两相包体、生长纹、负晶。
特殊光学效应：猫眼效应。

（2）黝帘石（坦桑石）[zoisite（tanzanite）]

蓝色黝帘石即为坦桑石。绿色黝帘石常呈集合体形态，与红宝石及角闪石共生。
矿物名称：黝帘石。
化学成分：$Ca_2Al_3(Si_2O_7)(SiO_4)O(OH)$，可含有V、Cr、Mn等元素。
晶　　系：斜方晶系。
晶体习性：柱状或板柱状。
常见颜色：坦桑石为蓝色、紫蓝色—蓝紫色，其他黝帘石呈褐色、黄绿色、粉色等。
光　　泽：玻璃光泽。
解　　理：一组完全解理。
摩氏硬度：6~7。
相对密度：3.35（+0.10，-0.25）。
光性特征：非均质体，二轴晶，正光性。
多 色 性：三色性，强。其中，蓝色者，蓝色、紫红色、绿黄色；褐色者，绿色、紫色、浅蓝色；黄绿色者，暗蓝色、黄绿色、紫色。
折 射 率：1.691~1.700（±0.005）。
双折射率：0.008~0.013。
紫外荧光：无。
吸收光谱：蓝色者有595nm、528nm吸收线；黄色者有455nm吸收线。
放大观察：气液两相包体、生长纹、阳起石、石墨和十字石等矿物包体。
特殊光学效应：猫眼效应（稀少）。

（3）绿帘石（epidote）

矿物名称：绿帘石。
化学成分：$Ca_2(Al,Fe)_3(Si_2O_7)(SiO_4)O(OH)$。
晶　　系：单斜晶系。
晶体习性：柱状或柱状集合体，常发育晶面纵纹。
常见颜色：浅—深绿色、棕褐色、黄色、黑色等。
光　　泽：玻璃光泽—油脂光泽。
解　　理：一组完全解理。
摩氏硬度：6~7。
相对密度：3.40（+0.10，-0.15）。

光性特征：非均质体，二轴晶，负光性。
多 色 性：三色性，强，绿色、褐色、黄色。
折 射 率：1.729～1.768（＋0.012，－0.035）。
双折射率：0.019～0.045。
紫外荧光：通常无。
吸收光谱：445nm 强吸收带，有时具 475nm 弱吸收线。
放大观察：气液两相包体、矿物包体、生长纹、双折射现象。
特殊性质：遇热盐酸能部分溶解，遇氢氟酸能快速溶解。

(4) 堇青石（iolite）
矿物名称：堇青石。
化学成分：$Mg_2Al_4Si_5O_{18}$，可含有 Na、K、Ca、Fe、Mn 等元素及 H_2O。
晶　　系：斜方晶系。
晶体习性：短柱状，常见双晶。
颜　　色：浅—深的蓝色、紫色，也可有无色、略带黄色调的白色、绿色、灰色、褐色等。
光　　泽：玻璃光泽。
解　　理：一组完全解理。
摩氏硬度：7～7.5。
相对密度：2.61（±0.05）。
光性特征：非均质体，二轴晶，负光性。
多 色 性：三色性，强。其中，紫色者，浅紫色、深紫色、黄褐色；蓝色者，无色—黄色、蓝灰色、深紫色。
折 射 率：1.542～1.551（＋0.045，－0.011）。
双折射率：0.008～0.012。
紫外荧光：无。
放大观察：色带、气液两相包体、矿物包体。
特殊光学效应：星光效应、猫眼效应、砂金效应（稀少）。

(5) 榍石（sphene）
矿物名称：榍石。
化学成分：$CaTiSiO_5$。
晶　　系：单斜晶系。
晶体习性：扁平信封状晶体，横切面呈楔形。
常见颜色：黄色、绿色、褐色、橙色、无色等，少见红色。
光　　泽：金刚光泽。
解　　理：两组中等解理。
摩氏硬度：5～5.5。
相对密度：3.52（±0.02）。
光性特征：非均质体，二轴晶，正光性。
多 色 性：黄绿色—褐色者，中—强，浅黄绿色、褐橙色、褐黄色。

折 射 率：1.900～2.034（±0.020）。
双折射率：0.100～0.135。
紫外荧光：无。
吸收光谱：有时见 580nm 双吸收线。
放大观察：气液两相包体、指纹状包体、矿物包体、双晶纹、强双折射现象。
特殊性质：色散强（0.051）。

(6) 磷灰石（apatite）

矿物名称：磷灰石。
化学成分：$Ca_5(PO_4)_3(F,OH,Cl)$。
晶　　系：六方晶系。
晶体习性：六方柱状。
常见颜色：无色、黄色、绿色、紫色、紫红色、粉红色、褐色、蓝色等。
光　　泽：玻璃光泽。
解　　理：两组不完全解理。
摩氏硬度：5～5.5。
相对密度：3.18（±0.05）。
光性特征：非均质体；一轴晶，负光性。
多 色 性：蓝色者强，蓝色、无色—黄色；其他颜色者多色性极弱—弱。
折 射 率：1.634～1.638（+0.012，−0.006）。
双折射率：0.002～0.008，多为 0.003。
紫外荧光：黄色者，紫粉红色；蓝色者，蓝色—浅蓝色；绿色者，绿黄色；紫色者，LW 绿黄色，SW 浅紫红色。
吸收光谱：无色、黄色及具猫眼效应的磷灰石可见 580nm 双吸收线。
放大观察：气液两相包体、矿物包体、生长纹。
特殊光学效应：猫眼效应。

(7) 辉石（透辉石、顽火辉石、普通辉石、锂辉石）[pyroxene (diopside、enstatite、augite、spodumene)]

矿物名称：辉石（透辉石、顽火辉石、普通辉石、锂辉石）。
化学成分：XYZ_2O_6，其中 X 为 Ca、Mg、Fe、Mn、Na、Li，Y 为 Mg、Fe、Mn、Al、Cr、Ti、V，Z 为 Si、Al。透辉石为 $CaMgSi_2O_6$，可含有 Cr、Fe、V、Mn 等元素；顽火辉石为 $(Mg,Fe)_2Si_2O_6$，可含有 Ca、Al 等元素；普通辉石为 $(Ca,Mg,Fe)_2(Si,Al)_2O_6$；锂辉石为 $LiAlSi_2O_6$，可含有 Fe、Mn、Ti、Ga、Cr、V、Co、Ni、Cu、Sn 等元素。
晶　　系：透辉石为单斜晶系，顽火辉石为斜方晶系，普通辉石为单斜晶系，锂辉石为单斜晶系。
晶体习性：常见柱状，也可呈片状、放射状、纤维状集合体，普通辉石可见板状晶体。
颜　　色：透辉石为蓝绿色—黄绿色、褐色、黑色、紫色、白色—无色；顽火辉石为红褐色、褐绿色、黄绿色，少见无色；普通辉石为灰褐色、褐色、紫褐色、绿黑色；锂辉石为粉红色—蓝紫红色、绿色、黄色、蓝色、无色，通常色调较浅。
光　　泽：玻璃光泽。
解　　理：两组完全解理（交角 87°，93°），集合体通常不可见。
摩氏硬度：5~6，其中锂辉石 6.5~7。
相对密度：3.10~3.52。透辉石为 3.29（＋0.11，－0.07），顽火辉石为 3.25（＋0.15，－0.02），普通辉石为 3.23~3.52，锂辉石为 3.18（±0.03）。
光性特征：非均质体，二轴晶，正光性。
多色性：弱—强。透辉石为浅—深绿色；顽火辉石为褐黄色—黄色、绿色—黄绿色。普通辉石为浅绿色、浅褐色、绿黄色；锂辉石中，粉红色—蓝紫红色者，中—强，粉红色—浅紫红色，无色、绿色者，中，蓝绿色、黄绿色。
折射率：1.660~1.772。透辉石为 1.675~1.701（＋0.029，－0.010），点测法常为 1.68；顽火辉石为 1.663~1.673（±0.010）；普通辉石为 1.670~1.772；锂辉石为 1.660~1.676（±0.005）。
双折射率：0.008~0.033。透辉石为 0.024~0.030，顽火辉石为 0.008~0.011，普通辉石为 0.018~0.033，锂辉石为 0.014~0.016。
紫外荧光：通常无。透辉石中绿色透辉石 LW 绿色，SW 无荧光。锂辉石中，粉红色—蓝紫红色者，LW 中—强，粉红色—橙色，SW 弱—中，粉红色—橙色；黄绿色者，LW 弱，橙黄色，SW 极弱，橙黄色；绿色者无荧光。
吸收光谱：透辉石有 505nm 吸收线；铬透辉石有 635nm、655nm、670nm 吸收线，690nm 双吸收线；顽火辉石有 505nm、550nm 吸收线；普通辉石吸收光谱不特征；锂辉石吸收光谱不特征。黄绿色辉石有 433nm、438nm 吸收线。绿色辉石有 646nm、669nm、686nm 吸收线，620nm 附近有宽带。
放大观察：气液两相包体、纤维状包体、矿物包体、解理。
特殊光学效应：星光效应（四射星光）、猫眼效应。

(8) 红柱石（andalusite）

矿物名称：红柱石。
化学成分：Al_2SiO_5，可含有 V、Mn、Ti、Fe 等元素。
晶　　系：斜方晶系。
晶体习性：柱状晶体。
颜　　色：黄绿色、黄褐色，也可见绿色、褐色、粉色等，少见紫色。内有黑色十字者称为空晶石。
光　　泽：玻璃光泽。
解　　理：一组中等解理。
摩氏硬度：7~7.5。
相对密度：3.17（±0.04）。
光性特征：非均质体，二轴晶，负光性。
多色性：三色性，强，褐黄绿色、褐橙色、褐红色。
折射率：1.634~1.643（±0.005）。
双折射率：0.007~0.013。

紫外荧光：LW 无荧光，SW 无—中，绿色—黄绿色。
放大观察：气液两相包体、矿物包体、针状包体。空晶石中黑色碳质包体呈十字形分布。

(9) 矽线石（sillimanite）
矿物名称：矽线石。
化学成分：Al_2SiO_5，可含有 Fe 等元素。
晶　　系：斜方晶系。
晶体习性：柱状或纤维状。
颜　　色：白色—灰色、褐色、绿色等，少见紫蓝色—灰蓝色。
光　　泽：玻璃光泽—丝绢光泽。
解　　理：一组完全解理。
摩氏硬度：6～7.5。
相对密度：3.25（+0.02，-0.11）。
光性特征：非均质体，二轴晶，正光性，也可呈非均质集合体。
多 色 性：蓝色者强，无色、浅黄色、蓝色。
折 射 率：1.659～1.680（+0.004，-0.006）。
双折射率：0.015～0.021。
紫外荧光：蓝色者弱，红色。
放大观察：气液两相包体、矿物包体，集合体呈纤维状结构。
特殊光学效应：猫眼效应。

(10) 蓝晶石（kyanite）
矿物名称：蓝晶石。
化学成分：Al_2SiO_5，可含有 Cr、Fe、Ca、Mg、Ti 等元素。
晶　　系：三斜晶系。
晶体习性：常呈柱状晶形，常见双晶。
颜　　色：浅—深蓝色、绿色、黄色、灰色、褐色、无色。
光　　泽：玻璃光泽。
解　　理：一组完全解理，一组中等解理。
摩氏硬度：4～5（平行 C 轴方向），6～7（垂直 C 轴方向）。
相对密度：3.68（+0.01，-0.12）。
光性特征：非均质体，二轴晶，负光性。
多 色 性：蓝色者有三色性，中，无色、深蓝色、紫蓝色。
折 射 率：1.716～1.731（±0.004）。
双折射率：0.012～0.017。
紫外荧光：LW 弱，红色，SW 无。
吸收光谱：435nm、445nm 吸收带。
放大观察：气液两相包体、矿物包体、解理、色带。
特殊光学效应：猫眼效应。

(11) 符山石 (idocrase)

矿物名称：符山石。

化学成分：$Ca_{10}Mg_2Al_4(SiO_4)_5(Si_2O_7)_2(OH)_4$，可含有 Cu、Fe 等元素。

晶　　系：四方晶系。

晶体习性：柱状、致密块状之粒状或柱状集合体。

颜　　色：黄绿色、棕黄色、浅蓝色—绿蓝色、灰色、白色等，常见斑点状色斑。

光　　泽：玻璃光泽。

解　　理：不完全，集合体通常不见解理。

摩氏硬度：6～7。

相对密度：3.40（＋0.10，－0.15）。

光性特征：非均质体，一轴晶，正光性或负光性（大多为一轴晶负光性，较少为一轴晶正光性），也可呈非均质集合体。

多 色 性：无—弱，因颜色而异，集合体不可测。

折 射 率：1.713～1.718（＋0.003，－0.013），点测常为 1.71。

双折射率：0.001～0.012，集合体不可测。

紫外荧光：无。

吸收光谱：464nm 吸收线，528.5nm 弱吸收线。

放大观察：气液两相包体、矿物包体，集合体呈粒状或柱状结构。

(12) 锡石 (cassiterite)

矿物名称：锡石。

化学成分：SnO_2，可含有 Fe、Nb、Ta 等元素。

晶　　系：四方晶系。

晶体习性：四方锥状、膝状双晶。

颜　　色：暗褐色—黑色、黄褐色、黄色、无色等。

光　　泽：金刚光泽—亚金刚光泽。

解　　理：两组不完全解理。

摩氏硬度：6～7。

相对密度：6.95（±0.08）。

光性特征：非均质体，一轴晶，正光性。

多 色 性：弱—中，浅—暗褐色。

折 射 率：1.997～2.093（＋0.009，－0.006）。

双折射率：0.096～0.098。

紫外荧光：无。

吸收光谱：不特征。

放大观察：气液两相包体、矿物包体、生长纹、色带、强的双折射现象。

特殊性质：色散强（0.071）。

（二）一般宝石及少见宝石的鉴定

1. 易混淆的一般宝石及少见宝石的鉴别

（1）紫晶与紫色方柱石、堇青石的鉴别（表 4-2）

表 4-2　紫晶与紫色方柱石、堇青石的鉴别

宝石名称	紫晶	方柱石	堇青石
颜色	紫色，常不均匀，具色带	紫色、淡紫色，颜色相对均匀	带蓝色调的紫色
光性特征	一轴晶（＋）	一轴晶（－）	二轴晶（－）
多色性	二色性，弱	二色性，中—强	三色性，强，浅紫色、深紫色、黄褐色
解理	无解理	一组中等解理，一组不完全解理	一组完全解理
折射率	1.544～1.553	紫色者 1.536～1.541	1.542～1.551（＋0.045，－0.011）
双折射率	0.009	紫色者 0.005	0.008～0.012
相对密度	2.66（＋0.03，－0.02），较恒定	紫色者常为 2.60	2.61（±0.05）
内含物	色带、色块、负晶（可呈雾状、絮状）及气液两相包体、矿物包体	常见平行管状包体、针状包体、矿物包体、气液两相包体、生长纹、负晶	赤铁矿、针铁矿、磷灰石、锆石及气液两相包体

（2）黄晶与黄色方柱石的鉴别（表 4-3）

表 4-3　黄晶与黄色方柱石的鉴别

宝石名称	黄晶	黄色方柱石
外观		
紫外荧光	无或极弱	SW 红色荧光
双折射率	0.009	0.037 或更大，可见后刻面棱重影
光性特征	一轴晶（＋）	一轴晶（－）
解理	无	一组中等解理，一组不完全解理

(3) 月光石与水晶、玉髓、岫玉的鉴别

月光石具有月光效应,水晶、近于无色的岫玉、无色或白色的玉髓切磨成弧面型,也可以有类似月光效应的外观,易与月光石混淆,鉴别特征如表 4-4 所示。

表 4-4 月光石与相似宝石的区别

宝石名称	月光石	水晶	玉髓	岫玉
外观				
折射率	1.518～1.526（±0.010）	1.544～1.553	1.53～1.54（点）	1.56～1.57（点）
相对密度	2.58（±0.03）	2.66	2.60（+0.10，-0.05）	2.57（+0.23，-0.13）
光性特征	二轴晶（+/-）	一轴晶（+）	非均质集合体	非均质集合体
内含物	解理、蜈蚣纹、双晶纹、气液两相包体、针状包体等	矿物包体、气液两相包体、负晶等，无解理	隐晶质结构	叶片状、纤维状交织结构、絮状物、黑色矿物等

(4) 矽线石与透辉石的鉴别

矽线石与透辉石的相对密度、折射率相近,极易混淆,可以依据解理和双折射率鉴别(表 4-5)。若依据以上特征无法区别二者,可用电子探针进行成分分析来鉴别它们。

表 4-5 矽线石与透辉石的鉴别

宝石名称	矽线石	透辉石
外观		
折射率	1.659～1.680（+0.004，-0.006）	1.675～1.701（+0.029，-0.010），点测常为 1.68
双折射率	0.015～0.021	0.024～0.030
相对密度	3.25（+0.02，-0.11）	3.29（+0.11，-0.07）
解理	一组完全解理	两组完全解理
特殊光学效应	猫眼效应	星光效应、猫眼效应

(5) 碧玺、磷灰石、赛黄晶的鉴别（表 4-6）

表 4-6　碧玺、磷灰石、赛黄晶的鉴别

宝石名称	碧玺	磷灰石	赛黄晶
颜色	各种颜色，同一晶体不同部位可呈双色或多色	无色、黄色、绿色、紫色、紫红色、粉红色、褐色、蓝色等	无色、黄色、褐色，偶见粉红色
折射率	1.624～1.644（＋0.011，－0.009）	1.634～1.638（＋0.012，－0.006）	1.630～1.636（±0.003）
双折射率	0.018～0.040，多为 0.020	0.002～0.008，多为 0.003	0.006
相对密度	3.06（＋0.20，－0.60）	3.18（±0.05）	3.00（±0.03）
光性特征	一轴晶（－）	一轴晶（－）	二轴晶（＋/－）
多色性	二色性，中—强	二色性，弱	三色性，弱
摩氏硬度	7～8	5～5.5	7
吸收光谱	粉红色碧玺绿区宽吸收带，有时见 525nm 窄带，451nm、458nm 吸收线；蓝色、绿色碧玺红区普遍吸收，498nm 强吸收带	无色、黄色以及具猫眼效应者见 580nm 双吸收线	某些可见 580nm 双吸收线

碧玺、磷灰石、赛黄晶三种宝石的折射率、相对密度相近，易混淆。主要鉴别特征如下：碧玺与磷灰石可通过双折射率、相对密度、多色性强弱、硬度、吸收光谱等几个方面来区分；碧玺与赛黄晶可通过双折射率、多色性及光性特征区分。

与上述三种宝石易混淆的还有红柱石。不过，红柱石的强三色性与它们明显不同，以此可以与它们鉴别开来。

(6) 托帕石与赛黄晶的鉴别

托帕石与赛黄晶折射率接近，晶形相似，易混淆。两者可通过相对密度及解理进行区分。两者性质对比如表 4-7 所示。

(7) 海蓝宝石与蓝色托帕石的鉴别

海蓝宝石与蓝色托帕石外观颜色相似，容易混淆，可通过折射率、相对密度、包体特征等方面进行鉴别（表 4-8）。

表 4-7　托帕石与赛黄晶的鉴别

宝石名称	托帕石	赛黄晶
颜色	无色、淡蓝色、蓝色、黄色、粉色、粉红色、褐红色	无色、黄色、褐色，偶见粉红色
折射率	1.619~1.627（±0.010）	1.630~1.636（±0.003）
双折射率	0.008~0.010	0.006
相对密度	3.53（±0.04）	3.00（±0.03）
光性特征	二轴晶（＋）	二轴晶（＋/－）
多色性	三色性，弱—中	三色性，弱
解理	一组完全解理	一组极不完全解理

表 4-8　海蓝宝石与蓝色托帕石的鉴别

宝石名称	海蓝宝石	蓝色托帕石
颜色	一般较浅，有朦胧感，可带有黄色、绿色调	蓝色一般较深，带有暗色调，比较清澈透明
折射率	1.577~1.583（±0.017）	1.619~1.627（±0.010）
相对密度	2.72（＋0.18，－0.05）	3.53（±0.04）
内含物特征	管状包体、雨丝状包体、特征的生长纹	特征的两种互不相溶的液态包体
查氏镜	黄绿色	灰蓝色泛红色

（8）红色尖晶石与红色石榴石的鉴别

红色尖晶石与红色石榴石外观相似，极易混淆，它们的鉴别特征如表 4-9 所示。

表 4-9 红色尖晶石与红色石榴石的鉴别

宝石名称	红色尖晶石	红色石榴石
外观		
折射率	1.718（+0.017，-0.03），可达 1.740	1.714～1.742，常见 1.740
紫外荧光	一般有红色荧光	无
查氏镜	红色	无反应
内含物	八面体矿物或负晶	针状或浑圆状矿物包体
吸收光谱	685nm、684nm 强吸收线，656nm 弱吸收带，595～490nm 强吸收带	镁铝榴石：564nm 宽吸收带，505nm 吸收线，含铁者可有 440nm、445nm 吸收线，优质镁铝榴石可有铬谱（红区）。铁铝榴石（铁窗）：504nm、520nm、573nm 强吸收带

（9）尖晶石与蓝晶石、符山石的鉴别

尖晶石与蓝晶石、符山石折射率相近，易混淆，鉴别特征如表 4-10 所示。

表 4-10 尖晶石与蓝晶石、符山石的鉴别

宝石名称	尖晶石	蓝晶石	符山石
颜色	红色、橙红色、粉红色，紫红色、无色、黄色、橙黄色、褐色、蓝色、绿色、紫色等	浅—深蓝色、绿色、黄色、灰色、褐色、无色等	黄绿色、棕黄色、浅蓝色—绿蓝色、灰色、白色等，常见点状色斑
折射率	1.718	1.716～1.731（±0.004）	1.713～1.718（+0.003，-0.013），点测常为 1.71
双折射率	0	0.012～0.017	0.001～0.012
相对密度	3.60（+0.10，-0.03）	3.68（+0.01，-0.12）	3.40（+0.10，-0.15）
光性特征	均质体	二轴晶（-）	一轴晶（+/-）
多色性	无	三色性，中，无色、深蓝色和紫蓝色	二色性，无—弱
吸收光谱	蓝色者具 458nm 吸收带	435nm、445nm 吸收带	464nm 吸收线、528.5nm 弱吸收线
紫外荧光	无	LW 弱，红色，SW 无	无

（10）锆石与石榴石的鉴别

锆石以其高折射率、大的双折射率与高的相对密度、高色散和特征的吸收光谱区别于石

榴石（表 4-11）。只要细心些，观察多色性、吸收光谱，判断是否有后刻面棱重影，准确测定相对密度，锆石与石榴石不难鉴别。

表 4-11 锆石与石榴石的鉴别

宝石名称	锆石	石榴石
颜色	无色、蓝色、黄色、绿色、褐色、橙色、红色、紫色等	除蓝色以外的各种颜色几乎均有出现
折射率	1.810~1.984	1.710~1.940
双折射率	0.001~0.059	0
相对密度	3.90~4.80	3.50~4.30
多色性	二色性，无一强，不同颜色多色性特征不一样	无
内含物	矿物包体、后刻面棱重影	矿物包体、气液两相包体
吸收光谱	可见 2~50 条吸收线，特征吸收为 653.5nm 吸收线	不同石榴石吸收光谱不同

（11）锆石与硼铝镁石的鉴别

锆石与硼铝镁石外观颜色比较像，较易混淆，两者的鉴定特征如表 4-12 所示。

表 4-12 锆石与硼铝镁石的鉴别

宝石名称	锆石	硼铝镁石
颜色	无色、蓝色、黄色、绿色、褐色、橙色、红色、紫色等	绿黄色—褐黄色、褐色、浅粉色（稀少）
折射率	1.810~1.984（±0.040）	1.668~1.707（+0.005，-0.003）
双折射率	0.001~0.059	0.036~0.039
相对密度	3.90~4.80	3.48（±0.02）
多色性	二色性，无一强，不同颜色多色性特征不一样	中，浅褐色、暗褐色
内含物	矿物包体、后刻面棱重影	矿物包体、后刻面棱重影
吸收光谱	可见 2~50 条吸收线，特征吸收为 653.5nm 吸收线	493nm、475nm、463nm、452nm 吸收线

（12）橄榄石与铬透辉石的鉴别

橄榄石和铬透辉石均为绿色宝石，而且两者的折射率与相对密度比较接近，较易混淆，两者鉴别特征如表 4-13 所示。

表 4-13　橄榄石与铬透辉石的鉴别

宝石名称	橄榄石	铬透辉石
颜色	黄绿色、绿色、褐绿色等	绿色、暗绿色
折射率	1.654～1.690（±0.020）	1.675～1.701（+0.029，-0.010）
双折射率	0.035～0.038，常为 0.036	0.024～0.030
相对密度	3.34（+0.14，-0.07）	3.29（+0.11，-0.07）
多色性	三色性，弱	三色性，强
内含物	盘状气液两相包体、深色矿物包体、负晶、后刻面棱重影	气液两相包体、纤维状包体、矿物包体、解理、后刻面棱重影
吸收光谱	453nm、477nm、497nm 强吸收带	635nm、655nm、670nm 吸收线，690nm 双吸收线

（13）橄榄石与硼铝镁石的鉴别（表 4-14）

硼铝镁石与橄榄石很相似，曾长期被当作橄榄石的褐色变种，直到 20 世纪 50 年代才确定其为硼铝镁石。

表 4-14　橄榄石与硼铝镁石的鉴别

宝石名称	橄榄石	硼铝镁石
颜色	黄绿色、绿色、褐绿色等	绿黄色—褐黄色、褐色、浅粉色（稀少）
折射率	1.654～1.690（±0.020）	1.668～1.707（+0.005，-0.003）
双折射率	0.035～0.038，常为 0.036	0.036～0.039
相对密度	3.34（+0.14，-0.07）	3.48（±0.02）
多色性	三色性，弱	中，浅褐色、暗褐色
内含物	盘状气液两相包体、深色矿物包体、负晶、后刻面棱重影	矿物包体、后刻面棱重影
吸收光谱	453nm、477nm、497nm 强吸收带	493nm、475nm、463nm、452nm 吸收线

(14) 日光石、砂金玻璃、东陵石的鉴别（表 4-15）

日光石、砂金玻璃和东陵石三者都有砂金效应，要注意区分。

表 4-15　日光石、砂金玻璃和东陵石的鉴别

宝石名称	日光石	砂金玻璃	东陵石
外观			
折射率	1.537～1.547（+0.004，-0.006）	1.470～1.700	1.544～1.553，点测常为 1.54
相对密度	2.65（+0.02，-0.03）	2.30～4.50	2.64～2.71，可达 2.95
光性特征	二轴晶（+/-）	均质体	非均质集合体
内含物	常见红色或金色的板状包体，具金属质感	三角形或六边形的铜片	粒状结构

(15) 坦桑石、蓝宝石和堇青石的鉴别

坦桑石、蓝宝石和堇青石外观颜色相似，易混淆。通过折射率、相对密度就能较好地区分它们（表 4-16）。

表 4-16　坦桑石、蓝宝石和堇青石的鉴别

宝石名称	坦桑石	蓝宝石	堇青石
颜色	蓝色、紫蓝色—蓝紫色	蓝色—蓝紫色	常见浅—深的蓝色、紫色
折射率	1.691～1.700（±0.005）	1.762～1.770（+0.009，-0.005）	1.542～1.551（+0.045，-0.011）
相对密度	3.35（+0.10，-0.25）	4.00（+0.10，-0.05）	2.61（±0.05）
光性特征	二轴晶（+）	一轴晶（-）	二轴晶（-）
多色性	三色性，强，蓝色、紫红色、绿黄色	二色性，强，蓝色、绿蓝色	三色性，强。紫色者，浅紫色、深紫色、黄褐色。蓝色者，无色—黄色，蓝灰色、深紫色

（16）榍石与钻石的鉴别

榍石也是高折射率、高色散的宝石，而且它的密度和钻石一样，较易混淆，两者的鉴别特征如表 4-17 所示。

表 4-17 榍石与钻石的鉴别

宝石名称	榍石	钻石
颜色	黄色、绿色、褐色、橙色、无色，少见红色	无色、黄色、绿色、蓝色、粉色、黑色等
折射率	1.900~2.034（±0.020）	2.417
双折射率	0.100~0.135	0
相对密度	3.52（±0.02）	3.52（±0.01）
光泽	金刚光泽	金刚光泽
光性特征	二轴晶（+）	均质体
摩氏硬度	5~5.5	10
色散	0.051	0.044
内含物	明显的后刻面棱重影、指纹状包体、矿物包体、双晶纹	浅—深色矿物包体、原始晶面、解理，刻面棱线锋利

2. 一般宝石的天然石与合成石的鉴别

（1）尖晶石与合成尖晶石的鉴别

合成尖晶石有两种方法：焰熔法和助熔剂法。尖晶石与焰熔法合成尖晶石的鉴别主要依据折射率值及内含物特征，此外可参考发光性、吸收光谱及查氏镜下特征。尖晶石与助熔剂法合成尖晶石的折射率、相对密度等物理性质相近，主要鉴别特征为紫外荧光、吸收光谱及内含物特征。

尖晶石与合成尖晶石的鉴别特征如表 4-18、表 4-19 所示。

（2）水晶与合成水晶的鉴别

天然水晶与合成水晶的鉴别特别困难，主要鉴别方法为放大观察内含物特征，也可使用红外光谱仪，通过测定水晶中 OH^- 和 H_2O 的吸收峰来准确鉴别天然水晶与合成水晶。

①合成水晶的鉴别特征。

a. 颜色。

合成水晶的颜色均匀、统一，可有过深或过浅的现象，彩色水晶中只可能出现一组色带。

b. 种晶片。

表 4-18　尖晶石与焰熔法合成尖晶石的鉴别

宝石名称	尖晶石	焰熔法合成尖晶石
折射率	1.718（+0.017，-0.008）	常为 1.728
消光现象	全暗	常具异常消光、斑状纹消光等
紫外荧光	红色、橙粉色者：LW 弱—强，红色、橙红色，SW 无—弱，红色、橙红色。 绿色者：LW 无—中，橙色—橙红色。 黄色者：LW 弱—中，褐黄色，SW 无—褐。 蓝色者：Fe 致色的无荧光，Co 致色的弱—中，LW 红、紫红色，SW 无。 无色者：无荧光	红色者：LW 强，红色、紫红色—橙红色，SW 弱—强，红色—橙红色。 变色者：LW、SW 中，暗红色。 绿色、黄绿色者：LW 强，黄绿色或紫红色，SW 中—强，黄绿色、绿白色。 蓝色者：LW 弱—强，红色、橙红色、红紫色，SW 弱—强，蓝白色或斑杂蓝色、红色—红紫色。 无色者：LW 无—弱，绿色，SW 弱—强，绿蓝色、蓝白色
吸收光谱	红色者：685nm、684nm 强吸收线，656nm 弱吸收带，595~490nm 强吸收带。 蓝色、紫色者：460nm 强吸收带，430~435nm、480nm、550nm、565~575nm、590nm、625nm 吸收带	红色者：688nm 吸收线，695nm 吸收带，680~690nm 吸收带。 变色者：525~660nm 吸收带，690nm 吸收带。 粉色者：640~700nm 强吸收带。 深蓝色者：550nm 强吸收带，570~600nm 强吸收带，625~650nm 吸收带
查氏镜	蓝色者：不变红	蓝色者：粉红色—红色
内含物	八面体晶体包体、负晶，气液两相包体等	气泡及弧形生长纹

表 4-19　尖晶石与助熔剂法合成尖晶石的鉴别

宝石名称	尖晶石	助熔剂法合成尖晶石
紫外荧光	红色、橙粉色者：LW 弱—强，红色、橙红色；SW 无—弱，红色、橙红色。 绿色者：LW 无—中，橙色—橙红色。 黄色者：LW 弱—中，褐黄色；SW 无—褐色。 蓝色者：Fe 致色的无荧光，Co 致色的弱—中，LW 红、紫红色，SW 无。 无色者：无荧光	红色者：LW 强，紫红色—浅橙红色；SW 中—强，浅橙红色。 Co 蓝色者：LW 弱—中，红色—紫红色，白垩状；SW 强于 LW
吸收光谱	红色者：685nm、684nm 强吸收线，656nm 弱吸收带，595~490nm 强吸收带。 蓝色、紫色者：460nm 强吸收带，430~435nm、480nm、550nm、565~575nm、590nm、625nm 吸收带	蓝色者（Co 致色）：500~650nm 强吸收，无低于 500nm 的铁吸收带
内含物	八面体晶体包体、负晶，气液两相包体等	棕橙色—黑色助熔剂残余，单独或呈指纹状分布，铂金片

种晶片与合成水晶之间有明显的界线和颜色差异（图 4-1）。种晶片附近常出现微细的应力裂纹和密集平行排列的钉状包体。

c. 面包渣状包体。

层状面包渣状包体（锥辉石或石英的微晶核或未溶原料，图 4-2）平行于种晶片方向，贯穿于整个晶体，恰似一层层的"桌面灰尘"（当合成水晶生长条件稳定时，面包渣状包体则非常稀少）。

图 4-1　合成水晶中的无色种晶体

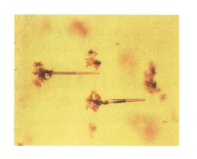

图 4-2　合成水晶中的面包渣状包体

d. 红外吸收光谱。

天然无色水晶以 $3595cm^{-1}$ 和 $3484cm^{-1}$ 为特征吸收峰，而合成无色水晶则以 $3585cm^{-1}$ 或 $5200cm^{-1}$ 吸收峰为特征。合成紫晶在 $3545cm^{-1}$ 有明显吸收峰，而天然紫晶这一谱带的强度则明显减弱。

②合成水晶仿发晶的鉴别。

天然发晶所含针状包体为矿物，包体两头粗细一致（图 4-3），颜色均一，具有一定的形态；而合成水晶仿发晶是其种晶片两侧出现"麦苗"状的生长空管，这些"发丝"一头大一头小，还经常因抛光粉进入空管或人工染色处理，"发丝"颜色往往分布不均匀（图 4-4）。

图 4-3　天然发晶的针状包体两头粗细均匀

图 4-4　合成水晶仿发晶中的钉管状包体
（一头大一头小，管内有染料充填）

（3）合成绿柱石的鉴别

合成绿柱石有化学气相沉淀法、助熔剂法和水热法三种。水热法合成绿柱石有红色、蓝色、紫色、黄色等品种。

化学气相沉淀法合成绿柱石的折射率值：Ne 为 $1.562 \sim 1.563$，No 为 $1.566 \sim 1.570$，双折射率为 $0.003 \sim 0.005$。

助熔剂法合成绿柱石有助熔剂残余物、铂金片等。

水热法合成的红色绿柱石的折射率值：Ne 为 1.571～1.574；No 为 1.576～1.583，双折射率在 0.006～0.008 之间。水热法合成绿柱石有特征的纱状、钉状、针状等包体。

(4) 合成碧玺的鉴别

合成碧玺已经出现于国外市场，是采用水热法生产的，用作压电材料等，因成本较高一般不用作宝石材料。

合成碧玺颜色均匀、质地纯净、外观完美，以绿色为主。合成碧玺的相对密度较低，为 2.90～3.00，而天然碧玺的相对密度一般多为 3.06～3.10。合成碧玺具有水热法特征包体，可有种晶片等，而无 CO_2 气体与液体共存的气液两相包体。

3. 一般宝石优化处理的鉴别

(1) 充填碧玺的鉴别

目前，碧玺的充填处理在市场上非常常见，随着碧玺原料价格的上涨，裂隙较多的碧玺原料使用得越来越多。对裂隙发育的碧玺使用树脂或铅玻璃等材料进行充填，既可以提高其透明度、净度及耐久性，又可以保证高出品率。

这类宝石放大观察时，在表面凹坑处：光泽与宝石主体光泽有差异，雕刻线条和纹理有圆化现象，内部充填处有白色或黄色絮状物（图 4-5），并可见蓝色闪光（图 4-6）；充填物呈云雾状、枝杈状等不规则形状，并显流动构造，伴有残余扁平的气泡；充填物硬度低，钢针可刺入。此外，树脂充填的碧玺热针接触时有少量熔融物溢出，并伴有辛辣气味；可有树脂特殊的紫外荧光。

 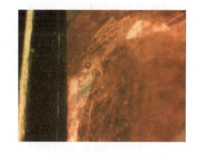

图 4-5　充填碧玺裂隙中的黄色充填物　　　图 4-6　铅玻璃充填碧玺中的气泡和闪光效应

(2) 染色水晶的鉴别

把无色水晶加热、淬火后浸于彩色的溶液中，可使淬火裂隙染上各种颜色。

放大观察可见染色水晶的颜色集中在裂隙处（图 4-7），或者可见在裂隙处五颜六色的晕彩，或包体颜色过于艳丽不自然（图 4-8）。紫外灯下常常可见染料的异常荧光。

(3) 覆膜水晶的鉴别

在水晶表面喷涂一层非常薄的纯金（或铂、银）膜、钛膜或者是其他材料的透明膜，可使水晶表面呈现强烈的色散效果。

覆膜水晶常有五颜六色的晕彩（图 4-9、图 4-10），镀金属膜的还具有金属光泽，较易识别。此外放大观察时棱线可见膜层脱落痕迹，红外光谱测试可见膜层特征峰。某些水晶表面覆有蓝色的反光膜，这种水晶在外观上接近月光石，可以通过表面光泽异常及折射率的

图4-7 染色水晶裂隙处可见颜色浓集

图4-8 染色水晶中颜色过于艳丽的包体

图4-9 镀金属膜的水晶原石

图4-10 覆膜水晶

不同来鉴别。

(4) 辐照托帕石的鉴别

目前市场上大多蓝色托帕石为辐照改色而成（图4-11）。无色托帕石经辐照变为褐色—绿色，再经200℃或更高温度的热处理可以得到蓝色托帕石，这些光照下稳定的蓝托帕石过热会恢复到辐照前的颜色。

无色 →辐照→ 褐色 →热处理→ 蓝色

辐照前无色　　　辐照后变褐色　　　再加热后变蓝色

图4-11 托帕石辐照处理及热处理后颜色的变化

辐照处理得到的蓝色由于技术差异，可呈现出深浅、色调的不同，商业上把它们称之为天空蓝、瑞士蓝和伦敦蓝（图4-12）。

天空蓝：技术来自美国，为三者中颜色最浅的。

瑞士蓝：技术来自瑞士，为三者中颜色最浓艳的，也是国内市场最受欢迎的颜色。

伦敦蓝：技术来自英国，为三者中最深的蓝色，呈墨蓝色，一些样品在特定角度还会观

| 天空蓝 | 瑞士蓝 | 伦敦蓝 |

图 4-12　辐照处理的蓝色托帕石

察到一定的绿色调。

蓝色托帕石的鉴别标志主要在热发光光谱上，不同辐射源改色的蓝色托帕石热发光峰位置及强度有所不同。但由于热发光试验常会损伤宝石或改变其色调，故一般不做此测试。有实际意义的是残留放射性检测，上市的商品应保证残留放射性低于 70Bq。

《珠宝玉石　名称》（GB/T 16552—2017）中规定：在目前一般鉴定技术条件下，如不能确定是否经处理时，在珠宝玉石名称中可不予表示，但必须加以附注说明且采用下列描述方式，如"可能经××处理""未能确定是否经××处理"或"××成因未定"。如"托帕石，备注：可能经过辐照处理""托帕石，备注：未能确定是否经过辐照处理"或"托帕石，备注：颜色成因未定"。

三、实习要求

①定名到具体品种，但对长石、石榴石、辉石定名到大类即可。
②对于尖晶石、水晶要求区分天然石与合成石。
③对于锆石、钴蓝色合成尖晶石（焰熔法）要求用分光镜检测并画吸收光谱图。
④注意易混淆宝石、天然石与合成石、优化处理石的鉴别。
⑤全面系统测试，综合分析定名。
⑥巩固与提高如下技能：折射率与双折射率的测定、轴性及一轴晶光性正负的测定、相对密度的测定、多色性观察、分光镜测试、放大观察。

四、实习报告

1. 实习品种

包括紫晶、方柱石、碧玺、磷灰石、尖晶石、钴蓝色合成尖晶石（焰熔法）、蓝晶石、锆石（黄褐色）、月光石。

2. 要求

①全面系统测试，综合分析定名。
②对于锆石、钴蓝色合成尖晶石（焰熔法）要求进行分光镜检测并画图。

3. 观察记录表（表 4-20）

表 4-20　观察记录表

样品编号		样品质量/g		琢型	
颜色		光泽		透明度	
请给出三项有效、关键的鉴定特征： 1. 2. 3. 其他鉴定特征（不超过三项）：					
定名：					

第五章　玉石鉴定实习

玉石鉴定PPT

一、实习目的

①掌握常见玉石特征和鉴定方法。
②重点掌握翡翠与优化处理翡翠的鉴别。
③掌握易混淆玉石的鉴别要点。
④掌握某些天然玉石与合成玉石的鉴别方法以及优化处理玉石的鉴别方法。

二、实习内容

常见玉石：翡翠、软玉、蛇纹石玉、绿松石、青金石、欧泊、孔雀石、石英岩玉（东陵石、密玉、京白玉、贵翠等）、玉髓（玛瑙、碧石等）、硅化玉（木变石、硅化木、硅化珊瑚）、天然玻璃（玻璃陨石、火山玻璃）、蔷薇辉石、独山玉、大理石、萤石、白云石。

少见玉石：葡萄石、查罗石、方钠石、菱锰矿、水钙铝榴石、异极矿、滑石、硅孔雀石和赤铁矿。

（一）玉石的主要鉴定特征

1. 常见玉石

（1）翡翠（feicui、jadeite）

矿物（岩石）名称：主要由硬玉或由硬玉及其他钠质、钠钙质辉石（如绿辉石、钠铬辉石）组成，可含少量角闪石、长石、铬铁矿等。

化学成分：硬玉为 $NaAlSi_2O_6$，可含有 Cr、Fe、Ca、Mg、Mn、V、Ti 等元素。

结晶状态：晶质集合体，常呈纤维状、粒状或局部为柱状的集合体。

颜　　色：白色、各种色调的绿色、黄色、红橙色、褐色、灰色、黑色、浅紫红色、紫色、蓝色等。

光　　泽：玻璃光泽—油脂光泽。

解　　理：硬玉具两组完全解理，集合体可见微小的解理面闪光，称为"翠性"。

摩氏硬度：6.5～7。

相对密度：3.34（+0.11，−0.09）。

光性特征：非均质集合体。

多 色 性：集合体不可测。

折 射 率：1.666～1.690（+0.020，−0.010），点测常为 1.66。

双折射率：集合体不可测。

紫外荧光：无—弱，白色、绿色、黄色。

吸收光谱：437nm 吸收线。铬致色的绿色翡翠还可具 630nm、660nm、690nm 吸收线。

放大观察：星点、针状、片状闪光（"翠性"），粒状、柱状变晶结构，纤维交织结构—粒状纤维结构，矿物包体。

特殊光学效应：猫眼效应（罕见）。

（2）软玉（nephrite、hetian yu）

矿物（岩石）名称：主要由透闪石、阳起石组成。

化学成分：透闪石，$Ca_2(Mg,Fe)_5Si_8O_{22}(OH)_2$。

结晶状态：晶质集合体，常呈纤维状集合体。

常见颜色：浅—深绿色、黄色—褐色、白色、灰色、黑色等。白玉为纯白色—稍带灰色、绿色、黄色调；青玉为浅灰—深灰色调的黄绿色、蓝绿色；青白玉颜色介于白玉和青玉之间；碧玉为翠绿色—绿色；墨玉为灰黑色—黑色（含微晶石墨）；糖玉为黄褐色—褐色；黄玉为绿黄色、浅黄色—黄色。

光　　泽：玻璃光泽—油脂光泽。

解　　理：透闪石具两组完全解理，集合体通常不见。

摩氏硬度：6～6.5。

相对密度：2.95（+0.15，−0.05）。

光性特征：非均质集合体。

多　色　性：集合体不可测。

折　射　率：1.606～1.632（+0.009，−0.006），点测常为 1.60～1.61。

双折射率：集合体不可测。

紫外荧光：无。

吸收光谱：不特征。

放大观察：纤维交织结构、矿物包体。

特殊光学效应：猫眼效应。

（3）蛇纹石玉（岫玉，serpentine）

矿物（岩石）名称：蛇纹岩，主要矿物为蛇纹石，可含方解石、滑石、磁铁矿等。

化学成分：蛇纹石，$(Mg,Fe,Ni)_3Si_2O_5(OH)_4$。

结晶状态：晶质集合体，常呈细粒叶片状或纤维状集合体。

常见颜色：绿色—绿黄色、白色、棕色、黑色等。

光　　泽：蜡状光泽—玻璃光泽。

解　　理：无。

摩氏硬度：2.5～6。

相对密度：2.57（+0.23，−0.13）。

光性特征：非均质集合体。

多　色　性：集合体不可测。

折　射　率：1.560～1.570（+0.004，−0.070）。

双折射率：集合体不可测。

紫外荧光：LW 无—弱，绿色，SW 无。

吸收光谱：不特征。
放大观察：叶片状、纤维状交织结构，矿物包体。
特殊光学效应：猫眼效应（极少）。

(4) 绿松石（turquoise）

矿物（岩石）名称：绿松石。
化学成分：$CuAl_6(PO_4)_4(OH)_8 \cdot 5H_2O$。
结晶状态：绝大多数为隐晶质集合体，常呈块状、板状、结核状或皮壳状集合体。
常见颜色：浅—中等蓝色、绿蓝色—绿色，常见黑色、黄褐色、白色网纹或杂质。
光　　泽：蜡状光泽—玻璃光泽，有时呈土状光泽。
解　　理：无。
摩氏硬度：3～6。
相对密度：2.76（+0.14，-0.36）。
光性特征：非均质集合体。
多　色　性：集合体不可测。
折　射　率：1.610～1.650，点测常为1.61。
双折射率：集合体不可测。
紫外荧光：LW 无—弱，绿黄色或蓝绿色、蓝色，SW 无。
吸收光谱：422nm、430nm 吸收带。
放大观察：隐晶质结构、粒状结构，致密块状构造，常含暗色或白色、黄褐色网脉状、斑点状杂质。

(5) 青金石（lapis lazuli）

矿物（岩石）名称：主要矿物为青金石，可含方钠石、方解石、黄铁矿和蓝方石，有时含透辉石、云母、角闪石等。
化学成分：青金石，$(Na,Ca)_8(AlSiO_4)_6(SO_4,Cl,S)_2$。
结晶状态：晶质集合体，常呈粒状、块状集合体。
常见颜色：中—深微绿蓝色、紫蓝色，常有铜黄色黄铁矿、白色方解石、墨绿色透辉石、普通辉石的色斑。
光　　泽：玻璃光泽—蜡状光泽。
解　　理：集合体通常不可见。
摩氏硬度：5～6。
相对密度：2.75（±0.25）。
光性特征：集合体。
多　色　性：无。
折　射　率：通常为1.50，有时因含方解石可达1.67。
双折射率：无。
紫外荧光：LW 方解石包体可发粉红色荧光，SW 弱　中，绿色或黄绿色。
吸收光谱：不特征。
放大观察：粒状结构，常含有方解石、黄铁矿等。
特殊性质：查氏镜下呈赭红色。

(6) 欧泊 (opal)

矿物（岩石）名称：蛋白石。

化学成分：$SiO_2 \cdot nH_2O$。

结晶状态：非晶质体。

常见颜色：各种体色。有变彩效应的白色欧泊可称为白欧泊；黑色、深灰色、蓝色、绿色、棕色或其他深体色欧泊可称为黑欧泊；橙色、橙红色、红色欧泊可称为火欧泊。

光　　泽：玻璃光泽—树脂光泽。

解　　理：无。

摩氏硬度：5~6。

相对密度：2.15（+0.08，-0.90）。

光性特征：均质体，火欧泊常见异常消光。

多 色 性：无。

折 射 率：1.450（+0.020，-0.080），火欧泊可低达 1.370，点测通常为 1.42~1.43。

双折射率：无。

紫外荧光：黑色或白色体色者，无—中等的白色—浅蓝色、绿色或黄色荧光，可有磷光；其他体色黑欧泊，无—强，绿色或黄绿色荧光，可有磷光；火欧泊，无—中，绿褐色荧光，可有磷光。

吸收光谱：绿色欧泊有 660nm、470nm 吸收线，其他品种无特征光谱。

放大观察：色斑呈不规则片状，边界平坦且较模糊，表面呈丝绢状外观，还可有矿物包体。

特殊光学效应：变彩效应、猫眼效应（稀少）。

(7) 孔雀石 (malachite)

矿物（岩石）名称：孔雀石。

化学成分：$Cu_2CO_3(OH)_2$。

结晶状态：晶质集合体，常呈纤维状、皮壳状等集合体。

常见颜色：鲜艳的微蓝绿色—绿色，常有杂色条纹。

光　　泽：丝绢光泽—玻璃光泽。

解　　理：集合体通常不可见。

摩氏硬度：3.5~4。

相对密度：3.95（+0.15，-0.70）。

光性特征：非均质集合体。

多 色 性：集合体不可测。

折 射 率：1.655~1.909。

双折射率：集合体不可测。

紫外荧光：无。

吸收光谱：不特征。

放大观察：条带状、环带状或同心层状构造，放射纤维状构造。

特殊性质：遇盐酸起泡。

(8) 石英岩玉 (quartzite jade)

矿物（岩石）名称：石英岩，主要矿物为石英，可含少量赤铁矿、针铁矿、云母等黏土矿物。
化学成分：石英，SiO_2，可含有 Fe、Al、Mg、Ca、Na、K、Mn、Ni、Cr 等元素。
结晶状态：显晶质集合体，粒状结构。
常见颜色：各种颜色，常见绿色、灰色、黄色、褐色、橙红色、白色、蓝色等。
光　　泽：玻璃光泽—油脂光泽。
解　　理：无。
摩氏硬度：6～7。
相对密度：2.64～2.71，含赤铁矿等包体较多时可达 2.95。
光性特征：非均质集合体。
多　色　性：集合体不可测。
折　射　率：1.544～1.553，点测常为 1.54。
双折射率：集合体不可测。
紫外荧光：通常无。含铬云母的石英岩有无—弱的灰绿色或红色荧光。
吸收光谱：不特征，含铬云母的石英岩可具 682nm、649nm 吸收带。
放大观察：粒状结构、矿物包体。
特殊光学效应：东陵石具砂金效应。
特殊性质：含铬云母的石英岩在查氏镜下呈红色。
品　　种：包括东陵石、密玉、京白玉、贵翠等。

(9) 玉髓 (chalcedony)

矿物（岩石）名称：主要矿物为石英，可含少量赤铁矿、针铁矿、云母、黏土矿物等。
化学成分：石英，SiO_2，可含有 Fe、Al、Mg、Ca、Na、K、Mn、Ni、Cr 等元素。
结晶状态：隐晶质集合体，呈致密块状，也可呈球粒状、放射状或微细纤维状集合体。
常见颜色：各种颜色。
光　　泽：玻璃光泽—油脂光泽。
解　　理：无。
摩氏硬度：5～7。
相对密度：2.50～2.77。
光性特征：非均质集合体。
多　色　性：集合体不可测。
折　射　率：1.535～1.539，点测常为 1.53～1.54。
双折射率：集合体不可测。
紫外荧光：通常无，有时可显弱—强的黄绿色荧光。
吸收光谱：不特征。
放大观察：隐晶质结构、纤维状结构，外部可见贝壳状断口。玛瑙具条带状、环带状或同心层状构造，带间以及晶洞中有时可见细粒石英晶体；碧石因含较多杂质矿物而呈微透明—不透明，粒状结构。
特殊光学效应：晕彩效应、猫眼效应。

品　　种：包括玉髓、玛瑙、碧石。

(10) 硅化玉（silicified jade）

矿物（岩石）名称：主要矿物为石英，可含少量蛋白石。木变石可含有少量石棉、针铁矿、褐铁矿、赤铁矿等矿物；硅化木可含有少量的有机质等，硅化珊瑚可含有少量方解石等矿物。

化学成分：石英，SiO_2，可含少量蛋白石 $SiO_2 \cdot H_2O$，还可含有 Fe、Al、Mg、Ca、Na、K、Mn、Ni 等元素。硅化木中的有机质为 C、H 化合物。

结晶状态：晶质集合体。

颜　　色：浅黄色—黄色、棕黄色、棕红色、灰白色、灰黑色等。木变石为黄色、棕黄色、棕红色、深蓝色、灰蓝色、绿蓝色等；硅化木为浅黄色—黄色、棕黄色、棕红色、灰白色、灰黑色等；硅化珊瑚为黄白色、灰白色、黄褐色、橙红色等。

光　　泽：玻璃光泽，断口油脂或蜡状光泽。木变石也可呈丝绢光泽。

解　　理：无。

摩氏硬度：5～7。

相对密度：2.48～2.85。

光性特征：非均质集合体。

多 色 性：集合体不可测。

折 射 率：1.544～1.553，点测常为 1.53～1.54。

双折射率：集合体不可测。

紫外荧光：无。

吸收光谱：不特征。

放大观察：隐晶质结构、粒状结构。木变石也可呈纤维状结构；硅化木可呈纤维状结构，可见木纹、树皮、节瘤、蛀洞等；硅化珊瑚可见珊瑚的同心放射状构造。

特殊光学效应：猫眼效应。

品　　种：包括木变石、硅化木、硅化珊瑚。

(11) 天然玻璃（natural glass）

矿物（岩石）名称：玻璃陨石、火山玻璃（黑曜岩、玄武玻璃）。

化学成分：主要为 SiO_2，可含多种杂质元素。

结晶状态：非晶质体。

常见颜色：玻璃陨石为中—深的黄色、灰绿色；火山玻璃为黑色（常带白色斑纹），褐色—褐黄色、橙色、红色、绿色、蓝色、紫红色少见，其中黑曜岩常具白色斑块，白色斑块有时呈菊花状。

光　　泽：玻璃光泽。

解　　理：无。

摩氏硬度：5～6。

相对密度：玻璃陨石为 2.36（±0.04），火山玻璃为 2.40（±0.10）。

光性特征：均质体，常见异常消光。

多 色 性：无。
折 射 率：1.490（+0.020，−0.010）。
双折射率：无。
紫外荧光：通常无。
吸收光谱：不特征。
放大观察：气泡、流动构造、外部可见贝壳状断口。黑耀岩中常见矿物包体、似针状包体。
特殊光学效应：猫眼效应（稀少）。

(12) 蔷薇辉石（rhodonite）

矿物（岩石）名称：主要矿物为蔷薇辉石，可含石英及脉状、点状黑色氧化锰。
化学成分：蔷薇辉石，$(Mn, Fe, Mg, Ca)SiO_3$。
结晶状态：晶质体或晶质集合体。
晶　　系：三斜晶系。
晶体习性：厚板状晶体（少见），常呈粒状或致密块状集合体。
颜　　色：浅红色、粉红色、紫红色、褐红色等，常有黑色斑点或脉，有时间杂有绿色或黄色色斑。
光　　泽：玻璃光泽。
解　　理：蔷薇辉石具两组完全解理，集合体通常不见。
摩氏硬度：5.5~6.5。
相对密度：3.50（+0.26，−0.20），随石英含量增加而降低。
光性特征：非均质集合体，二轴晶，负光性或正光性，常为非均质集合体。
多 色 性：集合体不可测。
折 射 率：1.733~1.747（+0.010，−0.013），点测常为1.73，因常含石英可低至1.54。
双折射率：0.011~0.014，集合体不可测。
紫外荧光：无。
吸收光谱：545nm吸宽带，503nm吸收线。
放大观察：粒状结构，可见黑色脉状或点状氧化锰。

(13) 独山玉（dushan yu）

矿物（岩石）名称：主要组成矿物为斜长石、黝帘石，其他组成矿物为白云母（含铬）、纤闪石等。
化学成分：随组成矿物不同和比例而变化。
结晶状态：晶质集合体，常呈细粒致密块状。
常见颜色：白色、绿色、粉红色、褐色、蓝绿色、黄色、黑色等。
光　　泽：玻璃光泽。
解　　理：无。
摩氏硬度：6~7。
相对密度：2.70~3.09，通常为2.90。
光性特征：非均质集合体。

多 色 性：集合体不可测。
折 射 率：1.560～1.700。
双折射率：集合体不可测。
紫外荧光：无—弱，蓝白色、褐黄色、褐红色。
吸收光谱：不特征。
放大观察：纤维粒状结构或粒状变晶结构，可见蓝色、蓝绿色或褐色色斑。
特殊性质：查氏镜下略显红色。

(14) 大理石（marble）

矿物（岩石）名称：主要矿物为方解石，可含白云石、菱镁矿、蛇纹石、绿泥石等。其中，蓝田玉为蛇纹石化大理石。
化学成分：方解石，$CaCO_3$，可含有 Mg、Fe、Mn 等元素。
结晶状态：晶质集合体，常呈粒状、纤维状集合体。
颜　　色：各种颜色，常见有白色、黑色及各种花纹和颜色。白色大理石常被称为汉白玉。
光　　泽：玻璃光泽—油脂光泽。
解　　理：集合体通常不见。
摩氏硬度：3。
相对密度：2.70（±0.05）。
光性特征：非均质集合体。
多 色 性：集合体不可测。
折 射 率：1.486～1.658。
双折射率：集合体不可测。
紫外荧光：因颜色或成因而异。
吸收光谱：不特征。
放大观察：粒状或纤维状结构，条带状或层状构造。
特殊性质：遇盐酸起泡。

(15) 萤石（fluorite）

矿物（岩石）名称：萤石。
化学成分：CaF_2。
结晶状态：晶质体或晶质集合体。
晶　　系：等轴晶系。
晶体习性：常呈立方体、八面体、菱形十二面体及聚形，也可呈粒状、块状集合体。
常见颜色：绿色、蓝色、棕色、黄色、粉色、紫色、无色等。
光　　泽：玻璃光泽—亚玻璃光泽。
解　　理：四组完全解理。
摩氏硬度：4。
相对密度：3.18（+0.07，−0.18）。
光性特征：均质体，常为均质集合体。
多 色 性：无。

折 射 率：1.434（±0.001）。
双折射率：无。
紫外荧光：因颜色而异，通常具强荧光，可具磷光。
吸收光谱：不特征。
放大观察：气液两相包体、色带、解理，集合体呈粒状结构。
特殊光学效应：变色效应。

(16) 白云石（dolomite）
矿物（岩石）名称：白云石。
化学成分：$CaMg(CO_3)_2$，可含有 Fe、Mn、Pb、Zn 等元素。
结晶状态：晶质体或晶质集合体。
晶　　系：三方晶系。
晶体习性：菱面体，常呈粒状、块状集合体。
颜　　色：无色、白色，带黄色或褐色色调。
光　　泽：玻璃光泽—珍珠光泽。
解　　理：三组完全解理，集合体通常不见。
摩氏硬度：3～4。
相对密度：2.86～3.20。
光性特征：一轴晶，负光性，常为非均质集合体。
多 色 性：无—弱，集合体不可测。
折 射 率：1.505～1.743。
双折射率：0.179～0.184，集合体不可测。
紫外荧光：因颜色或成因而异。
吸收光谱：不特征。
放大观察：解理，集合体常呈粒状结构。
特殊性质：遇盐酸起泡。

2. 少见玉石

(1) 葡萄石（prehnite）
矿物（岩石）名称：葡萄石。
化学成分：$Ca_2Al(AlSi_3O_{10})(OH)_2$，可含有 Fe、Mg、Mn、Na、K 等元素。
结晶状态：晶质体或晶质集合体。
晶　　系：斜方晶系。
晶体习性：柱状、板状少见，常呈葡萄状、肾状、放射状或致密块状集合体。
常见颜色：白色、浅黄色、肉红色、带各种色调的绿色。
光　　泽：玻璃光泽。
解　　理：一组完全—中等解理，集合体通常不见。
摩氏硬度：6～6.5。
相对密度：2.80～2.95。
光性特征：非均质体，二轴晶，正光性，常呈非均质集合体。
多 色 性：集合体不可测。

折　射　率：1.616～1.649（+0.016，-0.031），点测常为1.63。
双折射率：0.020～0.035，集合体不可测。
紫外荧光：无。
吸收光谱：438nm 弱吸收带。
放大观察：矿物包体、纤维状结构、放射状构造。
特殊光学效应：猫眼效应（罕见）。

(2) 查罗石（charoite）

矿物（岩石）名称：主要组成矿物为紫硅碱钙石，可含有霓辉石、长石、硅钛钙钾石等。

化学成分：紫硅碱钙石，$(K, Na)_5 (Ca, Ba, Sr)_8 (Si_6O_{15})_2 Si_4O_9 (OH, F) \cdot 11H_2O$。

结晶状态：晶质集合体，块状、纤维状集合体。
颜　　色：紫色、紫蓝色，可含有黑色、灰色、白色或褐棕色色斑。
光　　泽：玻璃光泽—蜡状光泽。
解　　理：紫硅碱钙石具三组解理，集合体通常不见。
摩氏硬度：5～6。
相对密度：2.68（+0.10，-0.14），因成分不同有变化。
光性特征：非均质集合体。
多　色　性：集合体不可测。
折　射　率：1.550～1.559（±0.002），随成分不同而变化。
双折射率：集合体不可测。
紫外荧光：LW 无—弱，斑块状红色；SW 无。
吸收光谱：不特征。
放大观察：纤维状结构、矿物包体、色斑。

(3) 方钠石（sodalite）

矿物（岩石）名称：主要组成矿物为方钠石，可含方解石等。

化学成分：方钠石，$Na_8Al_6Si_6O_{24}Cl_2$。

结晶状态：晶质体或晶质集合体。
晶　　系：等轴晶系。
晶体习性：菱形十二面体，常呈粒状、块状集合体。
常见颜色：深蓝色—紫蓝色，常含白色脉（也可为黄色或红色），少见灰色、绿色、黄色、白色或粉红色。
光　　泽：玻璃光泽—油脂光泽。
解　　理：集合体通常不见。
摩氏硬度：5～6。
相对密度：2.25（+0.15，-0.10）。
光性特征：均质体，常为集合体。
多　色　性：无。
折　射　率：1.483（±0.004）。
双折射率：无。

紫外荧光：LW 无—弱，橙红色斑块状荧光。
吸收光谱：不特征。
放大观察：粒状结构、矿物包体，常见白色脉。
特殊光学效应：变色效应。
特殊性质：遇盐酸会溶蚀，查氏镜下呈赭红色。

(4) 菱锰矿（rhodochrosite）
矿物（岩石）名称：主要矿物为菱锰矿。
化学成分：$MnCO_3$，可含有 Fe、Ca、Zn、Mg 等元素。
结晶状态：晶质体或晶质集合体。
晶　　系：三方晶系。
晶体习性：菱形晶体，常呈粒状、柱状集合体，或呈结核状、鲕状、肾状等隐晶质集合体。
颜　　色：粉红色，通常在粉红底色上可有白色、灰色、褐色或黄色的条纹，透明晶体可呈深红色。
光　　泽：玻璃光泽—亚玻璃光泽。
解　　理：三组完全解理，集合体通常不见。
摩氏硬度：3～5。
相对密度：3.60（+0.10，-0.15）。
光性特征：非均质体，一轴晶，负光性，常为非均质集合体。
多 色 性：中—强，橙黄色、红色，集合体不可测。
折 射 率：1.597～1.817（±0.003）。
双折射率：0.220，集合体不可测。
紫外荧光：LW 无—中，粉色，SW 无—弱，红色。
吸收光谱：410nm、450nm、540nm 弱吸收带。
放大观察：气液两相包体、矿物包体、解理、强双折射现象。集合体呈隐晶质结构、粒状结构，条带或层状构造。
特殊性质：遇盐酸起泡。

(5) 水钙铝榴石（hydrogrossular）
矿物（岩石）名称：水钙铝榴石，可含符山石等。
化学成分：水钙铝榴石，$Ca_3Al_2(SiO_4)_{3-x}(OH)_{4x}$，其中 OH 可替代部分 SiO_4。
结晶状态：晶质体或晶质集合体。
晶　　系：等轴晶系。
晶体习性：菱形十二面体，常呈粒状、块状集合体。
常见颜色：绿色—蓝绿色、粉色、白色、无色等。
光　　泽：玻璃光泽。
解　　理：无。
摩氏硬度：7。
相对密度：3.47（+0.08，-0.32）。
光性特征：均质体，常为均质集合体。

多 色 性：无。
折 射 率：1.720（+0.010，-0.050）。
双折射率：无。
紫外荧光：无。
吸收光谱：暗绿色者460nm以下全吸收；其他颜色的水钙铝榴石463nm附近有吸收带（因含符山石）。
放大观察：矿物包体，集合体呈粒状结构。
特殊性质：查氏镜下呈粉红色—红色。

(6) 钠长石玉（albite jade）

矿物（岩石）名称：主要组成矿物为钠长石，可含硬玉、绿辉石、阳起石、绿泥石等。
化学成分：钠长石，$NaAlSi_3O_8$。
结晶状态：晶质集合体。
颜　　色：灰白色、灰绿白色、灰绿色、白色、无色等。
光　　泽：油脂光泽—玻璃光泽。
解　　理：钠长石{001}解理完全，{010}解理近于完全。集合体通常不见解理。
摩氏硬度：6。
相对密度：2.60~2.63。
光性特征：非均质集合体。
多 色 性：集合体不可测。
折 射 率：1.527~1.542，点测常为1.52~1.53。
双折射率：集合体不可测。
紫外荧光：无。
吸收光谱：不特征。
放大观察：纤维状或粒状结构、矿物包体。

(7) 苏纪石（sugilite）

矿物（岩石）名称：主要矿物为硅铁锂钠石，可含石英、针钠钙石、霓石、碱性角闪石、赤铁矿等。
化学成分：硅铁锂钠石，$KNa_2Li_2Fe_2Al(Si_{12}O_{30}) \cdot H_2O$。
结晶状态：晶质集合体，常为粒状集合体。
常见颜色：红紫色、蓝紫色、少见粉红色。
光　　泽：蜡状光泽—玻璃光泽。
解　　理：无。
摩氏硬度：5.5~6.5。
相对密度：2.74（+0.05）。
光性特征：非均质集合体。
多 色 性：集合体不可测。
折 射 率：点测常为1.61。
双折射率：集合体不可测。
紫外荧光：通常无。

吸收光谱：550nm 强吸收带，411nm、419nm、437nm、445nm 具锰和铁的吸收线。
放大观察：粒状结构，矿物包体。

(8) 针钠钙石（pectolite）

矿物（岩石）名称：针钠钙石。
化学成分：$Na(Ca_{>0.5}Mn_{<0.5})_2(Si_3O_8)(OH)$。
结晶状态：晶质体或晶质集合体。
晶　　系：三斜晶系。
晶体习性：常呈致密针状或纤维状集合体，有时呈放射状球粒集合体。
常见颜色：无色、白色、灰白色—黄白色、绿色、蓝色等，有时呈浅粉红色。
光　　泽：玻璃光泽或丝绢光泽。
解　　理：{001}、{100}解理完全，集合体通常不见。
摩氏硬度：4.5～5。
相对密度：2.81（+0.09，-0.07）。
光性特征：二轴晶，正光性，常为非均质集合体。
多 色 性：集合体不可测。
折 射 率：1.599～1.628（+0.017，-0.004），点测常为 1.60。
双折射率：0.029～0.038，集合体不可测。
紫外荧光：无—中，绿黄色—橙色，通常 SW 荧光较强，可有磷光。
吸收光谱：不特征。
放大观察：针状或纤维状结构。

(9) 异极矿（hemimorphite）

矿物（岩石）名称：异极矿。
化学成分：$Zn_4(Si_2O_7)(OH)_2 \cdot H_2O$。
结晶状态：晶质体或晶质集合体。
晶　　系：斜方晶系。
晶体习性：常呈板状；集合体常呈板粒状，具放射状构造，有时也呈皮壳状、肾状、钟乳状及土状等。
颜　　色：无色或淡蓝色，也可呈白色、灰色、浅绿色、浅黄色、褐色、棕色等。
光　　泽：玻璃光泽，解理面呈珍珠光泽。
解　　理：{110}解理完全，{101}解理不完全。集合体通常不见。
摩氏硬度：4～5。
相对密度：3.40～3.50。
光性特征：二轴晶，正光性，常为非均质集合体。
多 色 性：集合体不可测。
折 射 率：1.614～1.636。
双折射率：0.022，集合体不可测。
紫外荧光：通常无。
吸收光谱：不特征。
放大观察：粒状结构、放射状构造。

(10) 硅孔雀石（chrysocolla）

矿物（岩石）名称：硅孔雀石。

化学成分：$(Cu,Al)_2H_2Si_2O_5(OH)_4 \cdot nH_2O$，可含其他杂质。

结晶状态：隐晶质或胶状集合体，呈钟乳状、皮壳状、土状，常作致色剂存在于玉髓中。

颜　　色：绿色、浅蓝绿色，含杂质时可变成褐色、黑色。

光　　泽：玻璃光泽色、蜡状光泽，土状者呈土状光泽。

解　　理：集合体通常不见。

摩氏硬度：2～4。

相对密度：2.0～2.4。

光性特征：非均质集合体。

多 色 性：集合体不可测。

折 射 率：1.461～1.570，点测常为1.50。

双折射率：集合体不可测。

紫外荧光：通常无。

吸收光谱：不特征。

放大观察：隐晶质结构、矿物包体。

(11) 滑石（talc）

矿物（岩石）名称：滑石。

化学成分：$Mg_3Si_4O_{10}(OH)_2$。

结晶状态：晶质集合体，常呈致密块状集合体。

颜　　色：浅—深绿色、白色、灰色、褐色等。

光　　泽：蜡状光泽—油脂光泽。

解　　理：无。

摩氏硬度：1～3。

相对密度：2.75（+0.05，-0.55）。

光性特征：非均质集合体。

多 色 性：集合体不可测。

折 射 率：1.540～1.590（+0.010，-0.002）。

双折射率：集合体不可测。

紫外荧光：LW 无—弱，粉色。

吸收光谱：不特征。

放大观察：隐晶质—细粒状结构、致密块状构造，常含有脉状、斑块状掺杂物。

特殊性质：富有滑腻感，有良好的润滑性能。

(12) 菱锌矿（smithsonite）

矿物（岩石）名称：菱锌矿。

化学成分：$ZnCO_3$，可含有 Fe、Mn、Mg、Ca 等元素。

结晶状态：晶质体或晶质集合体。

晶　　系：单晶为三方晶系。

晶体习性：菱形晶体（罕见），常呈粒状集合体，或呈钟乳状、鲕状、肾状隐晶质集合体。
颜　　色：白色—无色，常因含杂质元素而呈绿色、黄色、褐色、粉色等。
光　　泽：玻璃光泽—亚玻璃光泽。
解　　理：三组完全解理，集合体通常不见。
摩氏硬度：4～5。
相对密度：4.30（+0.15）。
光性特征：非均质体，一轴晶，负光性，常为非均质集合体。
多 色 性：集合体不可测。
折 射 率：1.621～1.849。
双折射率：0.225～0.228，集合体不可测。
紫外荧光：因颜色或成因而异。
吸收光谱：不特征。
放大观察：气液两相包体、矿物包体、解理。集合体常呈隐晶质结构、粒状结构，放射状构造。
特殊性质：遇盐酸起泡。

(13) 赤铁矿（hematite）
矿物（岩石）名称：赤铁矿。
化学成分：Fe_2O_3。
结晶状态：晶质集合体，常呈粒状、致密块状、鲕状、肾状集合体。
常见颜色：深灰色—黑色。
光　　泽：金属光泽。
解　　理：无。
摩氏硬度：5～6。
相对密度：5.20（+0.08，-0.25）。
光性特征：非均质集合体。
多 色 性：集合体不可测。
折 射 率：2.940～3.220（-0.070）。
双折射率：集合体不可测。
紫外荧光：无。
吸收光谱：不特征。
放大观察：粒状结构、致密块状构造，外部可见锯齿状断口。
特殊性质：条痕及断口表面通常呈红褐色。

（二）玉石的鉴定

1. 易混淆玉石的鉴定

易混淆的玉石包括颜色、外观相似的玉石和颜色、外观、物理特征相近的玉石两类。前者通过折射率、相对密度测定以及放大观察等手段不难鉴别；而后者不但颜色、外观相似，折射率、相对密度等特征也相近，易于混淆，是玉石鉴定中的重点和难点之一。

1) 翡翠与相似玉石的鉴别
(1) 翡翠与钠长石玉的鉴别（表 5-1）

表 5-1 翡翠与钠长石玉的鉴别

玉石名称	翡翠	钠长石玉（水沫子）
颜色	各种颜色，颜色大多不均匀	灰白色、灰绿白色、灰绿色、白色、无色等，可带绿色（飘蓝花），可有白斑
折射率	1.66（点）	1.52～1.53（点）
相对密度	3.34（+0.11，-0.09）	2.60～2.63
内含物	粒状、柱状、纤维状结构，具"翠性"	纤维状或粒状结构，在透明或半透明的底色中富含白色斑点和蓝绿色斑块

(2) 翡翠与水钙铝榴石的鉴别（表 5-2）

表 5-2 翡翠与水钙铝榴石的鉴别

玉石名称	翡翠	水钙铝榴石
颜色	各种颜色，颜色大多不均匀	绿色—蓝绿色、粉色、白色、无色等
折射率	1.66（点）	1.720（+0.010，-0.050）
相对密度	3.34（+0.11，-0.09）	3.47（+0.08，-0.32）
内含物	粒状、柱状、纤维状结构，具"翠性"	粒状结构，常具黑点或黑斑
查氏镜观察	不变红	绿色部分变红

(3) 翡翠与蛇纹石玉的鉴别（表 5-3）

表 5-3 翡翠与蛇纹石玉的鉴别

玉石名称	翡翠	蛇纹石玉
颜色	各种颜色，颜色大多不均匀	绿色—绿黄色、白色、棕色、黑色等
折射率	1.66（点）	1.560～1.570（+0.004，-0.070）
相对密度	3.34（+0.11，-0.09）	2.57（+0.23，-0.13）
摩氏硬度	6.5～7	2.5～6
内含物	粒状、柱状、纤维状结构，具"翠性"	叶片状、纤维状交织结构或隐晶质结构，硬度低

(4) 翡翠与独山玉的鉴别（表 5-4）

表 5-4 翡翠与独山玉的鉴别

玉石名称	翡翠	独山玉
颜色	各种颜色，颜色大多不均匀	各种颜色，色杂不均匀
折射率	1.666～1.690（+0.020，-0.010）	1.560～1.700
相对密度	3.34（+0.11，-0.09）	2.70～3.09，常为 2.90
内含物	粒状、柱状、纤维状结构，具"翠性"	粒状结构

(5) 翡翠与其他相似玉石的鉴别

翡翠与其他相似玉石如软玉、葡萄石、石英岩玉（东陵石、密玉、京白玉）、染色大理石以及玻璃等的鉴别，可以根据结构、折射率、相对密度等，一般不难鉴别（表 5-5）。

2) 软玉与相似玉石的鉴别

软玉与石英岩玉、蛇纹石玉、玉髓、大理石、玻璃仿软玉等相似的玉石，依据光泽、结构、折射率、相对密度等不难鉴别（表 5-6）；与易混淆的葡萄石应予以特别注意，二者折射率、相对密度相近，容易混淆（表 5-7）。

表 5-5 翡翠与其他相似玉石的鉴别

玉石名称	颜色	折射率	相对密度	摩氏硬度	内含物
翡翠	各种颜色,颜色大多不均匀	1.666~1.690（+0.020,−0.010）	3.34（+0.11,−0.09）	6.5~7	粒状、柱状、纤维状结构,具"翠性"
软玉	白色、灰色、浅—深绿色、黄色—褐色、黑色等	1.60~1.61（点）	2.95（+0.15,−0.05）	6~6.5	质地细腻,具纤维交织结构
葡萄石	白色、浅黄色、肉红色,带各种色调的绿色	1.63（点）	2.80~2.95	6~6.5	具放射状构造、纤维状结构
石英岩玉	各种颜色,白色、绿色、黄色、橙红色、褐色、灰色、蓝色等	1.54（点）	2.64~2.71	7	粒状结构
大理石	各种颜色,常有白色、黑色及各种花纹和颜色	1.486~1.658	2.70（±0.05）	3	粒状或纤维状结构,硬度低
玻璃	各种颜色	1.47~1.70	2.30~4.50	5~6	非晶质结构、气泡、旋涡纹、贝壳状断口

表 5-6 软玉与相似玉石的鉴别

玉石名称	颜色	光泽	折射率	相对密度	摩氏硬度	内含物
软玉	白色、灰色、浅—深绿色、黄色—褐色、黑色等	玻璃光泽—油脂光泽	1.60~1.61（点）	2.95（+0.15,−0.05）	6~6.5	质地细腻,具纤维交织结构
石英岩玉	各种颜色,白色、绿色、黄色、橙红色、褐色、灰色、蓝色等	玻璃光泽—油脂光泽	1.54（点）	2.64~2.71	6~7	粒状结构
蛇纹石玉	绿色—绿黄色、白色、棕色、黑色等	蜡状光泽—玻璃光泽	1.560~1.570（+0.004,−0.070）	2.57（+0.23,−0.13）	2.5~6	叶片状、纤维状交织结构
玉髓	各种颜色	玻璃光泽—油脂光泽	1.53~1.54（点）	2.50~2.77	5~7	常为隐晶质结构
大理石	各种颜色,常有白色、黑色及各种花纹和颜色	玻璃光泽—油脂光泽	1.486~1.658	2.70（±0.05）	3	粒状或纤维状结构,硬度低
玻璃	各种颜色	玻璃光泽	1.470~1.700	2.30~4.50	5~6	非晶质结构、气泡、旋涡纹、贝壳状断口

表 5-7　软玉与葡萄石的鉴别

玉石名称	软玉	葡萄石
颜色	各种颜色，白色、灰色、浅—深绿色、黄色—褐色、黑色等	白色、浅黄色、肉红色、带各种色调的绿色，常呈浅绿色
光泽	玻璃光泽—油脂光泽	玻璃光泽
折射率	1.60—1.61（点）	1.63（点）
相对密度	2.95（+0.15，-0.05）	2.80~2.95
结构	纤维交织结构	纤维状结构、放射状构造

3）欧泊与仿欧泊及易混淆珠宝玉石的鉴别

欧泊与塑料仿欧泊、玻璃仿欧泊（斯洛卡姆石）、拉长石、火玛瑙等，从变彩特征、折射率、相对密度等方面不难鉴别（表 5-8、表 5-9）。其中应注意欧泊与塑料仿欧泊以及玻璃仿欧泊的鉴别。

表 5-8　欧泊与塑料仿欧泊、玻璃仿欧泊的鉴别

玉石名称	欧泊	塑料仿欧泊	玻璃仿欧泊
外观			
折射率	常为 1.42~1.43（点）	1.46~1.70（点）	1.50~1.52（点）
相对密度	2.15（+0.08，-0.90）	1.05~1.55	2.41~2.50
变彩特征	色斑呈不规则片状，边界平坦且较模糊，表面呈丝绢状外观（色斑有平行纹）	变彩具镶嵌状图案	色斑具有固定不变的界线，边缘相对整齐，像一片片皱起的有色金属片
其他特征	可有气液固三相包体、气液两相包体、矿物包体	可有气泡，具塑性（切成薄片可弯曲），热针接触有刺鼻气味	可有气泡、旋涡纹

表 5-9 欧泊与拉长石、火玛瑙、彩斑菊石的鉴别

玉石名称	欧泊	拉长石	火玛瑙	彩斑菊石
颜色	可出现各种体色	灰色—灰黄色、橙色—棕色、棕红色、绿色	橙黄色—黄棕色	黄色—褐色
折射率	常为 1.42~1.43（点）	1.559~1.568（±0.05）	1.53~1.54（点）	1.52~1.67（点）
相对密度	2.15（＋0.08，－0.90）	2.70（±0.05）	2.60	2.76~2.84
其他特征	色斑呈不规则片状，边界平坦且较模糊，表面呈丝绢状外观（色斑有平行纹）	常见针状或板条状黑色金属矿物、两组完全解理、双晶纹	晕彩位置较固定	不透明，晕彩限于表层，常有龟裂纹。与冷稀盐酸反应起泡
特殊光泽效应	变彩效应	晕彩效应	晕彩效应	晕彩效应

4）绿松石与相似珠宝玉石的鉴别

（1）染色羟硅硼钙石

未染色时羟硅硼钙石为白色，有时有浅灰色的网纹及斑点（图 5-1）。市场上所谓"白松石"大多是未染色的羟硅硼钙石、菱镁矿或烧结的黏土。染色的羟硅硼钙石颜色、外观与绿松石相似（图 5-2、图 5-3），放大观察可见明显的粒状结构，颜色集中于表面、颗粒间隙及裂隙中，有时可见未染色的白色或灰白色斑块。其摩氏硬度（3~4）比绿松石低，折射率（点测常为 1.59）和相对密

图 5-1 羟硅硼钙石原石

图 5-2 染色羟硅硼钙石加工的成品

图 5-3 染色羟硅硼钙石颜色仅存在于浅表层和裂隙间

度（2.50～2.57）也比绿松石小。羟硅硼钙石吸收光谱与绿松石不同，为绿区的一宽带。有的还在长波紫外线下显棕红色斑块状荧光。

（2）染色菱镁矿

菱镁矿是一种碳酸盐矿物，白色或浅黄白色（图 5-4）。市场上常将其进行染色（图 5-5），并用黑色沥青等物质充填其裂隙以仿绿松石的铁线。放大观察染色菱镁矿可见颜色集中于表层、颗粒间隙及裂隙中，有时可见到黑色沥青充填在裂隙或孔洞中模仿绿松石的褐黑色铁线（图 5-6）。染色菱镁矿具有较大的相对密度（3.00～3.12），较小的折射率（点测约 1.60），粉末与盐酸反应起泡，查氏镜下可能呈淡褐色，这些特征都不同于绿松石。

图 5-4　未染色的菱镁矿

图 5-5　染色菱镁矿颜色均一

菱镁矿染色前后的颜色变化

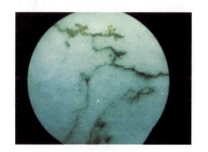

染色菱镁矿内深色物质为填充的黑色沥青

图 5-6　染色菱镁矿颜色分布

（3）绿松石与蓝铁染骨化石（齿胶磷矿）的鉴别

史前猛犸象的骨头、牙齿染成天蓝色后，易与绿松石相混淆。蓝铁染骨化石的相对密度为 3.00，折射率为 1.57～1.63，摩氏硬度为 5，有神经和血管的管道残余，具染色特征。

（4）玻璃

玻璃通常颜色均匀单调，透明度较好，具有贝壳状断口，放大观察可见气泡、旋涡纹，折射率、相对密度也与绿松石不同。

5）青金石与相似珠宝玉石的鉴别

（1）青金石与方钠石的鉴别（表 5-10）

（2）青金石与蓝铜矿和天蓝石的鉴别

青金石与蓝铜矿、天蓝石通过折射率及相对密度的测试并不难鉴别（表 5-11）。

表 5-10 青金石与方钠石的鉴别

玉石名称	青金石	方钠石
颜色	中—深微绿蓝色、紫蓝色,常有铜黄色黄铁矿、白色方解石、墨绿色透辉石、普通辉石的色斑	深蓝色—紫蓝色,常含白色脉(也可为黄色或红色),少见灰色、绿色、黄色、白色或粉红色
透明度	微透明—不透明	半透明—微透明
折射率	1.50(点)	1.483(±0.04)
相对密度	2.50~3.00	2.25(+0.15,-0.10)
内含物	常见黄铁矿	一般不含黄铁矿

表 5-11 青金石与蓝铜矿和天蓝石的鉴别

玉石名称	青金石	蓝铜矿	天蓝石
颜色	中—深微绿蓝色、紫蓝色,常有铜黄色黄铁矿、白色方解石、墨绿色透辉石、普通辉石的色斑	天蓝色—深蓝色	深蓝色、蓝绿色、紫蓝色、蓝白色、天蓝色
折射率	1.50(点)	1.730~1.838	1.612~1.643(±0.005)
相对密度	2.50~3.00	3.80(+0.09,-0.50)	3.09(+0.08,-0.10)
其他特征	常见黄铁矿	硬度低,与冷稀盐酸剧烈反应	块状集合体,可含有白色矿物包体

(3) 青金石与蓝色东陵石的鉴别

含蓝线石的蓝色东陵石(蓝色石英岩玉,图 5-7)呈半透明,纤维粒状结构,折射率为 1.53(点),放大观察蓝色东陵石中含有纤维状蓝线石,基本不含黄铁矿,可区别于青金石(图 5-8)。

图 5-7　蓝色东陵石

图 5-8　青金石

(4) 青金石与染色碧石的鉴别

染色碧石在商业上被称为"瑞士青金石",其颜色在条纹和斑块处富集,无黄铁矿,贝壳状断口,通常比青金石透明,摩氏硬度较高（6.5~7）,折射率较高（点测常为 1.53）,相对密度低（低于 2.60）。

(5) 青金石与蓝色木变石的鉴别

蓝色木变石在鉴定过程中常被误认为青金石。蓝木变石的相对密度（2.48~2.85）、折射率（点测常为 1.53~1.54）都高于青金石。另外,蓝色木变石常具有纤维状结构（图 5-9）,不含黄铁矿,不同于青金石（图 5-10）。青金石在查氏镜下呈赭红色,而蓝色木变石不变色。

图 5-9　蓝色木变石

图 5-10　青金石

(6) 青金石与熔结的合成尖晶石的鉴别

熔结的合成尖晶石是由钴致色的蓝色合成尖晶石磨成粉后烧结而成,颜色分布均匀,呈亮蓝色,粒状结构,可含有细小的黄色斑点以模仿黄铁矿,光泽比青金石强,并且通常抛光良好,查氏镜下呈明亮的粉红色—红色,完全不同于青金石在查氏镜下的赭红色,折射率常为 1.728,相对密度为 3.52~3.66,均高出青金石很多,并且用分光镜检测有钴的吸收光谱。

(7) 青金石与染色大理石的鉴别

染色大理石的颜色集中在裂隙和晶粒边缘,染料可被丙酮擦掉,摩氏硬度较小（3）,可被小刀刻划（破坏性鉴定,慎用）。

(8) 青金石与蓝色玻璃的鉴别

用于仿青金石的蓝色玻璃不具有青金石的粒状结构,常有气泡和旋涡纹。

6) 孔雀石与硅孔雀石的鉴别（表 5-12）

表 5-12　孔雀石与硅孔雀石的鉴别

玉石名称	孔雀石	硅孔雀石
颜色	鲜艳的微蓝绿色—绿色，常有杂色条纹	绿色、浅蓝绿色，含杂质时可变成褐色、黑色
成分	碳酸盐矿物	硅酸盐矿物
折射率	1.655～1.909	1.50（点）
相对密度	3.95（+0.15，-0.70）	2.00～2.40
结构构造	条带状、环带状或同心层状构造	隐晶质结构，块状构造
其他性质	遇盐酸起泡	无

7）SiO_2 质玉石与相似玉石的鉴别

(1) 玛瑙与玻璃的鉴别

玻璃仿玛瑙（图 5-11）的外观酷似玛瑙（图 5-12），也可以有与玛瑙近似的花纹、条带。但玛瑙的条纹、环带均为平行的，即平行的条纹或弯曲的平行条带；而玻璃仿玛瑙的花纹、条纹，既有平行的，也有交叉的。二者的折射率、相对密度可有不同。另外，玻璃含有气泡、旋涡纹。

图 5-11　玻璃仿玛瑙手镯

图 5-12　玛瑙手镯

(2) 石英岩玉与钠长石玉的鉴别（表 5-13）

(3) 石英岩玉与大理石的鉴别（表 5-14）

(4) 天然玻璃与玻璃的鉴别

天然玻璃的折射率为 1.48～1.51，相对密度为 2.32～2.50，其折射率、相对密度基本稳定在上述范围之内；而玻璃的折射率（1.40～1.70）、相对密度（2.30～4.50）变化范围很大。关键的鉴别特征为天然玻璃可有长石、石英等矿物斑晶。

表 5-13　石英岩玉与钠长石玉的鉴别

玉石名称	石英岩玉	钠长石玉
颜色	各种颜色，常见绿色、灰色、黄色、褐色、橙红色、白色、蓝色等	灰白色、灰绿白色、灰绿色、白色、无色等
折射率	1.54（点）	1.52～1.53（点）
相对密度	2.64～2.71	2.60～2.63
内含物	粒状结构等	纤维状或粒状结构，在透明或半透明的底色中常含白色斑点和蓝绿色斑块

表 5-14　石英岩玉与大理石的鉴别

玉石名称	石英岩玉	大理石
颜色	各种颜色，常见绿色、灰色、黄色、褐色、橙红色、白色、蓝色等	各种颜色，常见有白色、黑色及各种花纹和颜色
折射率	1.54（点）	1.486～1.658
相对密度	2.64～2.71	2.65～2.75
摩氏硬度	5～7	3
内含物	粒状结构等	粒状或纤维状结构，断口可见解理面闪光，常见层状条纹
紫外荧光	无	多变

8) 蔷薇辉石与菱锰矿的鉴别（表 5-15）

表 5-15　蔷薇辉石与菱锰矿的鉴别

玉石名称	蔷薇辉石	菱锰矿
颜色	浅红色、粉红色、紫红色、褐红色等，常有黑色斑点或脉，有时间杂有绿色或黄色色斑	粉红色，通常在粉红底色上可有白色、灰色、褐色或黄色的条纹，透明晶体可呈深红色
内含物	块状构造，细粒结构，黑色氧化锰色斑	隐晶质结构、粒状结构，条带或层纹状构造，可有鲕粒结构
折射率	1.73（点），含石英可为 1.54（点）	1.597～1.817（±0.003）
相对密度	3.50（+0.26，−0.20）	3.60（+0.10，−0.15）
紫外荧光	无	LW 无—中，粉色，SW 无—弱，红色
吸收光谱	545nm 宽吸收带，503nm 吸收线	410nm、450nm、540nm 弱吸收带

9) 赤铁矿与针铁矿的鉴别

赤铁矿和针铁矿均为金属光泽，高折射率（超出折射仪测试范围）。关键的鉴别特征为相对密度，赤铁矿相对密度为 5.20（+0.08，−0.25），而针铁矿为 4.28。此外，赤铁矿条痕及断口表面通常呈红褐色，而针铁矿条痕为褐黄色。

2. 优化处理玉石的鉴定

1) 优化处理翡翠的鉴定

（1）翡翠与 B 货翡翠的鉴别（表 5-16）

（2）翡翠与 C 货翡翠（染色翡翠）的鉴别

①绿色染色翡翠的鉴别（表 5-17）。

②紫色染色翡翠的鉴别。

紫色染色翡翠一般为锰盐染色。天然者颜色自然（图 5-13），而染色者颜色集中在裂隙中及晶粒边缘（图 5-14），具较强的荧光，天然者荧光无—弱。

③红色、棕色、黄色翡翠是否经优化处理的鉴别。

天然、染色或热处理的红色、棕色、黄色翡翠的颜色均集中在裂隙和晶粒边缘，鉴别起来难度很大，三者的区别如下。

a. 天然者：天然红色、棕色、黄色翡翠往往色调偏暗，为褐黄色或褐红色，颜色多变，有层次感，与其他原生色（白色、绿色或紫色）为突变关系，尤其是红翡处，会有一条比较明显的界线（图 5-15）。天然者翡色部分相对更透明，尤其是界线部位透明度较好。

b. 热处理者："烧红"翡翠常为鲜艳明亮的橘红色，比较单一，无层次感，质地显得粗糙，种干，颗粒感明显，颜色界线不清晰（图5-16），为渐变过渡关系。不同颜色之间透明度变化不大，红色部分有时透明度反而差。红外光谱中无水的吸收峰。

表5-16 翡翠与B货翡翠的鉴别

玉石名称	翡翠	B货翡翠
颜色特征	各种颜色，颜色自然、协调，大多不均匀	翡翠若为豆地翠绿色、暗绿色和半透明的苹果绿色时应引起注意；整体无灰色、黄色、红色者应注意。B货翡翠颜色与质地常不协调，绿色漂浮，色形遭受破坏
光泽	玻璃光泽—油脂光泽	玻璃光泽—蜡状光泽、树脂光泽
相对密度	3.34（+0.11，-0.09）	3.25
质地	较细腻或较粗	大多结构较粗
表面特征	多较光滑	具龟裂纹，再次抛光后也可较光滑，但局部小网裂纹集中或在裂隙中见点状闪光（气泡）
荧光	无—弱	某些有强蓝白色、黄绿色荧光
红外光谱	中红外区具辉石（单斜辉石）中Si-O等基团振动所致的特征红外吸收带	有2700~3200cm^{-1}的树脂吸收峰

表5-17 绿色染色翡翠的鉴别

玉石名称	绿色翡翠	绿色染色翡翠
颜色特征	有色根、色形	绿色呈丝网状
吸收光谱	铬致色，有630nm、660nm、690nm吸收线	某些可在650nm附近有宽吸收带
查氏镜观察	不变色	某些可变红

图5-13 天然紫色翡翠

图5-14 紫色染色翡翠
（颜色分布在晶粒边缘，呈丝网状分布）

图5-15 天然红翡界线分明

图5-16 "烧红"红翡界线不清晰

c. 染色者：光泽弱或蜡状光泽，颜色分布较均匀，整体一个色调（图5-17），不同颜色之间呈云雾状渐变。一些较大的裂隙中可见染料颗粒的沉淀和聚集。

（3）覆膜翡翠的鉴别

覆膜翡翠即翡翠成品表面覆一层绿色的有机膜。覆膜翡翠颜色均匀，折射率点测为1.52～1.56（膜的折射率值），多为树脂光泽或蜡状光泽，无颗粒感，局部可见气泡，可有薄膜脱落现象（图5-18），手感较涩。此外，因为膜的硬度较低，所以表面常常可见到划痕（图5-19）。

图5-17 染色红翡整体一个色调

图5-18 覆膜翡翠可见薄膜脱落现象

图5-19 覆膜翡翠表面可见划痕

2) 软玉优化处理的鉴别

(1) 浸蜡

软玉浸蜡属优化。浸蜡软玉可有蜡状光泽，有时蜡会污染包装物，所浸入的蜡热针可熔，红外光谱可有机物吸收峰。

(2) 染色

将软玉染成黄色、褐黄色、红色、褐红色、黑绿色等，以掩盖瑕疵或仿籽料。

染色软玉颜色鲜艳（图5-20），不自然，缺乏天然皮色的层次感（图5-21），颜色多位于表皮及裂隙中。

图5-20 天然软玉颜色具有层次感　　　　图5-21 染色软玉颜色鲜艳，不具有层次感

(3) 拼合

将糖玉薄片贴于白玉表面，用来仿俏色浮雕。俏色部分颜色与基底颜色截然不同，无过渡，可见拼合缝。

(4) 磨圆

山料磨圆仿籽料。磨圆较差者隐约可见棱面；磨圆较好者表面光洁度高于天然籽料，有时可见新鲜裂痕。

(5) 做旧处理

玉石的做旧处理主要从颜色、所仿朝代的加工工艺及纹饰等方面进行鉴别，属于文物鉴定范畴。

3) 欧泊优化处理及拼合石的鉴别

(1) 糖酸处理

用于仿黑欧泊。这种处理方法主要用于多孔的白色脉石欧泊。先将清洗烘干后的欧泊放入热糖溶液中浸泡几天，然后取出样品待缓慢冷却后快速擦去表面糖汁，再将其投入100℃左右的浓硫酸中浸泡1~2天使欧泊中的糖碳化，缓慢冷却后取出洗净，再将其置于碳酸盐溶液中快速漂洗后，冲洗干净即可。放大观察糖醋处理的欧泊可见色斑呈破碎的小块并局限在欧泊的表面，粒状结构，可见小黑点状碳质染剂在色斑或球粒的空隙中聚集（图5-22、图5-23）。

(2) 烟处理

用于仿黑欧泊。目前这种处理主要用于埃塞俄比亚的水欧泊，这种欧泊水含量高，表面多孔，易失水也易吸水。处理方法是将欧泊用纸包好，加热至纸冒烟。热熏烤及纸灰于表面孔隙中沉淀固着使欧泊变黑，变彩更鲜明。烟处理的欧泊黑色仅限于表面，表面有黏感，放大观察可见黑色集中于孔隙中，用针头触碰，可有黑色物质剥落，相对密度较低，仅为1.38~1.39（图5-24、图5-25）。

图 5-22　色斑破碎，呈粒状结构　　　　图 5-23　黑色碳质颗粒聚集在表面和裂隙中

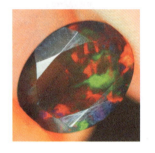

图 5-24　烟处理过的欧泊内的裂隙中碳富集　　图 5-25　很多的小的黑（炭）斑点

（3）化学试剂染色

这种方法处理的欧泊目前在市场上较为常见，这种染色主要针对埃塞俄比亚欧泊，利用其多孔、对染料吸附力相对较强的特点，将其染成橙色、蓝色、粉色、绿色等（图 5-26）。

这种欧泊放大观察时可见颜色分布不均匀，裂隙、凹坑处颜色集中等现象。浸于无色溶液（水、酒精、丙酮等）中会掉色，并使溶液变色（图 5-27、图 5-28）。

图 5-26　染色欧泊　　　　图 5-27　染色欧泊浸泡在 3% 过氧化氢溶液后褪色

（4）注塑处理

用以掩盖裂隙、提高透明度、增强坚固度，或使其呈现暗色的背景。注塑欧泊相对密度较低，约为 1.90。内部可见黑色集中的小块，比天然欧泊透明度高。用热针接触，可有塑料的异味。红外光谱显示有机质引起的吸收峰。

（5）注油与浸蜡处理

用于掩盖裂隙。注油或浸蜡的欧泊可能呈现蜡状光泽或具油腻感，热针接触有油珠或蜡珠渗出。

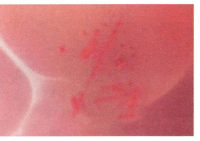

图 5-28 染色欧泊中染料分布不均匀的现象和划痕

（6）拼合

自然产出的欧泊经常呈薄片状，由于厚度太小，无法单独琢磨成完整的饰品，拼合就成了重要且常用的欧泊处理方法。拼合欧泊包括二层石、三层石（图 5-29）。

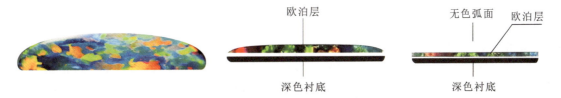

图 5-29 二层石（中）和三层石（右）示意图

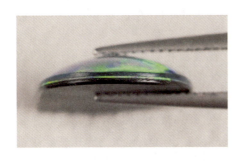

图 5-30 侧面可见拼合欧泊的三层结构

放大观察可以看到平直的接合面，在接合面上大多可以找到球形或扁平状的气泡。如为三层拼合，从侧面看，其顶部不显变彩，折射率高于欧泊。若未镶嵌从侧面可看到拼合缝（图 5-30）及不同层颜色、光泽上的差别。

鉴别时，拼合欧泊应注意与砾背欧泊（带围岩的欧泊）相区别，后者中欧泊与围岩界线呈自然过渡状态，接合缝不平直。

4）蛇纹石玉优化处理的鉴别

（1）染色

颜色集中在裂隙中呈网状分布，放大观察很容易发现染料的存在，铬盐染绿色者可具 650nm 宽吸收带。

（2）蜡充填

将蜡充填于裂隙或缺口中，以便改善样品外观。充填蜡的地方可有蜡状光泽，热针接触裂隙处有"出汗"现象，有蜡的气味。红外光谱中可见明显的蜡吸收峰。

5）绿松石优化处理的鉴别

（1）浸蜡

浸蜡可掩盖裂隙，并改善颜色和光泽（图 5-31），属于优化。浸蜡的绿松石时间长后会褪色，经太阳暴晒或受热后褪色更快。热针接触有"出汗"现象，蜡受热熔化后会形成小珠渗出表面。

 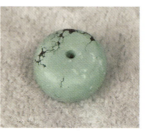

浸蜡前　　　　　　　　　浸蜡后

图5-31　绿松石浸蜡前后

(2) 染色

颜色不自然，过于均匀，但在裂隙处颜色变深；颜色仅限于表面，深度一般在1mm左右；在样品表面的剥落处或样品背部的坑凹处，有可能露出内部浅色的部分。部分染色绿松石用蘸有氨水的棉球擦拭会掉色，使棉球沾染上颜色。

(3) 注塑

目前广泛应用于疏松多孔绿松石的处理，可提高原料的坚固性、耐久性，改善外观。注塑绿松石折射率一般低于1.61，相对密度较低，通常为2.00～2.48，这种低的相对密度与其漂亮的颜色是相互矛盾的，摩氏硬度较低，一般仅为3～4，易出现刮痕。放大观察有时可见气泡，热针接触有塑料的异味，而且会有烧痕。红外光谱中可出现一些由塑料引起的吸收谱线。早期处理的绿松石可见到1450 cm^{-1}和1500 cm^{-1}处的强吸收，而在较新的注塑处理品种中，则出现1725 cm^{-1}的强吸收带，这些峰都可显示塑料的存在。

(4) 扎克里（Zachary）处理

扎克里处理的绿松石近年来常见于国内外市场。此法由扎克里发明，已申请个人专利，扎克里处理主要用于中-高档绿松石的改善。扎克里处理绿松石用常规方法难以区分，有效的鉴别方法如下。

① 与传统染色法染料在裂隙中浓集而使裂隙处颜色加深的特征不同，扎克里处理绿松石在裂隙两侧颜色浓集得更明显。但仅经过整体孔隙度处理，没有改善颜色的扎克里处理绿松石的裂隙与天然绿松石无差别（图5-32），这些绿松石若后期再产生裂隙，则裂隙中无颜色浓集的现象。

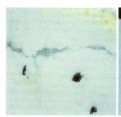  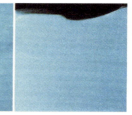

(a) 传统染色绿松石　　(b) 扎克里处理绿松石颜色在裂隙两侧富集　　(c) 仅经孔隙度处理，未经
　　裂隙处颜色深　　　　　　　　　　　　　　　　　　　　　　　　　　　颜色改善的扎克里处理绿松
　　　　　　　　　　　　　　　　　　　　　　　　　　　　　　　　　　　　石裂隙特征与天然品一致

图5-32　处理绿松石裂隙处特征

② 将少许草酸溶液滴于其表面，会形成一层"白皮"，而天然绿松石则无改变。

③扎克里处理绿松石的诊断性鉴别特征是表面 K 含量高（K_2O 为 $0.7\%\sim5.7\%$，天然绿松石 K_2O 多在 0.5% 以下）。利用 X 射线荧光光谱仪分析 K 含量是目前鉴别扎克里处理绿松石的有效方法。

6）大理石优化处理的鉴别

（1）染色

染色大理石的颜色集中在裂隙中和晶粒边缘，若为铬盐染绿色者，可有 650nm 吸收带，有些绿色染料在查氏镜下变红。

（2）充填处理

充胶或塑料是为了掩盖裂隙、增加透明度。热针接触可有胶或塑料的异味，在红外光谱中，可有有机物的特征吸收峰出现。用乙醚擦拭，有机物可溶解。

（3）辐照

白色的大理石经辐照可产生蓝色、黄色和浅紫色，但很不稳定，遇光会褪色，遇热颜色也会变浅。

（4）覆膜

大理石表面可以涂各种颜色的有机薄膜，用来改变颜色和光泽，仿其他各类宝石。覆膜后无粒状感，膜可脱落。

3. 合成玉石的鉴定

（1）绿松石与"合成"绿松石的鉴别

"合成"绿松石于 1972 年由吉尔森开始生产，它并非真正的合成品，而是一种仿制品。生产采用制陶瓷的工艺过程，由于加入了黏结剂，其化学成分不同于天然绿松石。"合成"绿松石与绿松石的区别如表 5-18 所示。

表 5-18 绿松石与"合成"绿松石的鉴别

玉石名称	绿松石	"合成"绿松石
颜色	蓝色、绿色，颜色不均匀，常含较多杂质	颜色均一
吸收光谱	422nm、430nm 吸收带	无
内含物	常见暗色物质，即常有黑色斑点或线状铁质或碳质包体。铁线自然内凹［图 5-33（a）］	放大 50 倍时，可见浅灰色基质中分布大量均匀的蓝色球形微粒，即所谓"麦片粥"结构（图 5-34）。铁线呆板生硬，粗细较均匀且不内凹［图 5-33（b）］
XRD	晶质绿松石衍射线	有多种晶质矿物附加衍射线

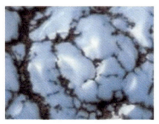 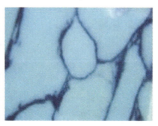 

(a)天然绿松石的铁线自然内凹,交会处加粗　　(b)"合成"绿松石的铁线交会处无加粗现象,不内凹　　图 5-34　"合成"绿松石的"麦片粥"结构

图 5-33　天然绿松石与"合成"绿松石铁线特征

(2)青金石与"合成"青金石的鉴别

"合成"青金石于1976年开始由法国吉尔森公司生产,它并非真正的合成品,而是仿制品。一般认为它是由石粉加上佛青(一种染料)、锌的氢氧化物及黄铁矿制成,也有不含黄铁矿的品种,与天然青金石的区别见表5-19。

表 5-19　青金石与"合成"青金石的鉴别

玉石名称	青金石	"合成"青金石
外观	中—深微绿蓝色、紫蓝色,常有铜黄色黄铁矿、白色方解石、墨绿色透辉石、普通辉石的色斑	颜色深蓝色—紫蓝色,分布均匀,细粒结构,质地细腻,无方解石白斑
透明度	微透明—不透明	完全不透明
颜色分布	不均匀	较均匀
黄铁矿特征	轮廓不规则,斑块状、条纹状出现	分布均匀,颗粒边缘平直
相对密度	2.75(±0.25)	一般小于 2.45
查氏镜观察	赭红色	一般不变色

(3)欧泊与合成欧泊的鉴别

合成欧泊由吉尔森公司于1974年首先推向市场,合成方法为化学沉淀法。欧泊与合成欧泊的区别见表5-20。

表 5-20　欧泊与合成欧泊的鉴别

玉石名称	欧泊	合成欧泊
色斑	具平行纹,丝绢状外观,色斑(彩片)呈不规则片状,边界平坦且较模糊[图5-35(a)]	变彩色斑(彩片)呈镶嵌状结构,边缘呈锯齿状,色斑内具有蜥蜴皮结构[图5-35(b)]、图5-35(c)]
相对密度	2.15(+0.08,-0.90)	1.97~2.20
紫外荧光	无—强,可有磷光	无—强,无磷光
红外光谱	5000cm^{-1}吸收峰	3700cm^{-1}吸收峰

(a)合成欧泊呈镶嵌状结构，边缘呈锯齿状，色斑内具有蜥蜴皮结构　　(b)天然欧泊色斑是二维的，色斑呈不规则片状，边界平坦且较模糊　　(c)从侧面看，合成欧泊的色斑呈三维柱状

图 5-35　欧泊、合成欧泊中色斑的特点

（4）合成翡翠的鉴别

1984 年 12 月美国通用电气公司，首次合成了翡翠。合成翡翠的成分、硬度、相对密度等与天然翡翠基本一致。其物质组成主要是晶体粗大、具有方向性的硬玉和玻璃质。合成翡翠透明度差（较干），颜色不正且呆板，结晶程度稍低，组成矿物粗细不均，呈显微团块状，无翠性。部分合成翡翠在查氏镜下显红色。

（5）合成孔雀石的鉴别

1982 年，苏联成功合成出宝石级合成孔雀石。合成孔雀石按纹理可分为带状合成孔雀石、丝状合成孔雀石及胞状合成孔雀石。

合成孔雀石的化学成分、颜色、相对密度、摩氏硬度、光学性质及 X 射线衍射谱线等方面与天然孔雀石相似，仅在热谱图中与天然孔雀石出现较大差异。差热分析是鉴别天然孔雀石与合成孔雀石唯一有效的方法，但差热分析具有破坏性，应慎用。

三、实习要求

掌握上述玉石的特征和鉴定方法，重点掌握翡翠、充填翡翠、染色翡翠的鉴别要点。掌握欧泊与合成欧泊，青金石与"合成"青金石，绿松石与"合成"绿松石的鉴别方法以及石英岩玉与钠长石玉，菱锰矿与蔷薇辉石，青金石与方钠石等的鉴别方法。

四、实习报告

1. 实习品种

实习品种包括翡翠、B 货翡翠、C 货翡翠、欧泊、合成欧泊、绿松石、青金石、玛瑙、石英岩玉、菱锰矿等。

2. 要求

①要有三项有效、关键的鉴定特征。
②抓住主要鉴定特征，综合分析、判断，正确定名。

3. 观察记录表（表 5-21）

表 5-21 观察记录表

样品编号		样品质量/g		琢型	
颜色		光泽		透明度	
请给出三项有效、关键的鉴定特征： 1. 2. 3. 其他鉴定特征（不超过三项）：					
定名：					

第六章 有机宝石鉴定实习

有机宝石鉴定PPT

一、实习目的

①掌握有机宝石的鉴定特征及鉴定方法。

②重点掌握珍珠与仿珍珠的鉴别,珊瑚与仿珊瑚及染色珊瑚的鉴别,琥珀与仿琥珀及再造琥珀的鉴别,象牙与骨料的鉴别,龟甲与塑料的鉴别。

二、实习内容

天然珍珠、养殖珍珠、仿珍珠、珊瑚、染色珊瑚、仿珊瑚、琥珀、再造琥珀、塑料仿琥珀、象牙、骨制品、煤精、贝壳、龟甲等。

(一) 有机宝石的主要鉴定特征

(1) 天然珍珠 (natural pearl)

化学成分:无机成分为 $CaCO_3$,以文石为主,还有少量方解石。海水珍珠含较多的 Sr、S、Na、Mg 等微量元素,Mn 等微量元素相对较少;而淡水珍珠中 Mn 等微量元素相对富集,Sr、S、Na、Mg 等相对较少。有机成分为蛋白质等有机质,主要元素为 C、H、O、N。

结晶状态:无机成分为斜方晶系(文石)、三方晶系(方解石),呈放射状集合体。有机成分为非晶质体。核心为微生物或生物碎屑、砂粒、病灶。

颜　　色:无色—浅黄色、粉红色、浅绿色、浅蓝色、黑色等。

光　　泽:珍珠光泽。

解　　理:集合体通常不见。

摩氏硬度:2.5~4.5。

相对密度:天然海水珍珠为 2.61~2.85;天然淡水珍珠为 2.66~2.78,很少超过 2.74。

光性特征:集合体。

多 色 性:集合体不可测。

折 射 率:点测为 1.53~1.68,常为 1.53~1.56。

双折射率:集合体不可测。

紫外荧光:黑色者 LW 弱—中,红色、橙红色;其他颜色珍珠有无—强的浅蓝色、黄色、绿色、粉红色等荧光。

吸收光谱:有色天然海水珍珠具特征吸收峰。

放大观察：放射同心层状结构，表面生长纹理。
特殊性质：遇酸起泡，过热燃烧变褐色，表面摩擦有砂感。

(2) 养殖珍珠（珍珠，cultured pearl）

化学成分：无机成分为 $CaCO_3$，以文石为主，还有方解石及少量球文石。海水珍珠含较多的 Sr、S、Na、Mg 等微量元素，Mn 等微量元素相对较少；而淡水珍珠中 Mn 等微量元素相对富集，Sr、S、Na、Mg 等相对较少。有机成分为蛋白质等有机质，主要元素为 C、H、O、N。无核珍珠核心为贝、蚌的外套膜，有核珍珠核心常为珠母贝壳。

结晶状态：无机成分为斜方晶系（文石）、三方晶系（方解石），呈放射状集合体。有机成分为非晶质体。

颜　　色：无色—黄色、粉红色、绿色、蓝色、紫色等。

光　　泽：珍珠光泽。

解　　理：集合体通常不见。

摩氏硬度：2.5~4。

相对密度：海水养殖珍珠为 2.72~2.78。淡水养殖珍珠大多数低于天然淡水珍珠。

光性特征：集合体。

多 色 性：集合体不可测。

折 射 率：点测为 1.53~1.68，常为 1.53~1.56。

双折射率：集合体不可测。

紫外荧光：无—强，浅蓝色、黄色、绿色、粉红色。

吸收光谱：有色海水珍珠具特征吸收光谱。

放大观察：放射同心层状结构，表面生长纹理。有核养殖珍珠的珠核可呈平行层状结构。附壳珍珠一面具表面生长纹理，另一面具层状结构。

特殊性质：遇酸起泡；表面摩擦有砂感。

(3) 海螺珠（conch pearl，melo pearl）

化学成分：无机成分为 $CaCO_3$，以文石为主。有机成分为蛋白质等有机质，主要元素为 C、H、O、N。

结晶状态：无机成分为斜方晶系（文石），文石微板片与有机质纹层交互生长。有机成分为非晶质体。核心为微生物或生物碎屑、砂粒、病灶。

颜　　色：粉红色—紫红色、黄色、棕色、白色等。

光　　泽：珍珠光泽—玻璃光泽。

解　　理：集合体通常不见。

摩氏硬度：3.5~4.5。

相对密度：2.85（+0.02，−0.04），棕色常为 2.18~2.77。

光性特征：集合体。

多色性：集合体不可测。

折射率：点测为 1.51~1.68，常为 1.53。

双折射率：集合体不可测。

紫外荧光：红色—粉红色者，LW 弱—中，粉红色、橙红色、黄色荧光。

吸收光谱：红色—粉红色者，520nm 左右有吸收带。
放大观察：火焰状纹理。
特殊性质：遇 5% 盐酸起泡，长期暴露于阳光下会褪色。

(4) 珊瑚（coral）
化学成分：钙质珊瑚主要由无机成分（$CaCO_3$）和有机成分等组成，角质珊瑚几乎全部由有机成分组成。
结晶状态：钙质珊瑚中无机成分为隐晶质集合体，有机成分为非晶质体，角质珊瑚为非晶质体。
颜　　色：钙质珊瑚为浅粉红色—深红色、橙红（粉）色、白色及黄色等，角质珊瑚为黑色、金黄色、黄褐色。
光　　泽：蜡状光泽，抛光面呈玻璃光泽。
解　　理：集合体通常不见。
摩氏硬度：钙质珊瑚为 3～4.5，角质珊瑚为 2～3。
相对密度：钙质珊瑚为 2.65（±0.05），角质珊瑚为 1.35（+0.77，−0.05）。
光性特征：集合体。
多 色 性：集合体不可测。
折 射 率：钙质珊瑚点测常为 1.48～1.66，角质珊瑚点测常为 1.56～1.57（±0.01）。
双折射率：集合体不可测。
紫外荧光：钙质珊瑚中白色珊瑚呈无—强的蓝白色荧光，浅（粉、橙）红色—红色珊瑚呈无色—橙（粉）红色荧光，深红色珊瑚呈无色—暗（紫）红色荧光。角质珊瑚通常无荧光。
吸收光谱：粉色—红色钙质珊瑚具特征吸收光谱。
放大观察：钙质珊瑚纵面具有颜色和透明度稍稍不同的平行条带，波状构造，横切面具同心层状和放射状构造。角质珊瑚纵面表层有时可具丘疹状外观，横切面具同心层状或年轮状构造。
特殊性质：钙质珊瑚遇盐酸起泡，角质珊瑚遇盐酸无反应。

(5) 琥珀（amber）
化学成分：主要组成元素为 C、H、O，可含有 S、Al、Mg、Ca、Si、Cu、Fe、Mn 等微量元素。
结晶状态：非晶质体。
常见颜色：浅黄色、黄色—深棕红色、白色等，少见绿色。
光　　泽：树脂光泽。
解　　理：无。
摩氏硬度：2～2.5。
相对密度：1.08（+0.02，−0.12）。
光性特征：均质体，常见由应力产生的异常消光和干涉色。
多 色 性：无。
折 射 率：点测常为 1.54。琥珀受热或长时间放置在空气中，表面因氧化而颜色变深，同时折射率值也会变大。

双折射率：无。
紫外荧光：LW 弱—强，蓝色、蓝白色、紫蓝色、黄绿色—橙黄色荧光，SW 荧光无—弱。
吸收光谱：不特征。
放大观察：气泡，流动纹，点状包体，片状裂纹，矿物包体，动、植物包体（或碎片），其他有机和无机包体。
特殊性质：热针接触可熔化，有芳香味；摩擦可带电。
附加说明：蜜蜡为半透明—不透明的琥珀；血珀为棕红色—红色透明的琥珀；金珀为黄色—金黄色透明的琥珀；绿珀为浅绿色—绿色透明的琥珀，较稀少；蓝珀在透射光下观察时体色为黄色、棕黄色、黄绿色和棕红色等，自然光下呈现独特的不同色调的蓝色，紫外光下蓝色可更明显；虫珀为包含昆虫的琥珀；植物珀为包含植物（如花、叶、根、茎、种子等）的琥珀。

(6) 象牙（ivory）

化学成分：主要组成为羟基磷酸钙和胶原蛋白。
结晶状态：无机成分为隐晶质集合体，有机成分为非晶质体。
常见颜色：白色—淡黄色、浅黄色。
光　　泽：油脂光泽—蜡状光泽。
解　　理：无。
摩氏硬度：2～3。
相对密度：1.70～2.00。
光性特征：集合体。
多 色 性：集合体不可测。
折 射 率：点测常为 1.53～1.54。
双折射率：集合体不可测。
紫外荧光：弱—强，蓝白色或紫蓝色荧光。
吸收光谱：不特征。
放大观察：波状纹理、引擎纹状纹理。
特殊性质：硝酸、磷酸能使其变软。

(7) 猛犸象牙（mammoth ivory）

化学成分：主要组成为羟基磷酸钙和胶原蛋白，随石化程度增强，胶原蛋白逐渐减少。
结晶状态：无机成分为隐晶质集合体，有机成分为非晶质体。
颜　　色：浅黄白色—浅黄色、棕褐色，牙皮常呈棕黄色—棕褐色、褐蓝色。
光　　泽：油脂光泽—蜡状光泽，风化程度高的可呈土状光泽。
解　　理：无。
摩氏硬度：2～3。随石化程度增强，硬度逐渐增加。
相对密度：1.69～1.81。
光性特征：集合体。
多 色 性：集合体不可测。
折 射 率：点测常为 1.52～1.54。

双折射率：集合体不可测。
紫外荧光：弱—强，蓝白色或紫蓝色荧光。
吸收光谱：不特征。
放大观察：波状纹理、引擎纹状纹理，两组牙纹指向牙心的最大夹角通常小于100°；"水印"（表面颜色深浅变化呈斑驳状分布的现象）；风化表皮。
特殊性质：硝酸、磷酸能使其变软。

(8) 煤精（jet）
化学成分：主要元素为C，可含有H、O。
结晶状态：非晶质体。
常见颜色：黑色、褐黑色。
光　　泽：蜡状光泽、树脂光泽—玻璃光泽。
解　　理：无。
摩氏硬度：2~4。
相对密度：1.32（±0.02）。
光性特征：均质体。
多　色　性：无。
折　射　率：点测常为1.66（±0.02）。
双折射率：无。
紫外荧光：无。
吸收光谱：不特征。
放大观察：外部可见贝壳状断口，条纹状构造，有时可见木纹。
特殊性质：可燃烧，热针接触或烧后有煤烟味，摩擦带电，条痕呈褐色。

(9) 贝壳（shell）
化学成分：无机成分为$CaCO_3$，组成矿物为文石、方解石。有机成分为蛋白质等有机质，主要元素为C、H、O、N。
结晶状态：无机成分为斜方晶系（文石）、三方晶系（方解石），呈放射状集合体。有机成分为非晶质体。
颜　　色：白色、灰色、黑色、棕色、黄色、粉色等。
光　　泽：油脂光泽—珍珠光泽。
解　　理：集合体通常不见。
摩氏硬度：3~4。
相对密度：2.86（+0.03，-0.16）。
光性特征：集合体。
多　色　性：集合体不可测。
折　射　率：点测常为1.53~1.68。
双折射率：集合体不可测。
紫外荧光：因颜色或贝壳种类而异。
吸收光谱：不特征。
放大观察：层状结构、表面叠复层结构，局部可见火焰状纹理。

特殊光学效应：晕彩效应。
特殊性质：遇盐酸起泡。

（10）龟甲（tortoise shell）
化学成分：蛋白质等有机质，主要元素为 C、H、O、N。
结晶状态：非晶质体。
常见颜色：有黄色和棕色斑纹，有时为黑色或无色。玳瑁龟的龟甲常称为玳瑁。
光　　泽：暗淡，油脂光泽—蜡状光泽。
解　　理：无。
摩氏硬度：2～3。
相对密度：1.29（+0.06，−0.03）。
光性特征：均质体。
多 色 性：无。
折 射 率：点测常为 1.54～1.55。
双折射率：无。
紫外荧光：无色、黄色部分发蓝白色荧光。
吸收光谱：不特征。
放大观察：球状颗粒组成斑纹结构。
特殊性质：能溶于硝酸，但不与盐酸反应；热针接触可熔化，并有头发烧焦的气味；沸水中变软。

（二）有机宝石的鉴定

（1）珍珠的鉴定

① 天然珍珠与养殖珍珠的鉴别（表 6-1）

表 6-1　天然珍珠与养殖珍珠的鉴别

珠珠类型	天然珍珠	养殖珍珠
外观	质地细腻，结构均一，珠层厚，珍珠光泽强，形状多不规则，直径较小	多呈圆形，粒径较大，表面常有凹坑，珍珠光泽比天然珍珠差
强光源照射	无珠核	可见珠核闪光，在珠核中可见明暗相间的平行条纹
相对密度	在 2.71 的重液中，80%天然珍珠漂浮	在 2.71 的重液中，90%有核养殖珍珠下沉
X 射线荧光	不发荧光（澳大利亚的银光珠有弱黄色荧光）	有核养殖珍珠多呈强的浅绿色荧光和磷光
X 射线照相	在 X 射线照片上显示出明暗相间的环状图形或近中心的弧形，当曝光不当或壳角蛋白分布不规律时，则不会出现明显环形层	在底片上呈现明显的珠核和边缘较暗的珍珠层，在少数情况下，核的水平结构也可显现出来
X 射线衍射	在 X 射线劳埃图上呈假六方对称式分布	有核养殖珍珠的劳埃图均呈模糊的假四方对称形式，仅有一个方向显示假六方对称式分布
内窥镜法	当内窥镜的针插入珍珠孔中，针处于珍珠中心时，另一端可观察到反射光	内窥镜法观察有核养殖珍珠时无法在另一端观察到亮的闪光现象
磁场反应法（适用于正圆珠）	在珍珠罗盘中不转动	有核养殖珍珠在珍珠罗盘中转动，只有当珠核的层理平行于磁力线时转动才会停止

②海水养殖珍珠与淡水养殖珍珠的鉴别（表6-2）。

表6-2 海水养殖珍珠与淡水养殖珍珠的鉴别

珍珠类型	海水养殖珍珠	淡水养殖珍珠
外观	圆度好，白色、黄色多，珠层较透明，光泽强，光滑度好	常为椭圆、不规则状，表面常见勒腰等
观察珠孔	有珠核，分层界线明显	多数无珠核，无分层界线
微量元素	Sr、S、Na、Mg等含量较高	Mn等含量较高

近年来，淡水插核养殖珍珠已上市，圆度好，颜色、光泽与海水养殖珍珠无异，价格相差无几，此时无须区别。

③有核养殖珍珠与无核养殖珍珠的鉴别。

a. 形态法。

圆形、正圆形珍珠一般有核（图6-1），而椭圆形、扁圆形、异形珠一般无核（图6-2）。

图6-1 有核养殖珍珠形态

图6-2 无核养殖珍珠形态

b. 强光透射法。

转动养殖珍珠，强光透射观察，可见珠核呈圆球状，有时可见平行条带（图6-3、图6-4）。

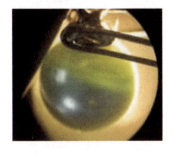

图6-3 强光透射下珠核的层状结构

图6-4 珠核的平行层状条纹

c. 相对密度法。

无核养殖珍珠相对密度一般小于2.70，而有核养殖珍珠相对密度一般大于2.70。

d. X射线照相。

无核者仅见同心层状结构；而有核者有明显的珠核和珍珠层分界线。

e. 磁场反应。

无核珍珠在磁场中珠体无旋转现象；有核珍珠珠体旋转至珠体 C 轴与磁场两极垂直时静止。

④黑珍珠与辐照改色黑珍珠、染色黑珍珠的鉴别（表 6-3）。

表 6-3 黑珍珠与辐照改色黑珍珠、染色黑珍珠的鉴别

珍珠类型	黑珍珠	辐照改色黑珍珠	染色黑珍珠
外观	略带虹彩闪光的深蓝黑色或带青铜色调的黑色，颜色不均匀，珠光强	纯黑或带灰色调的黑色，光谱色浓，晕彩有金属光泽	带灰白色、绿色、蓝绿色调的黑色，颜色均一，珠光较差
颜色分布特征	黑珍珠珍珠层为黑色，珠核通常为白色	辐照淡水无核珍珠内部颜色较深，表面颜色较浅；辐照海水有核珠的珠核为黑色或褐黑色，外面的珍珠层几乎无色	病灶、裂纹及珠孔、层与层之间残留黑色染料。染色珍珠往往珍珠层和珠核都被染成黑色
紫外荧光	常出现黄绿色、蓝白色、粉红色荧光	/	无荧光或灰白色荧光
X 射线照相	在珠母质、壳角蛋白和珠核之间有一明显的连接带	/	照片上出现白色条纹
红外照相	底片显示青色	/	底片显示青绿色—黄色
刮取粉末	粉末为白色	粉末为黑色	粉末为黑色
2%稀硝酸擦拭	棉球变黑	/	棉球不变黑

⑤珍珠与仿珍珠的鉴别（表 6-4）。

表 6-4 珍珠与仿珍珠的鉴别

珍珠类型	珍珠	仿珍珠
外观	形态多样，圆形、椭圆形、不规则状等，珍珠光泽，颜色自然	多为圆形，缺乏珍珠光泽，颜色单调、呆板
表面光滑度	发涩，有珍珠表面生长纹理（图 6-5）	滑感（个别发涩），无珍珠表面生长纹理（图 6-6）
导热性	珠串凉感	珠串温感
相对密度	2.72～2.78	实心玻璃>2.85，空心玻璃 2.30～2.50，塑料<1.50

图 6-5 珍珠表面叠瓦状生长纹理

图 6-6 仿珍珠表面光滑，含有闪光涂料，无珍珠结构

图 6-7 吉尔森"合成"珊瑚

(2) 珊瑚的鉴定

① 珊瑚与仿珊瑚的鉴别。

a. 吉尔森"合成"珊瑚。

吉尔森"合成"珊瑚是用方解石粉末加染料在高温高压下黏制而成，不是真正意义上的合成珊瑚，是一种仿珊瑚（图 6-7）。

吉尔森"合成"珊瑚具粒状结构，而不具有珊瑚的构造（横截面同心纹、放射纹，纵截面平行波状纹），其相对密度为 2.45，比珊瑚相对密度（2.65）小。

b. 染色大理石。

染色大理石仿珊瑚不具珊瑚的构造，具粒状结构，颜色集中于晶粒边缘（图 6-8），蘸丙酮的棉签擦拭它后棉签会被染色，相对密度为 2.70 左右，折射率为 1.486～1.658。

c. 海螺珠。

光泽具有一定方向性，可见火焰状纹理（图6-9），具有明显的粉红色和白色层状图案，相对密度为2.85（+0.02，-0.04）。

图6-8 染色大理石

图6-9 海螺珠的火焰状纹理

d. 染色贝壳。

表面呈珍珠光泽，有层状结构，颜色在层间聚集（图6-10），丙酮棉球擦拭后被染红，相对密度为2.85。

e. 红玻璃。

不具珊瑚的构造，有气泡、旋涡纹、贝壳状断口，遇盐酸不起泡。

f. 红塑料。

常留有模具痕迹，表面不平整，摩氏硬度低于3，相对密度比珊瑚小，为1.05～1.55，可有气泡。遇盐酸不起泡，热针接触有辛辣味。

图6-10 染色贝壳

② 优化处理珊瑚的鉴别。

a. 染色珊瑚的鉴别。

蘸丙酮的棉签擦拭后会被染色，颜色表里不一，集中在疏松部位及裂隙、孔洞中，局部会褪色（图6-11、图6-12）。

图6-11 染色珊瑚凹坑处可见颜色浓集

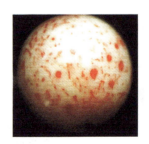

图6-12 充填有色胶状物质的珊瑚

b. 充填处理珊瑚的鉴别。

可用环氧树脂等充填多孔的劣质珊瑚。鉴定特征为相对密度低于珊瑚，热针接触它，可有树脂熔融析出。

c. 覆膜处理珊瑚的鉴别。

覆膜黑珊瑚光泽较强,丘疹状突起较平缓,用蘸丙酮的棉签擦拭有掉色现象。

(3) 琥珀的鉴定

①琥珀与相似品的鉴别。

a. 硬树脂。

与琥珀相比,硬树脂的地质年代较新,是半石化树脂,它不含琥珀酸且挥发分比琥珀含量高,鉴别方法如下。

- 乙醚试验:硬树脂软化发黏(挥发分含量高),而琥珀不会出现这种现象。
- 紫外荧光:SW 强白色荧光,琥珀则较弱。
- 热针试验:比琥珀更易熔。
- 脆性:比琥珀大,表面更易裂。
- 包体:硬树脂可有天然或人为放置的动、植物。

b. 松香。

松香是未经地质作用的树脂。松香呈淡黄色,相对密度为 1.05,树脂光泽,硬度小,用手捏可碎成粉末,表面有许多油滴状气泡,SW 强黄绿色荧光,燃烧时有芳香味。

c. 柯巴树脂。

柯巴树脂为地质年代很新的树脂(<200 万年),产于新西兰和非洲,与琥珀性质相近。柯巴树脂比琥珀易裂,发育表面裂纹,易溶于酒精、乙醚,也可含昆虫等,摩擦有松香味,SW 白色荧光比琥珀亮,红外光谱与琥珀有较大差异,加热至 150℃时会熔化。

②琥珀与塑料仿琥珀的鉴别。

塑料仿琥珀中可有单一形态的内含物以及气泡等,并且在饱和盐水(相对密度 1.13)中通常下沉,而琥珀漂浮(图 6-13、图 6-14)。塑料中只有聚苯乙烯相对密度为 1.05,在饱和盐水中漂浮,但它折射率为 1.59,不同于琥珀的 1.54。塑料的折射率点测为 1.46~1.70,但很少有与琥珀接近的折射率值。塑料具可切性,会成片剥落,而琥珀被切却产生小缺口。在热针试验中,塑料会熔化,可有辛辣味,而琥珀只留下烧斑并发出松香味。

图 6-13 琥珀在饱和盐水中漂浮　　图 6-14 塑料在饱和盐水中通常下沉

③优化处理琥珀的鉴别。

a. 热处理琥珀的鉴别。

加热琥珀可以改善它的颜色、净度、透明度以及产生特殊内含物(图 6-15、图 6-16),如圆盘状裂隙。目前国内外的琥珀加热优化通常不只是单纯加温,而是配合加压并控制氧化还原气氛。

琥珀热处理可产生圆盘形放射状的裂隙,俗称"太阳光芒"。这是由小气泡受热膨胀爆

图 6-15 热处理得到的"金包蜜"琥珀

图 6-16 花珀（热处理产生"太阳光芒"）

裂而成的。天然琥珀中的气泡也会因地热而发生爆裂，但在自然界条件下琥珀受热往往不均匀，气泡不可能全爆裂，而处理过的琥珀气泡已全部爆裂，不存在气泡。

b. 染色琥珀。

琥珀染红后可用来仿老琥珀，也可染成绿色等。放大观察，染色琥珀的颜色集中在裂隙中。

④琥珀与再造琥珀的鉴别（表 6-5）。

表 6-5 琥珀与再造琥珀的鉴别

宝石名称	琥珀	再造琥珀
颜色	黄色、橙色、棕红色（图 6-17）	橙黄色、橙红色
断口	贝壳状，有垂直于贝壳纹的沟纹	贝壳状
相对密度	1.08（+0.02，-0.12）	1.03~1.05
紫外荧光	LW 弱—强，蓝色、蓝白色、紫蓝色等	SW 中—强，白垩状蓝色荧光，荧光比天然琥珀强
放大观察	可见植物、小昆虫及其碎片，圆形或椭圆形气泡，气液两相包体，石英、黄铁矿等，"太阳光芒"，旋涡纹，流动构造	早期产品常含定向排列的扁平拉长状气泡及明显的流动构造，有清澈的与云雾状相间的条带；后期产品无流动构造和云雾区，而表现为具糖浆状搅动构造，有时有粒状结构（图 6-18），抛光面上可见因相邻碎屑硬度不同而表现出来的凹凸不平的现象
可溶性	在乙醚中无反应	放在乙醚中几分钟后变软
热针试验	松香味	松香味和樟脑味（再造琥珀时加入的黏结剂有樟脑味）

图 6-17 琥珀

图 6-18 再造琥珀

(4) 象牙的鉴定

①象牙与相似牙类的鉴别。

a. 河马牙。

河马牙纯白、细腻，横切面具密集排列的略呈波纹状的同心线，折射率为1.545，相对密度为1.80~1.95。

b. 一角鲸牙。

一角鲸牙横切面呈带棱角的同心环，中空，纵切面粗糙，与象牙相比，它的波状纹理有更多分枝，折射率为1.560，相对密度为1.90~2.00。

c. 抹香鲸牙。

抹香鲸牙横切面明显地分为内部和外部两个部分，每个部分均可见到同心环构造，纵切面外层部分可见随牙齿形状而弯曲的平行线，其内部有两组相交的平行线，交会处呈"V"字形，有时出现瘤状区，折射率为1.560，相对密度为1.95。

d. 海象牙。

海象牙的结构明显地分为内外两部分，内部有独特的大理岩状或瘤状外观，结构粗糙，纵纹理呈波状起伏，但波幅较低，分枝明显，折射率为1.55~1.57，相对密度为1.95。

e. 疣猪牙。

疣猪牙波纹线较平缓，且波长较短，横切面呈三角形，部分中空，折射率为1.560，相对密度为1.95，紫外荧光为强的均匀的紫色—蓝色荧光（象牙荧光为弱—强，蓝白色—蓝紫色）。

②象牙与猛犸象牙的鉴别（表6-6）。

猛犸象牙是指已灭绝的猛犸象的长牙，俗称古象牙。

表6-6 象牙与猛犸象牙的鉴别

名称	象牙	猛犸象牙
构造	横切面具引擎纹（两组牙纹指向牙心的夹角大于115°，图6-19）；纵切面为近平行的状波纹理	横切面具引擎纹（两组牙纹指向牙心的最大夹角通常小于100°，图6-19）；纵切面为近平行的波状纹理，牙皮因风化作用常见裂纹
颜色	白色—淡黄色、浅黄色	浅黄白色—浅黄色、棕褐色，牙皮常呈棕黄色—棕褐色、褐蓝色
光泽	油脂光泽—蜡状光泽	油脂光泽—蜡状光泽，风化程度高的可呈土状光泽
相对密度	1.70~2.00	1.69~1.81

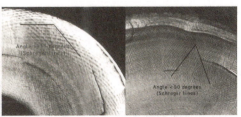

图6-19 象牙与猛犸象牙引擎纹角度对比（左为象牙，右为猛犸象牙）

③象牙与骨制品的鉴别。

骨制品外观与象牙相似,折射率为1.54,相对密度为2.00,也近似于象牙。它们的区别见表6-7。

表6-7 象牙与骨制品的鉴别

名称	象牙	骨制品
构造	横切面具引擎纹(两组纹理斜交,交角大于115°);纵切面为近平行的波状纹理	横切面为哈弗纹(同心圆状纹),纵切面为近平行的纵纹
颜色	白色—淡黄色、浅黄色	黄白色
光泽	油脂光泽—蜡状光泽	干涩无光
质地	质地细腻、致密	质地粗糙,常见骨髓、鬃眼
做工	做工精细	做工粗糙

④象牙与棕榈坚果的鉴别。

棕榈坚果又称为植物象牙,其颜色、光泽、质地与象牙相近(图6-20、图6-21)。棕榈坚果横切面呈蜂窝状构造,纵切面则为平行粗直线,线条中还有细胞结构。其相对密度为1.40~1.43,低于象牙。棕榈坚果韧性比象牙好,可用刀片切削,易于加工。在硫酸中浸泡,象牙不会褪色,而棕榈坚果表面则呈现玫瑰色调,很容易染色。

图6-20 植物象牙(棕榈坚果)

图6-21 植物象牙雕件

⑤象牙与塑料及胶制品的鉴别。

赛璐珞是最常见的塑料仿象牙材料,常被压制成薄片用来仿象牙(图6-22、图6-23)。纵切面上的条纹,过于规则,并且没有引擎纹。折射率为1.50~1.52,低于象牙,相对密度与象牙相近。韧性好,具可切性。

胶制品是用胶和骨粉压制而成,相对密度小,为1.25~1.50,且无象牙的引擎纹或平行波状纹。

(5)贝壳的鉴定

a. 贝壳具有层状或叠复层结构,如砗磲贝,用强光透射观察时,除了层状结构之外(图6-24),还可以见到叠复层结构,这有别于大理石的条带或层状构造。

b. 有的贝壳具强珍珠光泽,可根据其折射率点测通常为1.53~1.68,相对密度为2.86(+0.03,-0.16),具层状结构,表面叠复层结构鉴别它。

图 6-22　塑料仿象牙　　　　　　　图 6-23　塑料仿象牙扳指

c. 有的贝壳具有晕彩，如鲍鱼壳，市场上的鲍鱼壳戒面，常为覆膜处理，具蓝绿色晕彩（图 6-25），表面光滑，膜下可见气泡，内部呈层状结构，常可见薄膜脱落。

图 6-24　透光观察，可见砗磲贝的层状结构　　图 6-25　鲍鱼壳具蓝绿色晕彩及层状结构

（6）龟甲的鉴定

①龟甲与塑料仿龟甲的鉴别（表 6-8）。

表 6-8　龟甲与塑料仿龟甲的鉴别

名称	龟甲	塑料仿龟甲
斑纹	色斑由球状颗粒组成（图 6-26）	色斑内不见球状颗粒，可有气泡（图 6-27）
折射率	1.54～1.55	1.50～1.55
相对密度	1.29（+0.06，-0.03）	1.49
热针试验	有头发烧焦味	辛辣味
与酸反应	能溶于硝酸	不与酸反应

图 6-26　透光看玳瑁，色斑内　　　图 6-27　透光观察塑料仿玳瑁，
　　　　由球状颗粒组成　　　　　　　　色斑呈团块状，可有气泡

②拼合龟甲的鉴别。

拼合龟甲是将一片薄的龟甲黏合在塑料底座上,或把两片龟甲分别作为底和顶粘在颜色相近的塑料上,使之变厚。鉴别特征为有接合缝,接合面处有气泡。

③压制龟甲。

用龟甲的碎片或粉末,加热、加压黏合而成。鉴别特征为颜色比龟甲深,无通透的斑纹,缺少天然图案的美感。

三、实习要求

①重点掌握珍珠与仿珍珠的鉴别。若样品为珍珠,须判断有核还是无核。

②掌握珊瑚、染色珊瑚、仿珊瑚的鉴别,琥珀与塑料仿琥珀的鉴别,象牙与猛犸象牙的鉴别,砗磲贝与大理石以及鲍鱼贝的鉴别。

③煤精、龟甲等一般掌握即可。

四、实习报告

1. 实习品种

实习品种包括珍珠、仿珍珠、珊瑚、染色珊瑚、仿珊瑚、琥珀、塑料仿琥珀、猛犸象牙、骨制品、砗磲贝、鲍鱼壳。

2. 要求

①抓住主要特征鉴别之。

②要有三项有效、关键的鉴定特征。

③若样品为珍珠,必须判断有核还是无核。

3. 观察记录表(表6-9)

表6-9 观察记录表

样品编号		样品质量/g		琢型	
颜色		光泽		透明度	
请给出三项有效、关键的鉴定特征: 1. 2. 3. 其他鉴定特征(不超过三项):					
定名:					

第七章 人工宝石鉴定实习

人工宝石
鉴定PPT

人工宝石中的某些合成宝石，如合成红、蓝宝石，合成祖母绿，合成水晶，合成尖晶石，合成绿松石，合成青金石，合成欧泊等已经在各相应章节中学习并实习过；人工宝石中的拼合石、再造宝石也已经学习过。因此，人工宝石鉴定实习主要包括合成碳硅石、合成立方氧化锆、合成金红石、人造钇铝榴石、人造钆镓榴石、人造钛酸锶、玻璃、塑料等。

一、实习目的

①掌握珠宝市场常见的合成宝石、人造宝石的鉴定特征和鉴别方法。
②掌握拼合宝石、再造宝石的鉴别方法。

二、实习内容

合成碳硅石（SiC）、合成立方氧化锆（CZ）、合成金红石、人造钇铝榴石（YAG）、人造钆镓榴石（GGG）、人造钛酸锶、玻璃、塑料。

（一）部分合成宝石、人造宝石的主要鉴定特征

（1）合成碳硅石（synthetic moissanite）
化学成分：SiC。
结晶状态：晶质体。
晶　　系：六方晶系。
晶体习性：块状。
常见颜色：无色或略带浅黄色、浅绿色、绿色、黑色等。
光　　泽：亚金刚光泽。
解　　理：无。
摩氏硬度：9.25。
相对密度：3.22（±0.02）。
光性特征：非均质体，一轴晶，正光性。
多 色 性：不特征。
折 射 率：2.648～2.691。
双折射率：0.043。
紫外荧光：LW 无色—橙色。
吸收光谱：不特征。
放大观察：点状、丝状包体，双折射现象明显。

特殊性质：导热性强，热导仪测试可发出鸣响；色散强（0.104），吸收紫外线。

(2) 合成立方氧化锆（synthetic cubic zirconia）

化学成分：ZrO_2，常加 CaO 或 Y_2O_3 等稳定剂及多种致色元素。

结晶状态：晶质体。

晶　　系：等轴晶系。

晶体习性：块状。

常见颜色：各种颜色，常见无色、粉色、红色、黄色、橙色、蓝色、黑色等。

光　　泽：亚金刚光泽。

解　　理：无。

摩氏硬度：8.5。

相对密度：5.80（±0.20）。

光性特征：均质体。

多 色 性：无。

折 射 率：2.150（+0.030）。

双折射率：无。

紫外荧光：因颜色各异。无色者，SW 弱—中，黄色；橙黄色者，LW 中—强，绿黄色或橙黄色。

吸收光谱：不特征。

放大观察：通常洁净，可含未熔氧化锆残余，有时呈面包渣状，还可见气泡。外部可见贝壳状断口。

特殊性质：色散强（0.060）。

(3) 合成金红石（synthetic rutile）

化学成分：TiO_2。

结晶状态：晶质体。

晶　　系：四方晶系。

晶体习性：块状。

颜　　色：浅黄色，也可有蓝色、蓝绿色、橙色等。

光　　泽：亚金刚光泽—亚金属光泽。

解　　理：不完全。

摩氏硬度：6~7。

相对密度：4.26（+0.03，-0.03）。

光性特征：非均质体，一轴晶，正光性。

多 色 性：浅黄色者，弱，浅黄色、无色。

折 射 率：2.616~2.903。

双折射率：0.287。

紫外荧光：无。

吸收光谱：黄色、蓝色的合成金红石在 430nm 以下全吸收。

放大观察：强双折射现象，通常洁净，偶见气泡。

特殊性质：色散强（0.330）。

(4) 人造钇铝榴石（yttrium sluminium garnet，YAG）

化学成分：$Y_3Al_5O_{12}$。

结晶状态：晶质体。

晶　　系：等轴晶系。

晶体习性：块状。

颜　　色：无色、绿色（可具变色效应）、蓝色、粉红色、红色、橙色、黄色、紫红色等。

光　　泽：玻璃光泽—亚金刚光泽。

解　　理：无。

摩氏硬度：8。

相对密度：4.50～4.60。

光性特征：均质体。

多 色 性：无。

折 射 率：1.833（±0.010）。

双折射率：无。

紫外荧光：无色者，LW 无—中，橙色，SW 无—红橙色；粉红色、蓝色者，无荧光；黄绿色者，强黄色荧光，可具磷光；绿色者，LW 强，红色，SW 弱红色。

吸收光谱：浅粉色及浅蓝色者在 600～700nm 之间有多条吸收线。

放大观察：洁净，偶见气泡。

特殊光学效应：变色效应。

(5) 人造钆镓榴石（gadolinium gallium garnet，GGG）

化学成分：$Gd_3Ga_5O_{12}$。

结晶状态：晶质体。

晶　　系：等轴晶系。

晶体习性：块状。

颜　　色：通常为无色—浅褐色或黄色。

光　　泽：玻璃光泽—亚金刚光泽。

解　　理：无。

摩氏硬度：6～7。

相对密度：7.05（+0.04，−0.10）。

光性特征：均质体。

多 色 性：无。

折 射 率：1.970（+0.060）。

双折射率：无。

紫外荧光：SW 中—强，粉橙色。

吸收光谱：不特征。

放大观察：气泡、三角形板状金属包体。

特殊性质：色散强（0.045）。

(6) 人造钛酸锶（strontium titanate）

化学成分：$SrTiO_3$。

结晶状态：晶质体。
晶　　系：等轴晶系。
晶体习性：块状。
颜　　色：无色、绿色等。
光　　泽：玻璃光泽—亚金刚光泽。
解　　理：无。
摩氏硬度：5～6。
相对密度：5.13（±0.02）。
光性特征：均质体。
多　色　性：无。
折　射　率：2.409。
双折射率：无。
紫外荧光：通常无。
吸收光谱：不特征。
放大观察：棱角易磨损，抛光差（硬度很低），偶见气泡。
特殊性质：色散强（0.190）。

(7) 玻璃 (glass)

化学成分：主要为 SiO_2，可含有 Na、Fe、Al、Mg、Co、Pb、稀土元素等。
结晶状态：非晶质体。
颜　　色：各种颜色。
光　　泽：玻璃光泽。
解　　理：无。
摩氏硬度：通常为 5～6。
相对密度：通常为 2.30～4.50。
光性特征：均质体，常见异常消光。
多　色　性：无。
折　射　率：1.470～1.700（含稀土元素的玻璃为 1.800 左右）。
双折射率：无。
紫外荧光：弱—强，因颜色而异，通常短波强于长波。
吸收光谱：不特征，因致色元素而异。
放大观察：可有气泡、拉长的空管、流动纹、"橘皮"效应、浑圆状刻面棱线、脱玻化结构、蜂窝状结构等。
特殊光学效应：砂金效应、猫眼效应、变色效应、晕彩效应、变彩效应、星光效应。

(8) 塑料 (plastic)

化学成分：主要组成元素为 C、H、O。
结晶状态：非晶质体。
颜　　色：各种颜色，常见红色、橙黄色、黄色等。
光　　泽：蜡状光泽、树脂光泽。
透　明　度：透明—不透明。

解　　理：无。
摩氏硬度：1～3。
相对密度：一般为 1.05～1.55。
光性特征：均质体。
多 色 性：无。
折 射 率：点测常为 1.46～1.70。
双折射率：无。
紫外荧光：因颜色和成分而异。
吸收光谱：不特征。
放大观察：气泡、流动纹、"橘皮"效应、浑圆状刻面棱线。
特殊性质：热针接触可熔化，有辛辣味，摩擦带电，触摸温感。

（二）人工宝石的鉴定

人工宝石的大多数品种在前述各章中已学习过，所以在人工宝石的鉴定中只论述玻璃和塑料的鉴定。

（1）玻璃的鉴定

玻璃可用于仿多种宝玉石，如仿玛瑙、仿岫玉、仿翡翠、仿软玉、仿绿松石、仿托帕石、仿祖母绿、仿欧泊、仿珊瑚等。仿宝石的玻璃有冕牌玻璃、燧石玻璃（铅玻璃）、稀土玻璃等。现仅将一些常见的玻璃叙述如下。

①脱玻化玻璃。

脱玻化玻璃是 20 世纪 70 年代由东京 Iimori 实验室生产的一种部分结晶的玻璃。脱玻化玻璃可制成不同的颜色，脱玻化程度也可不同。

脱玻化玻璃的主要鉴定特征如下。

a. 浓艳的翠绿色、深绿色，颜色均匀或不均匀。

b. 半透明—微透明。

c. 折射率：1.50～1.55。

d. 相对密度：2.50～2.68。

e. 摩氏硬度：5～6。

f. 可具贝壳状断口、气泡、旋涡纹、收缩凹坑等（图 7-1）。

g. 正交偏光镜下全亮。

h. 具类似蕨叶状的结构（图 7-2）（由于脱玻化形成微晶，并导致内部结构变化）。

②玻璃猫眼。

玻璃猫眼是指具有猫眼效应的玻璃，有各种颜色（图 7-3）。目前市场上的玻璃猫眼大多是由平行的玻璃纤维熔结而成，如卡谢猫眼（cathay stone）；或由平行排列的拉长气泡而形成猫眼效应，如"火眼"（fire eye）。

卡谢猫眼折射率高，为 1.80，相对密度为 4.58，摩氏硬度为 5；其他玻璃猫眼相对密度、折射率不定，但共同特点是具有蜂窝状结构或可见密集的点状物（玻璃丝的横断面）、气泡等（图 7-4）。

③玻璃仿欧泊——斯洛卡姆石。

图 7-1 玻璃中的气泡和旋涡纹

图 7-2 脱玻化玻璃中类似蕨叶状的结构

图 7-3 各种颜色的玻璃猫眼

图 7-4 玻璃猫眼的蜂窝状结构

20 世纪 70 年代由美国的约翰·斯洛卡姆研制并投放市场的一种欧泊的玻璃仿制品,有各种体色。斯洛卡姆石主要是将金属箔片或珍珠贝的碎屑加入熔融玻璃之中,当光通过这些薄层时发生干涉和衍射,形成类似欧泊的变彩(图 7-5、图 7-6)。其主要鉴定特征如下。

图 7-5 斯洛卡姆石

图 7-6 欧泊

a. 斯洛卡姆石的变彩表现为某一个方向比其他方向的变彩好;在反射光下观察,颜色斑块近似于金属箔片,透射光下观察却像彩色赛璐珞(玻璃纸)。

b. 体色有白色、绿色、黑色、近无色和橙色。

c. 折射率为 1.50~1.52。

d. 相对密度为 2.41~2.50。

e. 可见气泡、旋涡纹。

④砂金玻璃。

具有砂金效应的玻璃(图 7-7),商业上俗称"金星石"或"砂金石",主要用于仿日光石。其鉴定特征如下。

a. 无色玻璃中含金属铜的小晶体,整体呈棕褐色。

b. 金属铜片多呈三角形或六边形,光照下显砂金效应(图7-8)。

图7-7 砂金玻璃

图7-8 砂金玻璃中的金属铜片

⑤玻璃仿珍珠。

玻璃球表面涂上鱼鳞精仿珍珠。相对密度与珍珠不同,实心玻璃大于2.85;空心玻璃为2.30~2.50,且无珍珠表面生长纹理。

(2)塑料的鉴定

塑料主要用于仿不透明—微透明的宝石,如绿松石、翡翠、软玉、象牙、珊瑚;仿半透明—微透明的宝石,如龟甲、珍珠、贝壳;仿透明—半透明的宝石,如琥珀及其他有色宝石。

①塑料仿欧泊。

这种塑料是采用改进的类似吉尔森合成欧泊的方法,向规则紧密堆积的聚苯乙烯球体间灌注一种折射率稍有不同的塑料黏结剂固结而成的,外观酷似欧泊,具有变彩效应,主要鉴定特征如下。

a. 相对密度为1.05~1.55。

b. 折射率为1.46~1.70,高于天然欧泊和合成欧泊。

c. 摩氏硬度低,为1~3。

d. 具变彩效应,有类似合成欧泊的镶嵌状结构。

②塑料仿珍珠。

塑料珠涂上鱼鳞精或珍珠精,用于仿珍珠,鉴别特征如下。

a. 相对密度小于1.55。

b. 表面涂层薄,易脱落,无珍珠表面的生长纹理。

c. 表面光滑,用牙齿咬有滑感。

③塑料仿琥珀。

市场上常见塑料仿琥珀,而且非常逼真,易与琥珀混淆,鉴定特征如下。

a. 大多数塑料(聚苯乙烯除外)比琥珀的相对密度高,在饱和盐水(相对密度1.13)中下沉。

b. 塑料的折射率在1.46~1.70之间,很少有与琥珀接近的折射率值。

c. 塑料具有可切性,用小刀在样品不显眼部位切割时,会成片剥落,而琥珀则产生小缺口。

d. 用热针接触,塑料大多会有辛辣味,而琥珀可发出松香燃烧时的芳香味;灼烧时产生的现象也不一样，塑料会熔化，而琥珀只留下烧斑。

④塑料仿龟甲。

鉴别特征如下。

a. 龟甲上的色斑是由许多球状颗粒组成的，而塑料仿制品无。塑料仿制品颜色为条带状，色带间有明显的界线，塑料具有铸模痕迹，有气泡。

b. 塑料仿制品的折射率大致范围为 1.50～1.55。

c. 龟甲的相对密度为 1.29（+0.06，-0.03），塑料仿制品的相对密度为 1.49。

d. 用热针接触，龟甲会散发出头发烧焦的气味，而塑料大多会散发出辛辣味。

e. 龟甲能溶于硝酸，而塑料仿制品不与酸反应。

三、实习要求

①重点掌握合成红、蓝宝石，合成祖母绿，合成水晶，合成绿松石，合成青金石，合成欧泊与天然石的鉴别（已在前面章节中学习过）。

②掌握市场上常见的仿钻石材料（合成碳硅石、合成立方氧化锆）的鉴别（已在前面章节中学习过）。

③掌握拼合红宝石、拼合蓝宝石、拼合欧泊的鉴别（已经在前面章节学习过）。

④对于玻璃、塑料，重点掌握脱玻化玻璃、玻璃猫眼、砂金玻璃、玻璃仿珍珠、玻璃仿欧泊、塑料仿欧泊、塑料仿珍珠、塑料仿琥珀的鉴别。

四、实习报告

1. 实习品种

实习品种包括合成碳硅石、合成立方氧化锆、玻璃猫眼、砂金玻璃、塑料仿琥珀。

2. 要求

①要有三项有效、关键的鉴定特征。

②最后一次实习课交实习报告。

3. 观察记录表（表 7-1）

表 7-1 观察记录表

样品编号		样品质量/g		琢型	
颜色		光泽		透明度	
请给出三项有效、关键的鉴定特征： 1. 2. 3.					
其他鉴定特征（不超过三项）：					
定名：					

第八章 珠宝玉石综合鉴定实习

一、实习目的

①掌握迅速、准确鉴定各类珠宝玉石的技能。
②在肉眼条件下对钻石进行4C评价。
③初步掌握戒指、耳钉等镶嵌首饰工艺质量检测方法。
④进一步熟练掌握各种常规珠宝玉石鉴定仪器的原理、结构、操作步骤、使用方法以及使用时的注意事项。

二、实习内容

1. 各类珠宝玉石的综合鉴定

每袋样品为20粒裸石或小雕件,包括如下品种(表8-1)。

表8-1 每袋样品中珠宝玉石类型及粒数

珠宝玉石类型	粒数
钻石、仿钻石或少见宝石	1
贵重宝石或其合成石、优化处理石	4～5
一般宝石或其合成石、优化处理石	6～7
玉石或其合成石、优化处理石	5～6
有机宝石	1～2
玻璃、塑料及其他人工宝石	1～2

珠宝玉石鉴定应从总体观察(肉眼鉴定或根据经验鉴别)做起。从宝石的颜色、光泽、透明度、色散、琢型、是否有特殊光学效应等方面,初步判断该样品是某种珠宝玉石或可能是某几种珠宝玉石。总体观察是缩小样品范围、进一步选择测试方法的基础,也是确定品质、加工质量的检验方法和重点观测部位的必经过程。

按照颜色系列划分不失为珠宝玉石鉴定的一个方法。例如,无色—白色系列的样品,珠宝市场上经常见到的有钻石、合成碳硅石、合成立方氧化锆、水晶、玻璃、玛瑙、翡翠、石英岩玉、大理石、钠长石玉、珍珠、贝壳等。其中具有金刚光泽、亚金刚光泽的有钻石、合成碳硅石、合成立方氧化锆等;具有玻璃光泽的有水晶、玻璃等。玉石有玛瑙、翡翠、石英岩玉、大理石、钠长石玉；有机宝石中具有珍珠光泽的宝石有珍珠、贝壳等。绿色系列的有祖母绿、人造钇铝榴石、钙铝榴石、绿色蓝宝石、绿色碧玺、铬透辉石、绿色玻璃、翡翠、绿玉髓、水钙铝榴石、鲍鱼壳等。以绿色宝石为例，样品可以是祖母绿，或绿色人造钇铝榴石，还可以是绿色碧玺等。有了初步的判断之后，可以进一步利用珠宝玉石鉴定仪器进行检测。对于单晶质宝石，最好先测一下折射率。一般情况下，有了折射率或双折射率的数据，该宝石的品种即基本可以确定（折射率相近或容易混淆的宝石，尚需进一步鉴别；若有天然、合成的品种，优化处理的品种，可采用放大观察及其他手段鉴别）。对于玉石，可以用点测法测折射率，也可以先放大观察玉石的结构、构造，这有助于确定玉石的种类。如石英岩玉为粒状结构，而软玉为隐晶质结构（纤维交织结构），白色大理石虽然也是粒状结构，但其粒状结构是由结晶颗粒组成，不同于石英岩玉的粒状结构，而在钠长石玉的粒状结构中可见到板柱状的矿物颗粒。

经过折射率或双折射率的测定，放大观察之后，珠宝玉石的品种一般来说即可确定。当然，还应进一步进行相对密度的测定、分光镜检测、多色性观察、紫外灯观察等。

对于每一种珠宝玉石，应该抓住它的关键特征，对所观察到的现象、测试到的数据进行综合分析，准确判断，正确定名。

（1）无色、白色系列珠宝玉石的鉴定

在无色、白色系列珠宝玉石的鉴定中，对于市场上经常遇到的问题应该重点掌握。如钻石与仿钻石的鉴定，其中钻石与合成碳硅石的鉴定要给予高度的重视，此外，还包括水晶与玻璃的鉴别，水晶与合成水晶的鉴别，月光石与水晶、玉髓、玛瑙以及近无色岫玉的鉴别，翡翠与钠长石玉的鉴别，软玉与石英岩玉和大理石的鉴别，珍珠与仿珍珠的鉴别，象牙与骨制品的鉴别，象牙与猛犸象牙的鉴别，贝壳与大理石的鉴别等。

对于一些天然石与合成石的鉴别以及易混淆的宝石也应该充分注意。如无色蓝宝石与合成无色蓝宝石、无色尖晶石与合成无色尖晶石、无色碧玺与无色赛黄晶、无色绿柱石与无色长石的鉴别等。

无色、白色系列珠宝玉石特征见附表1。

（2）红色系列珠宝玉石的鉴定

在红色宝石的鉴定中，重点为红宝石。红宝石的鉴定主要掌握以下内容：红宝石与合成红宝石（焰熔法、助熔剂法、水热法）的鉴别，其中重点掌握红宝石与焰熔法合成红宝石的鉴别；优化处理红宝石的鉴别，包括染色红宝石和镀膜红宝石的鉴别；红宝石与其他红色宝石的鉴别。最易与红宝石混淆的是红色石榴石，红色尖晶石与红色石榴石也经常易混淆，应充分注意。

在红色玉石中应该注意红色翡翠与红色软玉（糖玉）、红色独山玉、红色东陵石、红色岫玉的鉴别。此外粉红色的菱锰矿易与粉红色的蔷薇辉石混淆，应该特别注意。

有机宝石中应该注意红珊瑚与染色珊瑚的鉴别及红珊瑚与仿珊瑚的鉴别。

红色系列珠宝玉石特征见附表2。

（3）蓝色系列珠宝玉石的鉴定

在蓝色系列珠宝玉石鉴定中，重点是蓝宝石。蓝宝石与其他蓝色珠宝玉石，依据折射率、相对密度、光性特征等一般不难鉴别。需要注意的是蓝宝石与合成蓝宝石（焰熔法和助熔剂法）的鉴别，其中重点掌握蓝宝石与焰熔法合成蓝宝石的鉴别。珠宝市场中还有拼合蓝宝石、扩散蓝宝石，均需注意鉴别。此外，较难区分的有蓝色尖晶石与蓝色合成尖晶石，蓝晶石与蓝色尖晶石，蓝色托帕石与海蓝宝石等。

在蓝色玉石中，青金石与方钠石、青金石与合成青金石、绿松石与合成绿松石的鉴别应重点掌握。另外，蓝色堇青石有时会与青金石混淆，应予以注意。

蓝色系列珠宝玉石特征见附表3。

(4) 绿色系列珠宝玉石的鉴定

祖母绿的鉴定和翡翠的鉴定是绿色系列珠宝玉石鉴定中应该重点掌握的。

祖母绿与其他绿色珠宝玉石，依据折射率、双折射率、相对密度、光性特征等不难鉴别。在天然祖母绿与合成祖母绿的鉴定中，重点掌握祖母绿与水热法祖母绿的鉴别（市场上目前合成祖母绿主要是水热法生产的）。在优化处理祖母绿的鉴别中要注意注无色油属优化，而浸有色油属处理。放大观察注绿色油的祖母绿时可见到裂隙中残存绿色的油，应定名为祖母绿（处理）。

翡翠与其他绿色珠宝玉石的鉴别一般相对较容易，但它易与绿色水钙铝榴石相混淆。水钙铝榴石的折射率、相对密度大多数情况下均大于翡翠并且在查氏镜下变红，而绿色翡翠不变色（染色的绿色翡翠有的可能在查氏镜下变红，但是具丝网状结构）。翡翠鉴定中的重点问题是优化处理翡翠的鉴别。染色翡翠一般较易鉴别，但是漂白充填翡翠鉴别起来难度很大，有些不易鉴别。镀膜翡翠一般也较容易鉴别。

此外，易混淆的珠宝玉石有橄榄石与铬透辉石，黄绿色、绿色的蓝宝石与金绿宝石，尖晶石与合成尖晶石，碧玺与磷灰石，矽线石与透辉石，脱玻化玻璃与染色石英岩，绿色钙铝榴石与铬透辉石，绿松石与合成绿松石等。

绿色系列珠宝玉石特征见附表4。

(5) 黄色、褐色系列珠宝玉石的鉴定

在黄色、褐色系列珠宝玉石中，折射率大（$RI>1.81$）的有锆石、榍石、锰铝榴石、钙铁榴石等，而折射率大的珠宝玉石往往较难区分。锆石与榍石的折射率值在折射仪上都无法读出（超出了折射仪的测试范围），可以通过以下特征将它们分区分开来：二者的光性特征不同，锆石为一轴晶，具有弱—中的二色性，而榍石为二轴晶，具有中—强的三色性（浅黄色、褐橙色、褐黄色）；二者的相对密度不同，锆石相对密度一般为3.90～4.73，而榍石相对密度为3.52左右；锆石具有653.5nm特征吸收线（可见2～50条吸收线），榍石可具有580nm双吸收线（手持分光镜内只可见580nm一条吸收线）。锰铝榴石与钙铁榴石为等轴晶系，均质体，因此无多色性，以此可区别于锆石与榍石。锰铝榴石与钙铁榴石的折射率也无法用折射仪测得，锰铝榴石往往呈浅褐黄色，而钙铁榴石呈浅绿黄色；锰铝榴石相对密度为4.15左右，而钙铁榴石相对密度为3.84左右；锰铝榴石内含物为波浪状、不规则状和浑圆状晶体包体，而钙铁榴石常含"马尾状"包体；此外，还可参考吸收光谱加以鉴别。

珠宝市场中难以区分的还有黄色蓝宝石与黄色合成蓝宝石，黄晶与黄色合成水晶及琥珀与仿琥珀、再造琥珀。

此外，橄榄石与硼铝镁石，可依据双折射率、吸收光谱、相对密度进行鉴别；橄榄石与锂辉石依据折射率、双折射率、吸收光谱、相对密度、解理进行鉴别；黄色—黄褐色的托帕石，它的折射率值比无色或蓝色的托帕石要高，黄色托帕石常见的折射率为1.619～1.627，易与碧玺混淆，但它的双折射率常为0.008，二轴晶正光性，相对密度为3.53左右，这些方面都不同于碧玺。

黄色、褐色系列珠宝玉石特征见附表5。

(6) 常见紫色系列珠宝玉石的鉴定

常见紫色系列珠宝玉石中重点掌握紫晶、紫色方柱石和紫色堇青石的鉴别。紫晶的折射率为1.544~1.553，双折射率为0.009，相对密度常为2.66，较恒定，而紫色方柱石折射率为1.536~1.541，双折射率为0.005，相对密度常为2.60。此外，紫晶为一轴晶正光性，紫色方柱石为一轴晶负光性，并且紫色方柱石经常可以看到平行管状包体、针状包体。而堇青石的颜色为带蓝色调的紫色，二轴晶，具强三色性，浅紫色、深紫色、黄褐色。

紫色的查罗石除相对密度、折射率等特征外，纤维状结构是其重要鉴定特征。

天然紫罗兰色的翡翠颜色多较浅、自然，要注意与染紫翡翠的鉴别。染紫翡翠一般为锰盐染色，颜色在裂隙中及晶粒边缘，具较强的荧光，天然者荧光无一弱。

比较罕见的苏纪石主要矿物为硅铁锂钠石，多呈细粒致密块状集合体，摩氏硬度5.5~6.5，相对密度2.74左右，折射率常为1.61，含石英时可低至1.54，蜡状光泽—玻璃光泽（抛光面），产于霞石正长岩中。苏纪石最先发现于日本。产于南非的红紫色苏纪石，质地细腻的集合材料可用于切磨弧面型宝石、珠子和雕件。苏纪石是含锰的材料，具550nm强吸收带，411nm、419nm、437nm和445nm吸收线。

紫色珠宝玉石特征见附表6。

(7) 常见灰色、黑色系列珠宝玉石的鉴定

在珠宝市场中常见灰色、黑色系列珠宝玉石中最常遇到的问题是黑珍珠与改色（染色、辐照）黑珍珠、烟晶与合成烟晶的鉴别、黑欧泊与合成黑欧泊及仿欧泊的鉴别、透辉石与矽线石的鉴别、赤铁矿与针铁矿的鉴别。

黑珍珠与染色黑珍珠及辐照黑珍珠可通过肉眼观察、放大观察、紫外荧光、X射线照相、红外照相、刮取粉末、用2%稀硝酸擦拭等方法鉴别。

烟晶与合成烟晶可通过放大观察其包体特征和红外光谱来鉴别。

黑欧泊与合成黑欧泊可依据色斑特征、紫外荧光、磷光、红外光谱等鉴别。黑欧泊与仿欧泊可依据变彩与色斑特征、相对密度、折射率鉴别。

透辉石猫眼与矽线石猫眼，二者相对密度、折射率相近，极易混淆，可用反射光观察弧面型宝石底面的解理来鉴别。如果有一组完全解理，是矽线石，如果有两组近正交的解理则是透辉石。

赤铁矿与针铁矿的鉴别主要靠相对密度。

重点掌握的样品：矽线石、透辉石、长石、赤铁矿、黑曜岩、黑色合成立方氧化锆、紫黑色的萤石、黑蓝色的合成蓝宝石及绿黑色翡翠、黑珍珠、黑珊瑚。

常见灰色、黑色珠宝玉石特征见附表7。

2. 贵金属首饰的检验

贵金属首饰的检验包括四个方面：标识、外观质量、首饰质量和首饰中贵金属含量。

在这四个方面中，重点掌握贵金属镶嵌珠宝玉石首饰的外观质量检验。

首饰外观质量检验的基本要求如下。

①整体造型要求：造型美观，主题突出。

②图案纹样形象、自然，布局合理，线条清晰。

③表面光洁，无锉、刮、锤等加工痕迹，边棱、尖角处应光滑、无毛刺，不扎、不刮，无气孔、无夹杂物。

④掐丝流畅自然，填丝均匀平整。

⑤浇铸件表面光洁，无砂眼，无裂痕，无明显缺陷。

⑥镶石牢固、周正、平服，硬镶齿应清楚均匀，齿的长短与宝石相称，定位均匀、对称、合理，边口高矮适当，俯视不露底托。

⑦焊接牢固，无虚焊、漏焊及明显焊疤。

⑧錾刻花纹自然，整体平整，层次清楚。

⑨弹性配件应灵活有力。

⑩装配件应灵活、牢固、可靠。

⑪表面色泽一致，光滑无水渍。

⑫印记准确、清晰，位置适当，应符合《首饰 贵金属纯度的规定及命名方法》（GB/T 11887—2012）的规定。

在首饰外观质量检验的所有要求中，要求重点掌握第⑥条。

镶嵌珠宝玉石首饰的质量可以从齿口、牙齿（抱爪）、镶石牢度三方面来检验。

①齿口：高度要求与宝石的大小和厚度相适应。10mm×14mm 的宝石，一般齿口高度可在 5～6mm 之间。齿口锥度要一致，不能有歪斜，大小要与宝石一致，可比宝石略小 0.1～0.2mm。把宝石放在齿口上俯视，不可露出齿口（即露托）。

②牙齿（抱爪）：丝径的粗细应根据宝石的大小来选择。如果宝石大，丝径细就会显得牙齿无力。牙齿长短应根据宝石的斜度而定，检验时发现很多牙齿都太长。牙齿的定位要合理，使之最有效地嵌牢宝石。成双的齿要对称，齿距要均匀。

③镶石牢度：镶嵌前先要将宝石在齿口里放平，检验时看宝石底部与齿口是否吻合且无缝，看宝石放在齿口里是否端正，切忌俯视有斜、扭的感觉。牙齿嵌倒后应自然地紧贴宝石，侧视无缝隙，薄纸不能插入齿和宝石之间，当夹紧宝石摇动时，无松动感。硬嵌的首饰要检验宝石台面是否与基面水平，齿头是否光滑、圆整，用火柴棒顶宝石反面无松动感或脱落。

镶嵌珠宝玉石首饰质量评价内容见表 8-2。

表 8-2 镶嵌珠宝玉石首饰质量评价表

样品号			质量/g		
颜色			形状		
光泽			透明度		
特殊光学效应					
多色性			查氏镜下特征		
偏光镜测试	现象		紫外荧光	LW	SW
	结论				
放大观察					
其他测试					
初步定名					
镶嵌工艺的质量评价					

镶嵌珠宝玉石首饰的质量评价，可利用镶宝戒指等进行实习，按照国家职业资格宝玉石检验员（中级）的职业技能鉴定规范执行。

三、实习要求

（1）专项测试

掌握分光镜测试（吸收光谱观测）方法并画图。

掌握红宝石、合成红宝石、红色尖晶石的铬谱，钴蓝色合成尖晶石的钴谱，锆石 653.5nm 的特征吸收线及 U、Th、TR 等的谱线（风琴谱）。上述宝石的吸收光谱涵盖了红区、中区、蓝紫区的谱线、谱带。

（2）兼顾评价

对于钻石，除进行鉴定外，还要对钻石的颜色级别和净度级别进行评价。

净度分级可以使用 10 倍放大镜，颜色分级不使用比色灯、比色石，只通过目测进行颜色分级。钻石颜色级别及净度级别如表 8-3、表 8-4 所示。

表 8-3 钻石颜色级别

颜色	级别	
极白	100，99	D，E
优白	98，97	F，G
白	96	H
微黄白	95，94	I，J
浅黄白	93，92	K，L
浅黄	91，90	M，N
黄	<90	<N

表 8-4 钻石净度级别（只划分大级别）

净度级别	描述
LC 级	镜下无瑕级：10 倍放大镜下未见钻石具内、外部特征（有四种情况仍属 LC 级，理论上要掌握）
VVS 级	极微瑕级：10 倍放大镜下钻石具极微小的内、外部特征。其中，VVS_1 级为极难观察，VVS_2 级为很难观察
VS 级	微瑕级：10 倍放大镜下钻石具细小的内、外部特征。其中，VS_1 级为难以观察，VS_2 级为比较容易观察
SI 级	瑕疵级：10 倍放大镜下钻石具明显的内、外部特征。其中，SI_1 级为容易观察，SI_2 级为很容易观察
P 级	重瑕疵级。其中，P_1 级为肉眼可见，P_2 级为肉眼易见，P_3 级为肉眼极易见

(3) 戒指等镶嵌珠宝玉石首饰镶嵌工艺质量评价

主要从镶石是否牢固、是否周正、是否平整三个方面进行评价。

四、实习报告

(1) 20 个珠宝玉石样品（裸石或小雕件）

(2) 实习报告填写在表内

(3) 要求

①每个样品至少有三项有效证据。

②样品中若有钻石，除鉴定、定名外，必须进行颜色级别、净度级别目测评价。

③样品中若有珍珠，必须判断有核、无核。

④第一个样品要求进行分光镜检测，观察吸收光谱并画图。

⑤按《珠宝玉石 名称》(GB/T 16552—2017) 规定定名，定名到种（辉石、石榴石定名到族即可）。如果为合成的品种，必须放大观察内含物特征，找出天然或合成证据；若为优化处理的品种，要找出优化处理证据；有星光效应、猫眼效应、变色效应的珠宝玉石，特殊光学效应参与定名。

⑥准确观察、测试，综合分析、判断，正确定名。

第九章 珠宝玉石鉴定集中实训

一、集中实训目的

①通过集中实训，对珠宝玉石鉴定技能进行强化，进一步熟练操作各类珠宝鉴定仪器，做到准确观察、测试，综合分析、判断，正确命名。

②进一步巩固、提高鉴定各类珠宝玉石（附表8）的技能。重点掌握易混淆珠宝玉石、优化处理珠宝玉石以及天然与合成珠宝玉石的鉴别。

二、集中实训时间

鉴定集中实训时间为两周。

三、集中实训内容

常见宝石：钻石、红宝石、蓝宝石、金绿宝石（变石和猫眼）、祖母绿、海蓝宝石和其他绿柱石、碧玺、尖晶石、锆石、托帕石、橄榄石、石榴石、水晶（紫晶、黄晶、烟晶、绿水晶、芙蓉石）、长石（月光石、日光石、天河石、拉长石）、冰洲石。

少见宝石：榍石、符山石、方柱石、锡石、红柱石、矽线石、堇青石、辉石、磷灰石、黝帘石（坦桑石）、蓝晶石、绿帘石。

优化处理的宝石：扩散蓝宝石、染色红宝石、辐照托帕石和染色祖母绿等。

常见玉石：翡翠、软玉、欧泊、蛇纹石、独山玉、绿松石、青金石、孔雀石、硅孔雀石、玉髓（玛瑙、碧玉）、石英岩玉（东陵石、密玉、京白玉、贵翠等）、木变石（虎睛石、鹰睛石）、蔷薇辉石、大理石、天然玻璃（陨石玻璃、黑曜石）。

少见玉石：葡萄石、菱锌矿、菱锰矿、萤石、水钙铝榴石、滑石、异极矿、查罗石、钠长石玉和赤铁矿。

优化处理的玉石：翡翠（处理）、染色石英岩、染色蛇纹石玉、染色大理石等。

有机宝石：天然珍珠、海水和淡水养殖珍珠、优化处理珍珠、仿珍珠、珊瑚、染色珊瑚、仿珊瑚、贝壳、龟甲、煤精、琥珀、仿琥珀、象牙、猛犸象牙、骨制品。

合成宝石：合成红宝石、合成蓝宝石、合成祖母绿、合成金绿宝石、合成变石、合成尖晶石、合成欧泊、合成水晶（合成烟晶、合成紫晶、合成黄晶、合成绿水晶等）、合成金红石、合成立方氧化锆、合成碳硅石。

人造宝石：人造钇铝榴石、人造钆镓榴石、人造钛酸锶、玻璃、塑料等。

拼合石：拼合欧泊、红宝石拼合石、蓝宝石拼合石。

四、集中实训要求

①熟练掌握各类常规珠宝玉石鉴定仪器的原理、构造和操作方法以及使用时的注意事项。

②掌握各类珠宝玉石的鉴定特征和鉴定方法,重点掌握天然品种与合成品种、优化处理品种以及易混淆品种的鉴别。

③中国珠宝玉石首饰行业协会(GAC)鉴定师实践模拟考试要求及评分标准。

各类珠宝玉石样品:一袋,20粒(20个样品)。

时间:3h。

评分标准如下(满分20分,≥18分为合格)。

a. 每个样品至少有三项有效证据,缺项扣0.1~0.2分。

b. 第一个样品必须进行分光镜测试并画图,否则扣0.3分。

c. 如遇到钻石,除进行鉴定外,还要目测颜色级别和净度级别,否则扣0.2~0.3分。

d. 如遇到养殖珍珠,必须区分有核、无核,否则扣0.1~0.2分。

e. 有些合成的样品,一定要放大观察,找出合成证据,否则扣0.3~0.5分。

f. 颜色观察错误,折射率、相对密度等测试超过误差范围,各扣0.1~0.2分。

g. 星光效应、猫眼效应、变色效应未参与定名扣0.5分,定名时位置放错扣0.3分。

h. 定名错误扣0.5~1分。

第十章　结束语

掌握珠宝玉石鉴定技能是从事珠宝行业各项工作的重要基础。具备珠宝玉石鉴定的基本知识和基础理论，以理论为指导，认真实践，是提高珠宝玉石鉴定技能的关键。

在珠宝玉石鉴定实践中，对于容易出现问题的方面应该给予充分的注意。

一、鉴定过程中需要注意的问题

1. 折射率及双折射率的测定

测折射率时，如果是刻面测法，宝石放到折射仪的棱镜上之后，一定要动一下宝石，以使宝石与棱镜有一个良好的光学接触。宝石放好之后，可以旋转偏光片观察，读取最大值或最小值，然后转宝石一定角度并旋转偏光片观察，读取最大值和最小值，再转动宝石并旋转偏光片观察、读数。最后取所有观察结果中的最大值和最小值，二者之差即为双折射率（或接近最大双折射率）。如果是均质体宝石，转动宝石，旋转偏光片，始终只有一个阴影边界，即一个折射率值。实习中经常见到有的同学测非均质体刻面宝石折射率时，也只读一个折射率值，既不转动宝石，也不旋转偏光片，结果导致定名错误。如测定橄榄石和铬透辉石的折射率时，若不转动宝石，也不旋转偏光片，结果易将二者混淆，导致定名错误。橄榄石折射率的最小值一般为 1.654，而铬透辉石最小值为 1.675；橄榄石双折射率常为 0.036，而铬透辉石双折射率为 0.024～0.030。

测定双折射率（或接近最大双折射率），有时对易混淆宝石的鉴别可提供强有力的证据。如碧玺和磷灰石，二者折射率、相对密度相近，但碧玺双折射率常为 0.020，而磷灰石双折射率多为 0.003。

折射仪可以测定一轴晶光性正负。掌握一轴晶光性正负的测定方法有时对鉴别易混淆宝石能起到关键作用。如紫晶为一轴晶正光性，而紫色方柱石为一轴晶负光性。一轴晶光性正负的确定，通过在折射仪上看大值动还是小值动，一般是无法分辨的。最好是测两组或三组数据，每组数据中都出现的折射率值，即常光的折射率（N_o），再根据 N_o 是大值还是小值即可确定一轴晶的光性正负。

测得的折射率值记录要规范。刻面测法记录到小数点后第三位，如尖晶石 1.718，水晶 1.544，1.553 或 1.544/1.553。记录折射率时经常出现问题的是非均质宝石，有的同学非均质宝石也只记录一个折射率值，有的记录不规范，如水晶 1.544－1.553，连字符是表示折射率值的范围，而最大值与最小值之间建议用"，"或"/"隔开，是表示实测的折射率值。如果是点测法，应记录到小数点后两位，并注明为点测法，如玛瑙 1.54（点）。

2. 相对密度测定

测定宝石的相对密度之前首先应注意所用液体为蒸馏水还是四氯化碳。如果是四氯化碳，应该根据室温校正密度，并按公式计算密度，去掉单位即为相对密度。其次应检查一下天平，看天平是否归零，若天平未归零测出的数值误差会很大。

操作时要细心，不要使金属丝框碰到烧杯壁，烧杯不要碰到支架。

切记不要使液体溅出烧杯，更不要碰倒烧杯，烧杯被碰倒后，杯中的液体会毁坏电子天平甚至发生危险。

将宝石放在空气中称重（质量）和放在液体中称重（质量）前应检查是否已去皮（归零）。

读数时要关上防护罩。

对于质量小于 0.005g 的样品，测出的相对密度误差太大，不能作为鉴定依据。

相对密度值记录到小数点后两位。但相对密度记录不规范的事情经常发生，如红宝石相对密度为"4"，这是不规范的，应记录为红宝石相对密度为"4.00"。还有的同学记录到小数点后一位，有的同学记录到小数点后三位，这些同样是不规范的。

3. 放大观察

放大观察可以观察宝石的表面特征和内部特征，对确定宝石是天然的还是合成的以及是否经过优化处理等都可以起到关键性的作用。如天然红宝石可以观察到针状等各种形态的矿物包体、指纹状包体、气液两相包体、平直或六边形生长纹（或色带）、双晶纹或裂理等；而焰熔法合成红宝石可以见到弧形生长纹、气泡等，助熔剂法合成红宝石可以见到助熔剂残余等，水热法合成红宝石可以见到钉状（针状）气液两相包体等。又如天然绿色翡翠的颜色有色根、色形，而染绿的翡翠颜色集中在裂隙和晶粒边缘，绿色呈"丝网状"分布，而 B 货翡翠表面具沟渠纹，内部结构被破坏。

放大观察可以确定玉石的结构，帮助鉴定玉石。如京白玉（石英岩玉）具粒状结构，而白玉（软玉）具隐晶质结构（纤维交织结构）。

放大观察还可以观察宝石是否有后刻面棱重影，以便鉴别某些易混淆宝石。例如锆石可见后刻面棱重影，而石榴石无后刻面棱重影，碧玺有后刻面棱重影，而磷灰石无后刻面棱重影，合成碳硅石有后刻面棱重影，而钻石无后刻面棱重影。

对于某些半透明、微透明甚至不透明的宝石，也可以通过观察表面而找到一些有用的鉴定特征。例如矽线石猫眼和透辉石猫眼往往透明度较差，二者折射率、相对密度相近，极易混淆。这时，可以通过观察其弧面型底面的解理来区分它们：矽线石有一组完全解理，一层层的解理面形似"沙丘纹"；而在透辉石猫眼的底面边缘往往可以发现破口，见到类似阶梯状的两组近正交的解理（辉石式解理，两组解理交角 87°和 93°，也称豆腐块式解理）。再如焰熔法合成星光红宝石透明度很差，多为微透明，只能通过顶光照明观察其表面的弧形生长纹（色带）和气泡确定其为合成品。又如黑曜岩，可通过观察其表面（顶光照明）出露的白色长石斑晶等确定其为火山玻璃而非人造玻璃。

放大观察时的一些方法和技巧是需要在实践中摸索的。例如焰熔法合成红宝石弧形生长纹，往往不是一下就能看到的，有时需要转动宝石夹，先观察台面方向，再观察腰围及亭部，在合适的方向才可以观察到弧形生长纹。它是颜色、明暗有细微差异的密集纹理，略弯曲，可以贯穿不同的刻面；而抛光纹是笔直的、细细的，并且只局限在一个刻面上。再如后刻面棱重影，亦须转动宝石，在合适的方向才会看到后刻面棱重影（沿光轴方向观察是看不到后刻面棱重影的）。又如观察玻璃猫眼时，只有在弧面型宝石弧面接近底面处才能观察到蜂窝状结构。

放大观察有时借助 10 倍放大镜，会比使用宝石显微镜效果好。某些透明度较差的样品，如象牙，观察它的引擎纹时，用冷光源（强光）透射照明样品，再用 10 倍放大镜可更清楚地观察到横切面的引擎纹。再如某些染绿的翡翠，如果透明度较差，使用冷光源（强光）和 10 倍放大镜观察其"丝网状"绿，比用宝石显微镜清楚得多。

4. 多色性的观察

使用二色镜观察非均质宝石的多色性时，应先了解二色镜的工作原理。它的原理为从非均质宝石透射出来的两束振动方向互相垂直的偏光，进入二色镜后，如果这两束振动方向互相垂直偏光，分别平行二色镜中冰洲石块光率体椭圆切面的长短半径，则所观察到的是二色性；如果两束振动方向互相垂直的偏光与冰洲石光率体长短半径斜交，则看到的是混合色（过渡色）。若要理解它的原理，必须了解单偏光镜下宝石的光学特点和平行四边形分解法则。所以，使用二色镜时，要转动二色镜进行观察。

光波沿光轴方向入射，不发生双折射，所以用二色镜沿光轴方向观察一轴晶宝石，是见不到二色性的；垂直一轴晶光轴方向观察到的多色性才最明显（Ne 与 No 为两个主要光学方向，光波沿这两个主要光学方向振动时，选择吸收的差别最大）。二轴晶垂直光轴面方向观察到的多色性（Ng 与 Np）最明显。我们所说的二色性，是指光波在一轴晶的两个主要光学方向振动时，选择吸收所产生的颜色；三色性与二轴晶宝石的三个主要光学方向有关，即 Ng、Nm、Np，光波在这三个主要光学方向振动时，选择吸收所显现出的颜色才是三色性。所以，使用二色镜时，一定要从宝石的多个方向观察。这样做，可以避免仅得到光轴方向的观察结果，更重要的是可以找到一轴晶的两个主要光学方向（Ne、No）或二轴晶的三个主要光学方向（Ng、Nm、Np）。

理解了上述内容，就可以理解为什么在二色镜的使用方法中强调：从宝石的多个（两个以上）方向观察多色性，并且在观察时要转动二色镜。

二色镜聚焦在窗口，所以使用二色镜时宝石应尽量靠近窗口，眼睛应尽量靠近二色镜（眼睛距二色镜 2～5mm）。

二色镜的光源应使用连续光谱的白光源，其中冷光源（光导纤维灯）用起来很方便，把亮度调到中等即可（使用分光镜时用强冷光源），这时可以用手控制宝石方向，很方便地从宝石的多个方向观察（同时转动二色镜）。

记录时，如是均质体，则在"多色性"一栏写上无或惰性，如红色石榴石，无多色性是它有效鉴定特征之一。而有多色性的非均质宝石，一轴晶如红宝石应记录为二色性强，紫红色/橙红色或紫红色、橙红色，二色性的两种颜色之间用"/"或"、"隔开；二轴晶如堇青石，三色性强，黄色/蓝灰色/深紫色或黄色、蓝灰色、深紫色，三色性的三种颜色之间同样用"/"或"、"隔开。多色性的记录不能只是记录为红宝石，二色性；堇青石，三色性。一定要把所观察到的二色性或三色性的具体颜色写上，同时还应该记录其多色性的强度，如强、中、弱。

有些样品多色性很弱，如符山石，两个窗口为同一种颜色，只是色调深浅稍有不同，仔细看可以观察出来。

观察二色性时，不要把混合色（过渡色）当成第三种颜色；观察三色性时，一定要从宝石的多个方向观察，才能确定宝石的三色性。

在进行珠宝玉石鉴定时，把磷灰石定名为玻璃，绿色钙铝榴石定名为金绿宝石，红色石榴石定名为红宝石等错误经常发生，如果观察一下有无多色性就不会出现此类错误了。

最后说明一点，无色的非均质宝石，没有多色性。

5. 分光镜检测

使用分光镜观察珠宝玉石的吸收光谱，对一些有特殊吸收光谱的珠宝玉石是一项十分重要的鉴定特征。例如红宝石与红色尖晶石，具有相似的吸收光谱特征，但红色尖晶石蓝区无铁的吸收线；铁铝榴石吸收光谱具"Fe窗"；锆石具"风琴谱"等。有时一些易混淆宝石通过吸收光谱特征可以鉴别。例如碧玺猫眼与磷灰石猫眼，点测的折射率值、相对密度值相近，二者极易混淆，但磷灰石猫眼具580nm双吸收线（手持式分光镜只可见580nm一条吸收线）。

分光镜检测要求重点掌握红宝石或合成红宝石（Cr谱）、红色尖晶石（Cr谱）、钴蓝色焰熔法合成尖晶石（Co谱）和锆石（风琴谱，特征吸收线653.5nm及U、Th、TR的谱线）的吸收光谱特征并画图。上述宝石的吸收光谱涵盖了红区、中区和蓝紫区的谱线、谱带。

6. 偏光镜检测

偏光镜主要用来观察珠宝玉石的光性特征，要调节上偏光片，使它与下偏光正交（此时视域黑暗）。

偏光镜使用方便，但经常会出现问题，使用时一定要注意以下事项。

①从两个以上方向观察，以避免光轴方向。

②微透明—不透明的样品不能用偏光镜检测。

③样品的包体和裂隙几乎可以导致任意的偏光现象，所以得出的结论可能不正确。

④某些单折射的宝石，如石榴石、玻璃、欧泊和琥珀可呈现任意的偏光现象。例如石榴石为均质体，但在正交偏光镜下常会见到四明四暗的现象。这是由于石榴石在形成过程中受到了应力的影响，以及刻面琢型对光的反射、折射等的影响造成的任意偏光现象。又如玻璃，可以出现假一轴晶干涉图（出现黑十字，但无同心色环）或假二轴晶干涉图（有双曲线黑臂，无"∞"字形色环），属异常消光。

⑤高折射率（$RI>1.81$）的宝石，可能会出现异常的消光现象。

⑥尺寸很小的样品，观察现象和解释结果都是很困难的。

⑦有时受到刻面琢型的影响，很难观察消光现象。

偏光镜检测的记录方法：可以只写观察到的现象，如四明四暗、全亮等；也可以写出现象，同时写出结论，如四明四暗、非均质体、全亮、非均质集合体等。但不可以只写结论，如非均质体或非均质集合体等。

7. 查氏镜观察

查氏镜观察只是珠宝玉石鉴定的一种辅助手段，有时可以帮助鉴定某些相似品种。例如海蓝宝石和蓝色托帕石，海蓝宝石在查氏镜下为绿色或黄绿色；而蓝色托帕石呈蓝灰色并且微微泛红。再如绿色翡翠在查氏镜下不变色；而绿色水钙铝榴石在查氏镜下变红。

使用查氏镜时应该用强光源，最好使用冷光源（光纤灯），并且要把宝石放在黑色背景上观察。

8. 紫外灯观察

利用紫外灯观察宝石的发光性（荧光、磷光），是珠宝玉石鉴定中的一种辅助手段。例如红色尖晶石与红色石榴石的鉴别，红色尖晶石一般有红色荧光，而红色石榴石无荧光（惰性）；某些B货翡翠有强蓝白色的荧光等。

紫外线不是可见光，有时紫外灯按下长波或短波按钮时，会有亮光出现，说明除了紫外线外，还有可见光发出，这对荧光的观察会有影响，应该排除可见光的影响。

9. 热导仪测试

使用热导仪时，电力应充足。

开机预热后，先根据室温和样品质量调挡，然后把样品放在铝板凹坑中，两手指捏住背部三角形金属板，垂直于样品测试（热导仪的探针一定要垂直样品台面或其他刻面），探针与台面接触时，用力要适中。测试经常出现的问题是探针与台面接触不良，此时钻石也不发出蜂鸣声，这时，应稍用力按住探针，钻石即可发出蜂鸣声，但也应注意不要用力过猛，以免损坏探针。最后根据是否发出蜂鸣声和升挡判断。

如果不发出蜂鸣声，一定不是钻石；若发出蜂鸣声，则可能是钻石，也可能是合成碳硅石。这时需要进一步检测，放大观察如果见到球状金属包体，白点状、线状包体或见到后刻面棱重影，则是合成碳硅石；如果观察到矿物包体、云状物、点状物、生长纹、解理、三角形原始晶面、无后刻面棱线重影，则是钻石（也可根据相对密度、光性特征鉴别）。

二、定名问题

根据珠宝玉石鉴定中观察、测试，综合分析判断，准确定名，是珠宝玉石鉴定的目的所在。珠宝玉石鉴定定名中存在的一些问题如下。

①先入为主，根据肉眼观察（经验鉴别）定名，不经珠宝玉石鉴定仪器观察、测试而将记忆中的数据填写在鉴定表格中，这往往导致不但定名错误，数据也出现错误的结果。如将堇青石，定名为紫晶，折射率为1.544、1.553，相对密度为2.65，放大观察见矿物包体。这种不实事求是的做法是不对的。

②观察测试基本准确，但关键项目没有测试，综合分析判断不够，导致定名错误。如某样品，某同学测试结果为：折射率1.638，相对密度3.23，偏光镜下四明四暗（异常消光），紫外荧光，LW无，SW淡黄色，最后定名为玻璃。实际该样品为磷灰石。磷灰石的双折射率小，通常为0.003，只测出一个折射率倒也很有可能，不过，如果转动一下宝石，同时旋转一下偏光片，就可以看到阴影边界在移动，只要细心些就可测到两个折射率值。另外，偏光镜下现象为四明四暗，而不是异常消光。若观察一下多色性就会发现磷灰石的二色性尽管弱，但总可以观察出来。还有，若观察吸收光谱，可以见到580nm双吸收线。折射率为1.638，相对密度为3.23的宝石可能为磷灰石、碧玺、红柱石等，欲准确鉴别，一些关键现象及数据，如双折射率、多色性、吸收光谱等是必须观察测试的。

其他的如将红宝石定名为石榴石，将石榴石定名为红宝石或尖晶石，或将尖晶石定名为石榴石等都是此类问题。

③测试结果超出误差范围，理论知识未掌握好，导致定名错误。例如某绿色钙铝榴石，

为弧面型戒面，某同学测试结果为相对密度3.98，折射率为1.72（点），定名为祖母绿。实际该样品的相对密度为3.61，折射率为1.74（点），是钙铝榴石。即使超出误差范围，按超差的测试结果也不该定名为祖母绿，祖母绿的折射率为1.58（点），相对密度为2.72。而且绿色钙铝榴石无多色性，祖母绿具二色性。这样的定名错误，只能说明该同学仪器操作、测试方法没有掌握，同时理论知识也没有掌握，应该花大力气奋起直追，迎头赶上。

④天然宝石与合成宝石、优化处理宝石以及易混淆宝石的定名错误。这样的定名错误往往是在一些关键的测试方面存在问题。例如蓝宝石与焰熔法合成蓝宝石，若没有认真放大观察，找出天然证据（矿物包体、指纹状包体等）或合成证据（弧形生长纹、气泡等）则会导致定名错误。又如翡翠与染色翡翠，绿色翡翠有色根、色形，染绿翡翠绿色为丝网状。再如将紫晶定名为方柱石，将方柱石定名为紫晶等，往往是因为没有抓住关键鉴别特征。

⑤具有特殊光学效应的宝石，如星光效应、猫眼效应、变色效应未参与定名，或参与命名而位置放错了。还有时把星光辉石定名为辉石猫眼，因为四射星光有两个方向的光带，其中一个方向的光带较弱，结果把星光效应误看成猫眼效应。解决的方法很简单，用冷光源照射，四射星光就很清楚，便不会定名错误了。同样，某些透明度较好的灰白色星光蓝宝石的星光效应较弱，若不细心，没有看出来，则会导致定名错误。

⑥定名时不遵守定名规则。例如将祖母绿定名为天然祖母绿，紫晶定名为水晶（颜色错误），合成立方氧化锆定名为氧化锆甚至锆石，人造钇铝榴石定名为钇铝榴石，等等。

对于宝石学中已经学习过的国家标准中的定名规则，应该很好地掌握，这是必须遵守的珠宝玉石鉴定的规范。

参考文献

崔文元,吴国忠,2006.珠宝玉石学GAC教程[M].北京:地质出版社.
邓燕华,1991.宝(玉)石矿床[M].北京:北京工业大学出版社.
郭杰,廖任庆,罗理婷,2014.宝石鉴定检测仪器操作与应用[M].上海:上海人民美术出版社.
国家质量技术监督局职业技能鉴定指导中心组,1999.珠宝首饰检验[M].北京:中国标准出版社.
何雪梅,沈才卿,吴国忠,1998.宝石的人工合成与鉴定[M].北京:航空工业出版社.
李德惠,1997.晶体光学[M].北京:地质出版社.
李劲松,赵松龄,2001.宝玉石大典[M].北京:北京出版社.
李兆聪,1994.宝石鉴定法[M].北京:地质出版社.
美国珠宝学院,2005.GIA宝石实验室鉴定手册[M].武汉:中国地质大学出版社.
潘兆橹,1993.结晶学及矿物学[M].北京:地质出版社.
全国珠宝玉石标准化技术委员会,2017.珠宝玉石 名称:GB/T 16552—2017[S].北京:中国标准出版社.
全国珠宝玉石标准化技术委员会,2017.珠宝玉石 鉴定:GB/T 16553—2017[S].北京:中国标准出版社.
全国珠宝玉石标准化技术委员会,2017.钻石分级:GB/T 16554—2017[S].北京:中国标准出版社.
史恩赐,2001.国际钻石分级概论[M].北京:地质出版社.
王长秋,张丽葵,2017.珠宝玉石学[M].北京:地质出版社.
英国宝石学会和宝石检测实验室,2002.宝石学证书教程[M].陈钟惠,译.武汉:中国地质大学出版社.
袁心强,1998.钻石分级的原理与方法[M].武汉:中国地质大学出版社.
张蓓莉,2006.系统宝石学[M].2版.北京:地质出版社.
周佩玲,杨忠耀,2004.有机宝石学[M].武汉:中国地质大学出版社.

附录

附表1 无色、白色系列珠宝玉石特征表

名称	光泽	光性特征	折射率	双折射率	色散	相对密度	摩氏硬度	紫外荧光	内含物及其他特征
合成碳硅石	亚金刚光泽	非均质体，六方晶系，一轴晶系（+）	2.648~2.691	0.043	0.104	3.22 (±0.02)	9.25	LW 无色—橙色	可见点状、丝状包体，双折射现象明显。导热性强，热导仪测试可发出蜂鸣声
钻石	金刚光泽	均质体，等轴晶系	2.417	无	0.044	3.52 (±0.01)	10	无—强，蓝色、黄色、橙黄色、粉色、黄绿色等，SW常弱于LW	可见浅一深色矿物包体、云状物、点状包体、羽状纹、生长纹、原始晶面、解理、刻面棱线锋利。绝大多数Ia型钻石具有415nm吸收线。热导仪测试时发出蜂鸣声
合成钻石	金刚光泽	均质体，等轴晶系	2.417	无	0.044	3.52 (±0.01)	10	LW: HTHP合成钻石常呈惰性，CVD合成钻石常呈弱橘黄色、黄绿色荧光。SW: HTHP合成钻石常呈无—强，橙黄色、绿黄色、绿色、蓝色荧光，不均匀，部分有磷光，CVD合成钻石呈弱的橘黄色、黄绿色荧光 SW强于LW	HTHP合成钻石可常见金属包体，呈云雾状分布的点状包体，与生长区对应的色带或色块，CVD合成钻石常可见点状包体。热导仪测试发出蜂鸣声。无415nm吸收线
人造钛酸锶	玻璃光泽—亚金刚光泽	均质体，等轴晶系	2.409	无	0.190	5.13 (±0.02)	5~6	一般无	棱角易磨损，抛光差（硬度很低），偶见气泡。色散强

续附表 1

名称	光泽	光性特征	折射率	双折射率	色散	相对密度	摩氏硬度	紫外荧光	内含物及其他特征
闪锌矿	金刚光泽—半金属光泽，随铁含量增加而增强	均质体，等轴晶系	2.369，随铁含量增加而增大	无	0.156	3.90~4.10，随铁含量增加而降低	3.5~4	无，少数呈橘红色，部分经摩擦后可发磷光	可见气液两相包体，矿物包体，双晶纹，色带，一组完全解理。吸收光谱：651nm，667nm，690nm吸收线
合成立方氧化锆	亚金刚光泽	均质体，等轴晶系	2.150（+0.030）	无	0.060	5.80（±0.20）	8.5	因色而异，无色者，SW 弱—中，黄色者，LW 中—强，绿黄色或橙黄色	通常洁净，可含未熔氧化锆残余，有时呈面包渣状，外部可见贝壳状断口
锡石	亚金刚光泽—金刚光泽	非均质体，四方晶系，一轴晶（+）	1.977~2.093（+0.009，-0.006）	0.096~0.098	0.071	6.95（±0.08）	6~7	无	可见气液两相包体，矿物包体，生长纹，色带，强双折射现象
人造钆镓榴石	玻璃光泽—亚金刚光泽	均质体，等轴晶系	1.970（+0.060）	无	0.045	7.05（+0.04，-0.10）	6~7	SW 中—强，粉橙色	可见气泡，三角形板状金属包体
锆石	亚金刚光泽—金刚光泽	非均质体，四方晶系，一轴晶（+）	高型：1.925~1.984（±0.040）	0.059	0.039	高型：4.60~4.80	6~7.5	因颜色而异	可见气液两相包体，高型锆石双折射现象明显；性脆，棱角易磨损。吸收光谱，特征吸收2~50条吸收线
白钨矿	油脂光泽或金刚光泽	非均质体，四方晶系，一轴晶（+）	1.920~1.937	0.017	0.038	5.80~6.20	4.5~5	SW 蓝色或黄色	强色散。吸收光谱：在黄区、绿区，特别在584nm处有弱吸收线，特征吸收为653.5nm吸收线

续附表 1

名称	光泽	光性特征	折射率	双折射率	色散	相对密度	摩氏硬度	紫外荧光	内含物及其他特征
楔石	金刚光泽	非均质体，单斜晶系，二轴晶（+）	1.900~2.034（±0.020）	0.100~0.135	0.051	3.52（±0.02）	5~5.5	无	可见气液两相包体、指纹状包体、矿物包体、双晶纹、双折射现象明显。有时见580nm吸收线
人造钇铝榴石	玻璃光泽—亚金刚光泽	均质体，等轴晶系	1.833（±0.010）	无	0.028	4.50~4.60	8	LW 无—中，橙色，SW 无色—红橙色	洁净，偶见气泡
蓝宝石	玻璃光泽—亚金刚光泽	非均质体，三方晶系，一轴晶（一）	1.762~1.770（+0.009，-0.005）	0.008~0.010	0.018	4.00（+0.10，-0.05）	9	无—中，红色—橙色	可见气液两相包体、矿物包体、双晶纹、生长色带、指纹状包体、负晶、针状包体、丝状包体、雾状包体。可有变色效应、星光效应
合成蓝宝石	玻璃光泽	非均质体，三方晶系，一轴晶（一）	1.762~1.770（+0.009，-0.005）	0.008~0.010	0.018	4.00（+0.10，-0.05）	9	无—弱，蓝白色	焰熔法：弧形生长纹、气泡、未熔残余物；助熔剂法：指纹状包体、助熔剂残渣、幔状、球状、微滴状三角形或六边形或树枝状生长片；水热带；金黄色金属片、无色透明的纱网状包体或钉状包体
蓝锥矿	玻璃光泽—亚金刚光泽	非均质体，六方晶系，一轴晶（+）	1.757~1.804	0.047	0.044	3.68（+0.01，-0.07）	6~7	LW 无，SW 强，蓝白色	可见气液两相包体、生长纹、色带、双折射现象明显

续附表 1

名称	光泽	光性特征	折射率	双折射率	色散	相对密度	摩氏硬度	紫外荧光	内含物及其他特征
钙铝榴石	玻璃光泽—亚金刚光泽	均质体，等轴晶系	1.740（+0.020，−0.010）	无	0.028	3.61（+0.12，−0.04）	7~8	弱橙黄色	可见短柱状或浑圆状晶体包体、热浪效应
合成尖晶石	玻璃光泽	均质体，等轴晶系	焰熔法：1.728（+0.012，−0.008）；助熔剂法：1.719（±0.003）	无	/	3.64（+0.02，−0.12）	8	LW 无—弱、绿色、SW 弱—强、蓝白色	焰熔法：洁净，偶见弧形生长纹、气泡、助熔剂法：残余助熔剂（呈滴状或面纱状）、金属薄片。可有变色效应
水钙铝榴石	玻璃光泽	均质集合体	1.720（+0.010，−0.050）	无	/	3.47（+0.08，−0.32）	7	无	可见矿物包体、集合体呈粒状结构
塔菲石	玻璃光泽	非均质体，六方晶系，一轴晶（−）	1.719~1.723（±0.002）	0.004~0.005	/	3.61（±0.01）	8~9	无—弱、绿色	可见矿物包体、气液两相包体
尖晶石	玻璃光泽—亚金刚光泽	均质体，等轴晶系	1.718（+0.017，−0.008）	无	0.020	3.60（+0.10，−0.03）	8	无	可见气液两相包体、矿物包体、生长纹、双晶纹或呈指纹状分布的细小内面负晶
蓝晶石	玻璃光泽	非均质体，三斜晶系，二轴晶（−）	1.716~1.731（±0.004）	0.012~0.017	0.011	3.68（+0.01，−0.12）	平行 C 轴 4~5，垂直 C 轴 6~7	LW 弱、红色，SW 无	可见气液两相包体、矿物包体、解理（一组完全，一组中等）、色带

续附表 1

名称	光泽	光性特征	折射率	双折射率	色散	相对密度	摩氏硬度	紫外荧光	内含物及其他特征
符山石	玻璃光泽	非均质体，四方晶系，一轴晶（+/−）	1.713~1.718（+0.003，−0.013）	0.001~0.012	0.019	3.40（+0.10，−0.15）	6~7	无	可见气液两相包体，矿物包体，集合体呈粒状或柱状结构
透辉石	玻璃光泽	非均质体，单斜晶系，二轴晶（+）	1.675~1.701（+0.029，−0.010）	0.024~0.030	/	3.29（+0.11，−0.07）	5~6	无	可见气液两相包体，纤维状包体，矿物包体，两组交织的完全解理，可见双折射现象
柱晶石	玻璃光泽	非均质体，斜方晶系，二轴晶（−）	1.667~1.680（±0.003）	0.012~0.017	/	3.30（+0.05，−0.03）	6~7	无—弱，黄色	可见矿物包体，气液两相包体，针状包体，生长纹，两组完全解理
翡翠	玻璃光泽—油脂光泽	非均质集合体	1.666~1.690（+0.020，−0.010）点测常为1.66	集合体不可测	/	3.34（+0.11，−0.09）	6.5~7	无—弱，白色、绿色、黄色	可见星点、针状、粒状、片状闪光（翠性），柱状变晶结构，纤维交织结构，纤维结构，矿物包体。吸收光谱：437nm吸收线
顽火辉石	玻璃光泽	非均质体，斜晶系，二轴晶（+）	1.663~1.673（±0.010）	0.008~0.011	/	3.25（+0.15，−0.02）	5~6	无	可见气液两相包体，矿物包体，矿物包体，两组近正交的完全解理。吸收光谱：505nm、550nm吸收线
锂辉石	玻璃光泽	非均质体，单斜晶系，二轴晶（+）	1.660~1.676（±0.005）	0.014~0.016	0.017	3.18（±0.03）	6.5~7	无—弱	可见气液两相包体，纤维状包体，矿物包体，两组近正交的完全解理

续附表 1

名称	光泽	光性特征	折射率	双折射率	色散	相对密度	摩氏硬度	紫外荧光	内含物及其他特征
矽线石	玻璃光泽—丝绢光泽	非均质体，斜方晶系（+）二轴晶	1.659~1.680（+0.004，-0.006）	0.015~0.021	0.015	3.25（+0.02，-0.11）	6~7.5	无—弱	可见气液两相包体、矿物包体，一组完全解理，集合体呈纤维状结构
硅铍石	玻璃光泽	非均质体，三方晶系（+）一轴晶	1.654~1.670（+0.026，-0.004）	0.016	/	2.95（±0.05）	7~8	无—弱，粉色、浅蓝色或绿色	可见气液两相包体、矿物包体，常见云母片状或针状硫铋铅矿。有脆性
蓝柱石	玻璃光泽	非均质体，单斜晶系（+）二轴晶	1.652~1.671（+0.006，-0.002）	0.019~0.020	/	3.08（+0.04，-0.08）	7~8	无—弱	可见气液两相包体、矿物包体，生长纹、色带，双折射现象，两组完全解理
重晶石	玻璃光泽	非均质体，斜方晶系（+）二轴晶	1.636~1.648（+0.001，-0.002）	0.012	/	4.50（+0.10，-0.20）	3~4	偶见荧光和磷光，弱蓝色或浅绿色	可见气液两相包体、矿物包体，生长纹，一组完全解理
磷灰石	玻璃光泽	非均质体，六方晶系（-）一轴晶	1.634~1.638（+0.012，-0.006）	0.002~0.008，多为0.003	0.013	3.18（±0.05）	5~5.5	无	可见气液两相包体、矿物包体，生长纹。可有猫眼效应。吸收光谱：580nm双吸收线
赛黄晶	玻璃光泽—油脂光泽	非均质体，斜方晶系（+/-）二轴晶	1.630~1.636（±0.003）	0.006	0.016	3.00（±0.03）	7	LW 无—强，浅蓝色—蓝绿色，SW 较LW 弱	可见气液两相包体、矿物包体，生长纹。吸收光谱：某些可见580nm双吸收线
硅硼钙石	玻璃光泽	非均质体，单斜晶系（-）二轴晶（+/-）或非均质集合体	1.626~1.670（-0.004）	0.044~0.046，集合体不可测	/	2.95（±0.05）	5~6	SW 无—中，蓝色	双折射现象明显，可见气液两相包体；集合体呈粒状或柱状结构

续附表 1

名称	光泽	光性特征	折射率	双折射率	色散	相对密度	摩氏硬度	紫外荧光	内含物及其他特征
碧玺	玻璃光泽	非均质体，三方晶系，一轴晶（－）	1.624～1.644（+0.011，-0.009）	0.018～0.040，通常为 0.020	0.017	3.06（+0.20，-0.06）	7～8	无	可见气液两相包体、生长纹、色带、不规则管状包体、平行线状包体、双折射现象
菱锌矿	亚玻璃光泽－玻璃光泽	非均质体，三方晶系，一轴晶（－）；或非均质集合体	1.621～1.849	0.225～0.228，集合体不可测	/	4.30（+0.15）	4～5	因颜色成因而异	可见气液两相包体、矿物包体、解理、粒状结构、集合体常呈隐晶质结构、粒状构造。单晶具三组完全解理，强双折射现象。遇盐酸起泡
天青石	玻璃光泽	非均质体，斜方晶系，二轴晶（+）	1.619～1.637	0.018	/	3.87～4.30	3～4	通常无，有时可有弱荧光	可见气液两相包体、气液矿物包体、生长纹，两组完全解理
托帕石	玻璃光泽	非均质体，斜方晶系，二轴晶（+）	1.619～1.627（±0.010）	0.008～0.010	/	3.53（±0.04）	8	LW 无－中、橙黄色、黄色、绿色，SW 无－弱、黄色、橙黄色、黄绿白色	可见气液两相包体、矿物包体、气液固三相包体、矿物包体、生长纹，负晶，一组完全解理
葡萄石	玻璃光泽	非均质集合体	1.616～1.649（+0.016，-0.031），点测常为 1.63	0.020～0.035，集合体不可测	/	2.80～2.95	6～6.5	无	可有猫眼效应（稀少）
异极矿	玻璃光泽，解理面呈珍珠光泽	常为非均质集合体	1.614～1.636	0.022，集合体不可测	/	3.40～3.50	4～5	无	可见矿物包体、纤维状结构、放射状构造

续附表 1

名称	光泽	光性特征	折射率	双折射率	色散	相对密度	摩氏硬度	紫外荧光	内含物及其他特征
磷铝锂石	玻璃光泽	非均质体，三斜晶系，二轴晶（+/−）	1.612~1.636（−0.034）	0.020~0.027，集合体不可测	/	3.02（±0.04）	5~6	LW 有非常弱的绿色荧光，LW、SW 浅蓝色磷光	可见气液两相包体、矿物包体、生长纹，双折射现象，两组完全解理，平行解理方向的云状物，集合体呈粒状结构或致密块状构造
软玉	玻璃光泽—油脂光泽	非均质集合体	1.606~1.632（+0.009，−0.006），点测常为1.60~1.61	集合体不可测	/	2.95（+0.15，−0.05）	6~6.5	无	可见纤维交织结构，矿物包体。可有猫眼效应
磷铝钠石	玻璃光泽	非均质体，单斜晶系，二轴晶（+）	1.602~1.621（±0.003）	0.019~0.021	/	2.97（±0.03）	5~6	无	可见气液两相包体、矿物包体、生长纹，双折射现象
针钠钙石	玻璃光泽或丝绢光泽	非均质体，三斜晶系，二轴晶（+）；常为非均质集合体	1.599~1.628（+0.017，−0.004），点测常为1.60	0.029~0.038，集合体不可测	/	2.81（+0.09，−0.07）	4.5~5	无—中，绿黄色—橙色，通常 SW 下荧光较强，可有磷光	可见针状或纤维状结构
羟硅硼钙石	玻璃光泽	非均质集合体	1.586~1.605（±0.003），点测常为1.59	集合体不可测	/	2.58（−0.13）	3~4	LW 褐黄色，SW 弱—中，橙色	可见深色灰色或黑色蛛网状脉，致密块状构造
绿柱石	玻璃光泽	非均质体，六方晶系，一轴晶（−）	1.577~1.583（±0.017）	0.005~0.009	0.014	2.72（+0.18，−0.05）	7.5~8	无—弱，黄色、粉色	可见气液固三相包体、矿物包体、平行管状包体、生长纹

续附表 1

名称	光泽	光性特征	折射率	双折射率	色散	相对密度	摩氏硬度	紫外荧光	内含物及其他特征
独山玉	玻璃光泽	非均质集合体	1.560~1.700	集合体不可测	/	2.70~3.09，一般为2.90	6~7	无	为纤维粒状结构或粒状变晶结构，可见蓝色、蓝绿色或褐色色斑
蛇纹石	蜡状光泽—玻璃光泽	非均质集合体	1.560~1.570 (+0.004, -0.070)	集合体不可测	/	2.57 (+0.23, -0.13)	2.5~6	LW 无—弱，绿色，SW 无	可见矿物包体、叶片状、纤维状交织结构
方柱石	玻璃光泽	非均质，四方晶系，一轴晶（-）	1.550~1.564 (+0.015, -0.014)	0.004~0.037	0.017	2.60~2.74	6~6.5	无—强，粉红色、橙色或黄色	可见平行管状包体、针状包体、矿物包体、气液两相包体、负晶、生长纹
水晶	玻璃光泽	非均质，三方晶系，一轴晶（+）	1.544~1.553	0.009	0.013	2.66 (+0.03, -0.02)	7	无	可见气液两相包体、气液固三相包体、生长纹、色带、双晶纹、矿物包体、针状金红石、电气石等矿物包体、负晶。可有牛眼干涉图
石英岩玉	玻璃光泽—油脂光泽	非均质集合体	1.544~1.553，点测常为1.54	集合体不可测	/	2.64~2.71	6~7	无	可见粒状结构，矿物包体
骨制品	蜡状光泽	集合体	1.54（点）	集合体不可测	/	2.00	2.75	弱—强	可见空心管状构造，疏松，有骨髓、紫眼，横切面为线条状弗纹，纵切面为哈佛纹

续附表 1

名称	光泽	光性特征	折射率	双折射率	色散	相对密度	摩氏硬度	紫外荧光	内含物及其他特征
玉髓（玛瑙、碧石）	玻璃光泽—油脂光泽	非均质集合体	1.535～1.539，点测常为1.53～1.54	集合体不可测	/	2.50～2.77	5～7	通常无	可见隐晶质结构，纤维状结构，外部可见贝壳状断口。玛瑙具条带状或同心层状构造，带间以及晶洞中有时可见细粒石英晶体；碧石因含较多杂质矿物而呈微透明—不透明，为粒状结构
鱼眼石	玻璃光泽—珍珠光泽	非均质体，四方晶系，一轴晶（一）	1.535～1.537	0.002	/	2.40（±0.10）	4～5	LW 无、SW 无—弱、浓黄色	可见气液两相包体，矿物包体、生长纹，一组完全解理
象牙	油脂光泽—蜡状光泽	集合体	点测为 1.53～1.54	集合体不可测	/	1.70～2.00	2～3	弱—强、蓝白色或紫蓝色	可见波状纹理，引擎纹状纹理。硝酸、磷酸能使其变软
贝壳	油脂光泽—珍珠光泽	集合体	1.53～1.68	集合体不可测	/	2.86（+0.03，−0.16）	3～4	因颜色或贝壳种类而异	可见层状结构，局部可见火焰状结构，表面叠复层纹理。遇盐酸起泡，可具晕彩效应
天然珍珠	珍珠光泽	集合体	点测为 1.53～1.68，常为 1.53～1.56	集合体不可测	/	天然海水珍珠：2.61～2.85；天然淡水珍珠：2.66～2.78，很少超过 2.74	2.5～4.5	黑色者 LW 弱—中、红色、橙红色；其他颜色者：无—强、浅蓝色、黄色、绿色、粉红色等	可见放射同心层状结构，表面生长纹理。遇盐酸起泡，过热燃烧变褐色，表面摩擦有砂感

续附表 1

名称	光泽	光性特征	折射率	双折射率	色散	相对密度	摩氏硬度	紫外荧光	内含物及其他特征
养殖珍珠（珍珠）	珍珠光泽	集合体	点测为1.53~1.68，常为1.53~1.56	集合体不可测	/	海水养殖珍珠为2.72~2.78，淡水养殖珍珠低于大多数天然淡水珍珠	2.5~4	无—强，浅蓝色、黄色、绿色、粉红色	可见放射同心层状结构，表面生长纹理。有核养殖珍珠的珠核可呈平行层状结构；附壳珍珠一面具表面生长纹理，另一面具层状结构。遇盐酸起泡，表面摩擦有砂感
钠长石玉	油脂光泽—玻璃光泽	非均质集合体	1.527~1.542，点测为1.52~1.53	集合体不可测	/	2.60~2.63	6	无	可见纤维状或粒状结构，矿物包体
月光石	玻璃光泽	非均质体，单斜或三斜晶系，二轴晶（+/-）	1.518~1.526（±0.010）	0.005~0.008	/	2.58（±0.03）	6~6.5	无—弱，白色、红色、黄色等	可见蜈蚣状包体，指纹状包体、针状包体，两组完全解理
白云石	玻璃光泽—珍珠光泽	非均质体，三方晶系，一轴晶（-）或非均质集合体	1.505~1.743	0.179~0.184，集合体不可测	/	2.86~3.20	3~4	因颜色或成因而异	单晶体可见三组完全解理，明显的双折射现象，常呈粒状结构。遇盐酸起泡
方解石	玻璃光泽	非均质体，三方晶系，一轴晶（-）	1.486~1.658	0.172	/	2.70（±0.05）	3	因颜色或成因而异	可见气液两相包体、生长纹，强双折射现象，三组完全解理
大理石	玻璃光泽—油脂光泽	非均质集合体	1.486~1.658	集合体不可测	/	2.70（±0.05）	3	因颜色或成因而异	可见粒状或纤维状结构，条带状或层状构造。遇盐酸起泡

续附表 1

名称	光泽	光性特征	折射率	双折射率	色散	相对密度	摩氏硬度	紫外荧光	内含物及其他特征
珊瑚	蜡状光泽，抛光面呈玻璃光泽	集合体	钙质珊瑚：1.48～1.66（点）	集合体不可测	/	钙质珊瑚：2.65（±0.05）	钙质珊瑚：3～4.5	无－强，蓝白色	可见纵面具颜色和透明度稍有不同的平行条纹、波状构造，横切面具同心层状和放射状构造
玻璃	玻璃光泽	均质体，非晶质体	1.470～1.700（含稀土元素的玻璃约为1.80）	无	0.01～0.40	2.30～4.50	5～6	弱－强，因颜色而异，一般SW强于LW	可见气泡、拉长的空心管、流动线、浑圆状被刻划的刻面棱线、表面易被刻划，易磨损，还可具有脱玻化结构，蜂窝状结构
塑料	蜡状光泽－树脂光泽	均质体，非晶质体	1.460～1.700	无	/	1.05～1.55	1～3	因颜色和成分而异	可见气泡、流动纹、"橘皮"效应，浑圆状刻面棱线，表面易被刻划。热针接触可熔化，有辛辣味，摩擦带电，触摸温感
欧泊	玻璃光泽－树脂光泽	均质体，非晶质体	1.450（+0.020，-0.080）	无	/	2.15（+0.08，-0.90）	5～6	无－中，绿色或黄色，可有磷光	色斑呈不规则片状，边界平坦且较模糊，表面呈丝绢状外观，还可见矿物包体
萤石	玻璃光泽－亚玻璃光泽	均质体，等轴晶系，通常为均质集合体	1.434（±0.001）	无	0.007	3.18（+0.07，-0.18）	4	因颜色而异，通常具强荧光，可具磷光	可见气液两相包体、色带，四组完全解理，集合体呈粒状结构
合成欧泊	玻璃光泽－树脂光泽	均质体，非晶质体	1.430～1.470	无	/	1.97～2.20	4.5～6	LW中等，蓝白色一黄色，SW弱－强，蓝色一白色，无磷光	变彩色斑呈镶嵌状结构，边缘呈锯齿状，每个镶嵌块内可有蛇皮状、蜂窝状、阶梯状结构

附表 2 红色系列珠宝玉石特征表

名称	颜色	光性特征	折射率	双折射率	相对密度	多色性	摩氏硬度	紫外荧光	内含物及其他特征
合成金红石	橙红色	非均质体，四方晶系一轴晶（＋）	2.616~2.903	0.287	4.26（+0.03，−0.03）	二色性很弱	6~7	无	可见强双折射现象，通常内部洁净，偶见气泡。色散强（0.330）
钻石	多为粉红色，也有紫红色等	均质体，等轴晶系	2.417	无	3.52（±0.01）	无	10	无~强	可见浅一深色矿物包体、云状物、点状包体、羽状纹、生长纹、原始晶面、解理、刻面棱线锋利。热导仪测试发出蜂鸣声
合成钻石	粉红色、紫红色	均质体，等轴晶系	2.417	无	3.52（±0.01）	无	10	LW：HTHP合成钻石呈惰性，CVD合成钻石呈弱橘黄色、弱黄绿色荧光或惰性；SW：HTHP合成钻石无~强，浓黄色、橙黄色、绿黄色、蓝色荧光，不均匀，部分有磷光，CVD合成钻石弱橘黄色、弱黄绿色荧光或惰性。SW强于LW	HTHP合成钻石可见金属包体，呈云雾状分布的点状包带或色块，与生长区对应的色带或点状包体；CVD合成钻石中可见点状色块。热导仪测试发出蜂鸣声
闪锌矿	橙红色	均质体，等轴晶系	2.369，随Fe含量增加而增大	无	3.90~4.10，随Fe含量增加而降低	无	3.5~4	无，少数呈橘红色，部分经摩擦后可发磷光	可见气液两相包体、矿物包体、双晶纹、色带、一组完全解理。色散强（0.156）。吸收光谱：具651nm，667nm，690nm吸收线

续附表 2

名称	颜色	光性特征	折射率	双折射率	相对密度	多色性	摩氏硬度	紫外荧光	内含物及其他特征
合成立方氧化锆	粉红色、红色	均质体，等轴晶系	2.150 (+0.030)	无	5.80 (±0.20)	无	8.5	因色而异	通常洁净，可含未熔氧化锆残余，有时呈面包渣状，气泡，外部可见贝壳状断口。色散强（0.060）
锆石	浅红色、橙红色、红色	非均质体，四方晶系一轴晶（+）	高型：1.925~1.984 (±0.040)；中型：1.875~1.905 (±0.030)	0.001~0.059	高型：4.60~4.80；中型：4.10~4.60	二色性中，紫红色，紫褐色	6~7.5	无-强、黄色、橙色	可见气液两相包体，矿物包体明显。高型锆石双折射现象明显，低型锆石中可显示平直平行的分带现象。絮状包体。性脆，易磨损。色散 0.039
白钨矿	红色（少见）	非均质体，四方晶系一轴晶（+）	1.920~1.937	0.017	5.80~6.20	二色性弱	4.5~5	SW 蓝色或黄色荧光	吸收光谱：在黄区，绿区，特别在584nm处有弱线
榍石	红色、橙红色	非均质体，单斜晶系二轴晶（+）	1.900~2.034 (±0.020)	0.100~0.135	3.52 (±0.02)	三色性	5~5.5	无	可见气液两相包体、矿物包体，指纹状包体。双晶纹、强双折射现象。色散强（0.051）。吸收光谱：有时可见580nm双吸收线
人造钇铝榴石	粉红色、红色	均质体，等轴晶系	1.833 (±0.010)	无	4.50~4.60	无	8	无	洁净，偶见气泡。吸收光谱：浅粉色者600~700nm之间有多条吸收线
锰铝榴石	橙红色、橙	均质体，等轴晶系	1.810 (+0.004 -0.020)	无	4.15 (+0.05 -0.03)	无	7~8	无	可见波浪状、不规划状和浑圆状晶体包体或液体包体。吸收光谱：410nm、420nm、430nm、460nm、480nm、504nm、520nm 吸收带、573nm 吸收线，有时可有吸收线

续附表 2

名称	颜色	光性特征	折射率	双折射率	相对密度	多色性	摩氏硬度	紫外荧光	内含物及其他特征
铁铝榴石	橙红色—红色，紫红色—红紫色，色调较暗	均质体，等轴晶系	1.790（±0.030）	无	4.05（+0.25，−0.12）	无	7~8	无	可见针状矿物包体、浑圆状晶体、矿物包体、锆石放射晕圈等。可有星光效应。吸收光谱：504nm、520nm、573nm 强吸收带、423nm、460nm、610nm、680~690nm 弱吸收线
红宝石	红色、橙红色、紫红色、褐红色	非均质体，三方晶系，一轴晶（−）	1.762~1.770（+0.009，−0.005）	0.008~0.010	4.00（±0.05）	二色性强，紫红色、橙红色	9	LW 弱—强，红色、橙红色，SW 无—中，红色、粉红色，橙红色、少数强红色	可见气液两相包体、指纹状包体、矿物包体、生长纹、色带、双晶纹、负晶、针状包体、丝状包体、雾状包体。吸收光谱：为 Cr 谱，红区 694nm、692nm、668nm、659nm 吸收线，橙区 620~540nm 强吸收带，蓝区 476nm、475nm 强吸收线、468nm 弱吸收线，紫区全吸收
合成红宝石	红色、橙红色、紫红色	非均质体，三方晶系，一轴晶（−）	1.762~1.770（+0.009，−0.005）	0.008~0.010	4.00（±0.05）	二色性强，紫红色、橙红色	9	LW 强，红色或橙红色，SW 中—强，红色、粉红色、粉白色	焰熔法：气泡、弧形生长纹、助熔剂法：助熔剂残留呈三角形、六边形、铂金片状包体、糖浆状纹理，水热法：树枝状生长纹、色带、金黄色金属包片，无色透明的纱网状包体或钉状包体

续附表 2

名称	颜色	光性特征	折射率	双折射率	相对密度	多色性	摩氏硬度	紫外荧光	内含物及其他特征
铁镁铝榴石（红榴石）	红色、紫红色	均质体，等轴晶系	1.760（+0.010，−0.020）	无	3.84（±0.10）	无	7~8	无	可见气液两相包体、矿物包体、针状包体、丝状包体、不规则或浑圆状晶体、锆石放射晕圈等。可有星光效应
变石	日光下黄绿色、褐绿色、灰绿色—蓝绿色，白炽灯下橙红色、褐红色、紫红色	非均质体，斜方晶系，二轴晶（+）	1.746~1.755（+0.004，−0.006）	0.008~0.010	3.73（±0.02）	三色性强，绿黄色、橙黄色、紫红色	8~8.5	无—中，紫红色	可见气液两相包体、指纹状包体、丝状包体、双晶纹。吸收光谱：680nm，678nm，665nm，655nm，645nm 弱吸收线，580nm 和630nm 之间部分吸收带，476nm，473nm，468nm 三条弱吸收线，紫区吸收
合成变石	日光下蓝绿色，白炽灯下褐红色—紫红色	非均质体，斜方晶系，二轴晶（+）	1.746~1.755（+0.004，−0.006）	0.008~0.010	3.73（±0.02）	三色性强，绿色、橙色、紫红色	8.5	中—强，红色	助熔剂法、助熔剂残余、铂金片；提拉法：针状包体、平行生长纹、弯曲生长纹；区域熔炼法：气泡、旋涡状结构
钙铝榴石	橙红色	均质体，等轴晶系	1.740（+0.020，−0.010）	无	3.61（+0.12，−0.04）	无	7~8	弱橙黄色荧光	可见短柱状或浑圆状晶体包体、热浪效应
蔷薇辉石	浅红色、粉红色、紫红色、褐红色等	非均质体，三斜晶系，二轴晶（+/−）；常为非均质集合体	1.733~1.747（+0.010，−0.013）因常含石英可低至1.54	0.011~0.014，集合体不可测	3.50（+0.26，−0.20）	集合体无	5.5~6.5	无	为粒状结构，可见黑色脉状或点状氧化锰

续附表 2

名称	颜色	光性特征	折射率	双折射率	相对密度	多色性	摩氏硬度	紫外荧光	内含物及其他特征
合成尖晶石	红色	均质体，等轴晶系	焰熔法：1.728 (+0.012, -0.008)；助熔剂法：1.719 (±0.003)	无	3.64 (+0.02, -0.12)	无	8	LW 强、红色、紫红色—橙红色，SW 弱—强、红色—橙红色	焰熔法：洁净，偶见弧形生长纹、气泡、助熔剂法：残余金属（呈滴状或面纱状），金属薄片
水钙铝榴石	粉红色	等轴晶系，均质体；常为均质集合体	1.720 (+0.010, -0.050)	无	3.47 (+0.08, -0.32)	无	7	无	可见矿物包体，集合体呈粒状结构
塔菲石	粉红色—红紫色	非均质体，六方晶系，一轴晶（-）	1.719~1.723 (±0.002)	0.004~0.005	3.61 (±0.01)	二色性，因颜色而异	8~9	无—弱、绿色	可见矿物包体，气液两相包体。吸收光谱：可有 458nm 弱吸收带
尖晶石	红色、橙红色、粉红色	均质体，等轴晶系	1.718 (+0.017, -0.008)	无	3.60 (+0.10, -0.03)	无	8	LW 弱—强、橙红色、红色，SW 无—弱、红色、橙红色	可见气液两相包体、矿物包体、单个或呈生长纹、双晶纹、纹状分布的细小八面体负晶。吸收光谱：685nm、684nm 强吸收线，656nm 强吸收带，595~490nm 弱吸收带
镁铝榴石	中—深、橙红色、红色、紫红色	均质体，等轴晶系	1.714~1.742，常见1.740	无	3.78 (+0.09, -0.16)	无	7~8	无	可见针状矿物包体、不规则和浑圆状晶体包体。吸收光谱：564nm 吸收宽带，505nm 吸收线，含 Fe 者可有 440nm、445nm 吸收线，优质者可有 Cr 谱（红区）

续附表2

名称	颜色	光性特征	折射率	双折射率	相对密度	多色性	摩氏硬度	紫外荧光	内含物及其他特征
鲕符石	粉红色	非均质体，斜方晶系，二轴晶（+）	1.691~1.700 (±0.005)	0.008~0.013	3.35 (+0.10, -0.25)	三色性	6~7	无	可见气液两相包体、生长纹、阳起石、石墨、十字石等矿物包体、一组完全解理
翡翠	橙红色、浅红色、褐红色、棕红色	非均质集合体	1.666~1.690 (+0.020, -0.010), 点测常为1.66	集合体不可测	3.34 (+0.11, -0.09)	集合体不可测	6.5~7	无	可见星点、针状、片状闪光（翠性）、粒状、柱状变晶结构、纤维交织结构一粒状变晶结构，风化作用形成的褐铁矿、赤铁矿进入粒间和裂隙中形成次生色。437nm吸收线
锂辉石	粉红色—蓝紫红色	非均质体，单斜晶系，二轴晶（+）	1.660~1.676 (±0.005)	0.014~0.016	3.18 (±0.03)	中—强，粉红色—浅紫红色	6.5~7	LW 中—强，粉橙色，SW 弱—中，粉红色—橙色	可见气液两相包体、矿物包体、两组完全解理
硅铍石	浅红色	非均质体，三方晶系，一轴晶（+）	1.654~1.670 (+0.026, -0.004)	0.016	2.95 (±0.05)	二色性	7~8	无—弱，粉色、浅蓝绿色或绿色	可见气液两相包体、矿物包体。常见片状云母或针状矿物包体，有脆性
重晶石	红色	非均质体，斜方晶系，二轴晶（+）	1.636~1.648 (+0.001, -0.002)	0.012	4.50 (+0.10, -0.20)	三色性	3~4	偶有荧光或磷光，弱蓝色或浅绿色	可见气液两相包体、矿物包体、生长纹，两组完全解理
红柱石	粉红色	非均质体，斜方晶系，二轴晶（-）	1.634~1.643 (±0.005)	0.007~0.013	3.17 (±0.04)	三色性强，褐黄绿色、褐橙色、褐红色	7~7.5	LW 无，SW 无—中，绿色—黄绿色	可见气液两相包体、矿物包体、针状包体、空晶石变种中黑色碳质包体呈"十"字形分布
磷灰石	紫红色、粉红色	非均质体，六方晶系，一轴晶（-）	1.634~1.638 (+0.012, -0.006)	0.002~0.008，多为0.003	3.18 (±0.05)	二色性极弱—弱	5~5.5	无	可见气液两相包体、矿物包体、生长长纹

续附表 2

名称	颜色	光性特征	折射率	双折射率	相对密度	多色性	摩氏硬度	紫外荧光	内含物及其他特征
赛黄晶	粉红色（少见）	非均质体，斜方晶系，二轴晶（+/−）	1.630~1.636, (±0.003)	0.006	3.00 (±0.03)	三色性弱	7	LW 无一强，浅蓝色一蓝绿色，SW 下荧光常弱于 LW	可见气液两相包体、矿物包体
硅硼钙石	粉红色	非均质体，单斜晶系，二轴晶（−）或非均质集合体	1.626~1.670, (−0.004)	0.044~0.046, 集合体不可测	2.95 (±0.05)	集合体不可测	5~6	无一中，蓝色	双折射现象明显，可见气液两相包体、矿物包体，不规则管状包体；集合体呈粒状或柱状结构
碧玺	玫瑰红色、粉红色、红色	非均质体，三方晶系，一轴晶（−），常为非均质集合体	1.624~1.644, (+0.011, −0.009)	0.018~0.040, 通常为 0.020	3.06 (+0.20, −0.06)	二色性中一强，为深浅不同的体色	7~8	无一中，蓝色	可见气液两相包体、矿物包体，生长纹、平行线包体，还可见双折射现象。吸收光谱：绿区宽吸收带，有时可见 525nm 吸收窄带，451nm、458nm 吸收线
菱锌矿	粉红色	非均质体，三方晶系，一轴晶（−），常为非均质集合体	1.621~1.849	0.225~0.228, 集合体不可测	4.30 (+0.15)	集合体不可测	4~5	弱，红色一紫色	单晶具三组完全解理，强双折射现象；集合体常呈隐晶质结构，粒状结构，放射状结构，遇盐酸起泡
托帕石	粉红色、褐红色、红色	非均质体，斜方晶系，二轴晶（+）	1.619~1.627, (±0.010)	0.008~0.010	3.53 (±0.04)	三色性弱一中，浅红色、橙红色、黄色	8	因颜色或成因而异	可见气液两相包体、气液固三相包体、矿物包体，生长纹、负晶，一组完全解理

页脚（原页码）：LW 无一中，黄色（托帕石紫外荧光栏）

续附表 2

名称	颜色	光性特征	折射率	双折射率	相对密度	多色性	摩氏硬度	紫外荧光	内含物及其他特征
软玉	红色、橙红色、褐红色	非均质体、集合体	1.606~1.632（+0.009，-0.006），点测常为1.60~1.61	集合体不可测	2.95（+0.15，-0.05）	集合体不可测	6~6.5	无	可见纤维交织结构、矿物包体
针钠钙石	浅粉红色	非均质体、三斜晶系、二轴晶（+）；常为非均质集合体	1.599~1.628（+0.017，-0.004），点测常为1.60	0.029~0.038，集合体不可测	2.81（+0.09，-0.07）	集合体不可测	4.5~5	无~中、绿黄色-橙色，通常SW强，可有磷光	可见针状或纤维状结构
菱锰矿	粉红色	非均质体、三方晶系、一轴晶（-）；常为非均质集合体	1.597~1.817（±0.003）	0.220，集合体不可测	3.60（+0.10，-0.15）	中~强、橙黄色、红色，集合体不可测	3~5	LW无~中、粉红色；SW无~弱、红色	可见气液两相包体、矿物包体，可有强双折射现象；集合体呈隐晶质结构、粒状结构，条带或层状构造，三组完全解理，集合体通常不见
绿柱石	粉红色、红色	非均质体、六方晶系、一轴晶（-）	1.577~1.583（±0.017）	0.005~0.009	2.72（+0.18，-0.05）	二色性弱~中、浅红色、紫红色	7.5~8	无~弱、粉色、紫色	可见气液两相包体、矿物包体、平行管状包体、生长纹
合成绿柱石	红色、粉红色	非均质体、六方晶系、一轴晶（-）	助熔剂法：1.568~1.572；水热法：1.575~1.581	0.004~0.006	2.65~2.73	红色者：强、橙红色、红紫色；紫色者：强、橙红色、红紫色	7.5~8	无	助熔剂法：助熔剂残余（面纱状、网状、小滴状、铂金片状）、铂的平行生长面、均匀的平行生长面、硅铍石晶体、钉状包体、树枝状生长纹、硅铍石晶片、金属包体、无色种晶体、平行线状微小的两相包体、平行管状两相包体。吸收光谱：具585nm、560nm吸收线、545nm弱吸收带、530nm、500nm弱吸收带、435~465nm吸收宽带

续附表 2

名称	颜色	光性特征	折射率	双折射率	相对密度	多色性	摩氏硬度	紫外荧光	内含物及其他特征
独山玉	粉红色	非均质集合体	1.560~1.700	集合体不可测	2.70~3.09,一般为2.90	集合体不可测	6~7	无	可见纤维粒状结构或粒状变晶结构,色斑
蛇纹石	褐红色、棕红色	非均质集合体	1.560~1.570 (+0.004,-0.070)	集合体不可测	2.57 (+0.23,-0.13)	集合体不可测	2.5~6	无	可见矿物包体、叶片状、纤维状交织结构
寿山石	红色、粉红色、大红色、紫红色、褐红色	非均质集合体	1.56(点)	集合体不可测	2.50~2.90	集合体不可测	2~3	通常无	可见隐晶质结构—细粒状结构,致密块状构造,有时可见"萝卜纹"
巴林石	红色、褐红色	非均质集合体	1.56(点)	集合体不可测	2.40~2.70	集合体不可测	2~4	通常无	可见隐晶质结构—细粒状结构,致密块状构造
方柱石	粉红色、紫红色	非均质体,四方晶系一轴晶(-)	1.550~1.564 (+0.015,-0.014)	0.004~0.037	2.60~2.74	二色性中—强,蓝紫红色	6~6.5	无—强,粉红色、橙色或黄色	可见平行管状包体、针状包体、矿物包体、气液两相包体、负晶、生长纹。吸收光谱:粉红色者663nm、652nm吸收线
芙蓉石	粉红色	非均质体,三方晶系一轴晶(+)	1.544~1.553	0.009	2.66 (+0.03,-0.02)	二色性弱	7	无	可见气液两相包体、气液固三相包体、生长纹、色带、双晶纹、针状金红石、电气石等矿物包体、负晶。可有牛眼干涉图
石英岩玉	褐红色、橙红色	非均质集合体	1.544~1.553,点测常为1.54	集合体不可测	2.64~2.71,含赤铁矿等包体较多时可达2.95	集合体不可测	6~7	无	可见粒状结构,常含褐铁矿、赤铁矿

续附表 2

名称	颜色	光性特征	折射率	双折射率	相对密度	多色性	摩氏硬度	紫外荧光	内含物及其他特征
硅化玉（木变石、硅化木、硅化珊瑚）	棕红色	非均质体集合体	1.544~1.553，点测为1.53~1.54	集合体不可测	2.48~2.85	无	5~7	无	可见隐晶质结构、粒状结构、木变石；纤维状结构、硅化木：纤维状结构，可见木纹、树皮、节瘤、蛀洞等；硅化珊瑚：可见珊瑚的同心放射状构造
琥珀	深棕红色	均质体、非晶质体	点测为1.54	无	1.08（+0.02，-0.12）	无	2~2.5	LW 弱—强，SW 弱—无	可见气泡、流动纹、点状包体、片状裂纹、矿物包体（或碎片）、植物包体。其他有机和无机包体。热针接触可熔化。有芳香味。摩擦可带电
云母质玉	锂云母：玫瑰色、桃红色；白云母：红色、褐红色	非均质体集合体	锂云母：1.54~1.56（点）；白云母：1.55~1.61（点）	集合体不可测	2.2~3.4	集合体不可测	2~3	无	可见片状或鳞片状结构，致密块状构造
玉髓（玛瑙、碧石）	橙红色、红色	非均质体集合体	1.535~1.539，点测为1.53~1.54	集合体不可测	2.50~2.77	集合体不可测	5~7	无	可见隐晶质结构、纤维状结构、外部可见贝壳状断口。玛瑙具条带状、环带状或同心层状构造、带间以及晶洞中有时可见细粒石英晶体；碧石因含较多杂质矿物而呈微透明—不透明，为粒状结构
鱼眼石	粉红色	非均质体，四方晶系，一轴晶（−）	1.535~1.537	0.002	2.40（±0.10）	二色性弱	4~5	无—弱	可见气液两相包体、矿物包体，生长纹，一组完全解理

续附表 2

名称	颜色	光性特征	折射率	双折射率	相对密度	多色性	摩氏硬度	紫外荧光	内含物及其他特征
贝壳	粉红色	集合体	1.53～1.68	集合体不可测	2.86（+0.03，−0.16）	无	3～4	因颜色或贝壳种类而异	可见层状结构，表面叠层复合结构，局部可见火焰状纹理。遇盐酸起泡，可具晕彩效应
天然珍珠	粉红色	集合体	1.53～1.68（点），常为1.53～1.56（点）	集合体不可测	天然海水珍珠为2.61～2.85；天然淡水珍珠为2.66～2.78，很少超过2.74	集合体不可测	2.5～4	无—强，浅蓝色、黄色、绿色、粉色等	可见放射同心层状结构、表面具生长纹理。遇盐酸起泡，可具晕彩效应
养殖珍珠（珠）	粉红色	集合体	1.53～1.68（点），常为1.53～1.56（点）	集合体不可测	海水养殖珍珠为2.72～2.78，淡水养殖珍珠低于大多数天然淡水珠	集合体不可测	2.5～4	无—强，浅蓝色、黄色、绿色、粉色等	核可呈平行层状结构；附完整珠，有核养殖珍珠的珠一面具表面生长纹理，另一面具层状结构。遇盐酸起泡、表面摩擦有砂感
青田石	粉红色、橙红色、红色、褐红色	非均质集合体	1.53～1.60（点）	集合体不可测	2.65～2.90	集合体不可测	2～3	无	可见隐晶质结构—细粒状结构、致密块状构造，可含有蓝色、白色等斑点
鸡血石	"地"：白色、灰白色、灰黄白色、灰黄色、褐黄色等；"血"：鲜红色、朱红色、暗红色等	非均质集合体	"地"1.53～1.59（点）；"血"：>1.81	集合体不可测	2.53～2.74	集合体不可测	2.5～4	通常无	"血"呈微晶细粒状或细粒状、成片或零星分布于"地"中；"地"呈隐晶质结构—细粒状结构、致密块状构造

续附表 2

名称	颜色	光性特征	折射率	双折射率	相对密度	多色性	摩氏硬度	紫外荧光	内含物及其他特征
海螺珠	粉红色—紫红色	集合体	1.51～1.68（点），常为1.53	集合体不可测	2.85（+0.02，-0.04）	集合体不可测	3.5～4.5	红色—粉红色；LW 弱—中，粉红色，橙红色，黄色荧光	可见火焰状纹理，遇5%盐酸起泡。长期暴露在阳光下会褪色
珊瑚	粉红色，深红色	集合体	1.48～1.66（点）	集合体不可测	2.65（±0.05）	集合体不可测	3～4.5	浅（粉，橙）红色—红色；无色：红色；（粉）红色者：深红色；无色（紫）者：红色	纵面具颜色和透明度稍有不同的平行条带，波状构造；横切面具同心层状和放射状构造
玻璃	粉红色，红色等	均质体，非晶质体	1.470～1.700（含稀土元素的玻璃为1.80左右）	无	2.30～4.50	无	5～6	弱—强，因颜色而异，一般SW强于LW	可见火焰状的空心管、拉长圆状的刻棱线、流动线、浑圆状的刻棱线、玻璃表面易破刻划、易磨损、还可具有脱玻化结构、蜂窝状结构
塑料	红色，橙红色等	均质体，非晶质体	1.460～1.700	无	1.05～1.55	无	1～3	因颜色和成分而异	可见气泡、流动纹、"橘皮"效应、浑圆状刻棱线，集合体刻面易被刻划
萤石	粉红色	均质体，等轴晶系；通常为均质集合体	1.434（±0.001）	无	3.18（+0.07，-0.18）	无	4	因颜色而异，通常具强荧光，可具磷光	可见气液两相包体、色带、四组完全解理，集合体呈粒状结构，可有变色效应
合成欧泊	粉红色，紫红色	均质体，非晶质体	1.430～1.470	无	1.97～2.20	无	4.5～6	无—强	变彩色斑呈镶嵌状结构，边缘呈锯齿状，每个镶嵌块内可有蛇皮状、蜂窝状、阶梯状结构
火欧泊	红色，橙红色	均质体，非晶质体	可低至1.37	无	2.15（+0.08，-0.90）	无	5～6	无—中，绿褐色，可有磷光	无变彩或有少量变彩

附表 3 蓝色系列珠宝玉石特征表

名称	颜色	光性特征	折射率	双折射率	相对密度	多色性	摩氏硬度	紫外荧光	内含物及其他特征
合成金红石	蓝色	非均质体，四方晶系，一轴晶（＋）	2.616～2.903	0.287	4.26（＋0.03，－0.03）	二色性很弱	6～7	无	可见强双折射现象，通常洁净，偶见气泡。色散强（0.330）
钻石	浅—深的蓝色、灰蓝色	均质体，等轴晶系	2.417	无	3.52（±0.01）	无	10	无—强	可见矿物包体、云状物、点状物、生长纹、解理、原始晶面等，刻面棱线锋利。热导仪测试发出蜂鸣声，具导电性（灰蓝色者不含H，而含B，不导电）
合成钻石	蓝色	均质体，等轴晶系	2.417	无	3.52（±0.01）	无	10	无—强	HTHP合成钻石可见金属包体，呈云雾状分布的点状包体，与生长区对应的色带或色块；CVD合成钻石可见点状包体。热导仪测试合成钻石发出蜂鸣声
合成立方氧化锆	蓝色	均质体，等轴晶系	2.15	无	5.80（±0.20）	无	8.5	因色而异	通常洁净，可含未熔氧化锆残余，有时呈白面包渣状，气泡，外部可见贝壳状断口。色散强（0.060）
锆石	蓝色	非均质体，四方晶系，一轴晶（＋）	1.925～1.984（±0.040）	0.059	4.60～4.80	二色性强，蓝色，棕黄色—无色	6～7.5	LW无—中，浅蓝色，SW无	可见气液两相包体，矿物包体，高型锆石双折射现象明显，性脆，棱角易磨损。色散值0.039。吸收光谱：可有653.5nm吸收线及655nm弱线
人造钇铝榴石	浅蓝色、蓝色	均质体，等轴晶系	1.833（±0.010）	无	4.50～4.60	无	8	无	洁净，偶见气泡。吸收光谱：浅蓝色者在600～700nm之间有多条吸收线

续附表 3

名称	颜色	光性特征	折射率	双折射率	相对密度	多色性	摩氏硬度	紫外荧光	内含物及其他特征
蓝宝石	浅蓝色、海蓝色、蓝色、深蓝色、灰蓝色、黑蓝色、带紫色调的蓝色	非均质体，三方晶系，一轴晶（-）	1.762~1.770 (+0.009, -0.005)	0.008~0.010	4.00 (+0.10, -0.05)	二色性强，蓝色、绿蓝色	9	LW 无—强，橙红色，SW 无—弱，橙红色	可见气液两相包体、指纹状包体、矿物包晶纹、负晶、雾状包体。可有变色效应、星光效应。吸收光谱：蓝色、紫色区450nm处吸收带450nm、460nm、470nm吸收线
合成蓝宝石	蓝色	非均质体，三方晶系，一轴晶（-）	1.762~1.770 (+0.009, -0.005)	0.008~0.010	4.00 (+0.010, -0.05)	二色性强，蓝色、绿蓝色	9	LW 无，SW 弱—中，蓝白色或黄色	焰熔法：弧形生长纹、气泡、未熔残余物；助熔剂法：指纹状包体、束状、纱幔状、六边形或三角形金属片、微滴状助熔剂残余，可有450nm弱线；水热法：树枝状生长纹、色带、金黄色金属片、无色透明的纱网状包体或钉状包体
蓝锥矿	浅—深蓝色、紫蓝色	非均质体，六方晶系，一轴晶（+）	1.757~1.804	0.047	3.68 (+0.01, -0.07)	二色性强，蓝色、无色	6~7	LW 无，SW 强，蓝白色	可见气液两相包体、矿物包体、生长纹、色带，双折射现象明显。色散强（0.044）
蓝铜矿	天蓝色—深蓝色	非均质体，单斜晶系	1.730~1.838	0.106	3.80 (+0.09, -0.050)	三色性	3.5~4	惰性	双折射现象明显。性脆

续附表 3

名称	颜色	光性特征	折射率	双折射率	相对密度	多色性	摩氏硬度	紫外荧光	内含物及其他特征
合成尖晶石	浅—深蓝色	均质体，等轴晶系	焰熔法：1.728（+0.012，−0.008）；助熔剂法：1.719（±0.003）	无	3.64（+0.02，−0.12）	无	8	LW 弱—强，红色、橙红色、红紫色，SW 弱—强，蓝白色或斑杂蓝色、红色—红紫色	焰熔法：洁净、气泡、弧形生长纹、熔剂（呈滴状或面纱状）、残余助熔剂薄片。可有变色效应。吸收光谱：深蓝色者有 550nm 强吸收带、570～600nm 强吸收带、625～650nm 吸收带
塔菲石	蓝色	非均质体，六方晶系，一轴晶（−）	1.719～1.723（±0.002）	0.004～0.005	3.61（±0.01）	因颜色而异	8～9	无—弱，绿色	可见矿物包体、气液两相包体。可有 458nm 弱吸收带
尖晶石	蓝色	均质体，等轴晶系	1.718（+0.017，−0.008）	无	3.60（+0.10，−0.03）	无	8	无	可见气液两相包体、矿物包体、单个或呈指纹状分布的细小面负晶。生长纹，双晶纹。吸收光谱：460nm 强吸收带、430～435nm、480nm、550nm、565～575nm、590nm、625nm 吸收带
蓝晶石	浅—深蓝色	非均质体，三斜晶系，二轴晶（−）	1.716～1.731（±0.004）	0.012～0.017	3.68（+0.01，−0.12）	三色性中等，无色、深蓝色、紫蓝色	平行 C 轴 4～5，垂直 C 轴 6～7	LW 弱，红色，SW 无	可见气液两相包体、矿物包体、解理（一组完全、一组中等）、色带
符山石	浅蓝色—绿蓝色	非均质体，四方晶系，一轴晶（+/−）或非均质集合体	1.713～1.718（+0.003，−0.013），点测常为 1.71	0.001～0.012，集合体不可测	3.40（+0.10，−0.15）	二色性无—弱，集合体不可测	6～7	无	可见气液两相包体、矿物包体。集合体呈粒状或柱状结构

续附表 3

名称	颜色	光性特征	折射率	双折射率	相对密度	多色性	摩氏硬度	紫外荧光	内含物及其他特征
坦桑石	蓝色，紫蓝色—蓝紫色	非均质体，斜方晶系，二轴晶（+）	1.691～1.700（±0.005）	0.008～0.013	3.35（+0.10，-0.25）	三色性强，蓝色，紫红色，绿黄色	6～7	无	可见气液两相包体，生长纹，阳起石、石墨、十字石等矿物包体，一组完全解理
斧石	蓝色	非均质体，三斜晶系，二轴晶（-）	1.678～1.688（±0.005）	0.010～0.012	3.29（+0.07，-0.03）	三色性强	6～7	无	可见气液两相包体，矿物包体，生长纹
透辉石	浅蓝色，深绿蓝色	非均质体，单斜晶系，二轴晶（+）	1.675～1.701（+0.029，-0.010），点测常为1.68	0.024～0.030	3.29（+0.11，-0.07）	三色性弱—强	5～6	通常无	可见气液两相包体，纤维状包体，矿物包体，两组近正交的完全解理，双折射现象
翡翠	蓝色	非均质集合体	1.666～1.690（+0.020，-0.010），点测常为1.66	集合体不可测	3.34（+0.11，-0.09）	集合体不可测	6.5～7	无—弱	可见星点、针状、粒状、片状闪光（翠性），纤维交织结构—粒状变晶结构，纤维状结构，矿物包体
锂辉石	蓝色，通常色调较浅	非均质体，单斜晶系，二轴晶（+）	1.660～1.676（±0.005）	0.014～0.016	3.18（±0.03）	三色性	6.5～7	LW 中—强，粉红色—橙色，SW 弱—中，粉红色—橙色	可见气液两相包体，纤维状包体，矿物包体，两组近正交的完全解理
蓝线石	青蓝色—绿蓝色	非均质体，斜方晶系，二轴晶（-）	1.659～1.723（±0.005）	0.027～0.037	3.35	三色性强	7	惰性，某些可有蓝色或白色荧光	可见后刻棱重影，参差状断口，偶见猫眼效应
矽线石	紫蓝色—灰蓝色（稀少）	非均质体，斜方晶系，二轴晶（+）或非均质集合体	1.659～1.680（+0.004，-0.006）	0.015～0.021	3.25（+0.02，-0.11）	三色性，无色、浅蓝色、蓝色	6～7.5	弱，红色荧光	可见气液两相包体，矿物包体，一组完全解理，集合体呈纤维状结构，可有猫眼效应

续附表 3

名称	颜色	光性特征	折射率	双折射率	相对密度	多色性	摩氏硬度	紫外荧光	内含物及其他特征
蓝柱石	蓝色、绿蓝色	非均质体，单斜晶系，二轴晶（+）	1.652~1.671 (+0.006, -0.002)	0.019~0.020	3.08 (+0.04, -0.08)	蓝灰色、浅蓝色	7~8	无—弱	可见气液两相包体、矿物包体、生长纹、色带、双折射现象、一组完全解理
重晶石	蓝色	非均质体，斜方晶系，二轴晶（+）	1.636~1.648 (+0.001, -0.002)	0.012	4.50 (+0.10, -0.20)	无—弱	3~4	偶有荧光和磷光，弱蓝色或浅绿色	可见气液两相包体、生长纹，两组完全解理
磷灰石	蓝色、浅蓝色	非均质体，六方晶系，一轴晶（-）	1.634~1.638 (+0.012, -0.006)	0.002~0.008，多为 0.003	3.18 (±0.05)	二色性强，蓝色、黄色—无色	5~5.5	浅蓝色—蓝色	可见气液两相包体、矿物包体、生长纹，可有猫眼效应
碧玺	蓝色	非均质体，三方晶系，一轴晶（-）	1.624~1.644 (+0.011, -0.009)	0.018~0.040，通常为 0.020	3.06 (+0.20, -0.060)	二色性中—强	7~8	无	可见气液两相包体、矿物包体、色带、不规则管状包体、平行线状包体、双折射现象
菱锌矿	蓝色	非均质体，三方晶系，一轴晶（-）；或非均质集合体	1.621~1.849	0.225~0.228，集合体不可测	4.30 (+0.15)	集合体不可测	4~5	无—强	可见具三组完全解理、单晶具双折射现象、强双折射线状包体、集合体常呈隐晶质结构、粒状结构、放射状构造，遇盐酸起泡
天青石	浅蓝色	非均质体，斜方晶系，二轴晶（+）	1.619~1.637	0.018	3.87~4.30	三色性弱	3~4	通常无，有时可显弱荧光	可见气液两相包体、矿物包体、生长纹，两组完全解理
托帕石	浓蓝色、蓝色	非均质体，斜方晶系，二轴晶（+）	1.619~1.627 (±0.010)	0.008~0.010	3.53 (±0.04)	三色性弱—中，不同色调的蓝色	8	通常无	可见气液固三相包体、气液包体、生长纹、负晶，一组完全解理

续附表 3

名称	颜色	光性特征	折射率	双折射率	相对密度	多色性	摩氏硬度	紫外荧光	内含物及其他特征
天蓝石	深蓝色、蓝绿色、紫蓝色、蓝白色、天蓝色等	非均质体，单斜晶系，二轴晶（一）或非均质集合体	1.612~1.643（±0.005）	0.031，集合体不可测	3.09（+0.08，−0.01）	三色性强，暗紫蓝色、浅蓝色、无色，集合体不可测	5~6	无	可见气液两相包体，矿物包体，还可见双折射现象；集合体呈粒状结构，致密块状构造
磷铝锂石	蓝色	非均质体，三斜晶系，二轴晶（+/−）	1.612~1.636（−0.034）	0.020~0.027，集合体不可测	3.02（±0.04）	三色性无-弱，集合体不可测	5~6	LW 非常弱的绿色荧光，LW、SW 浅蓝色磷光	可含气液两相包体，矿物包体，平行解理方向的云状物，两组结构完全解理，集合体呈粒状结构或块状构造
绿松石	浅-中等蓝色、绿蓝色	非均质集合体	1.610~1.650，点测常为 1.61	集合体不可测	2.76（+0.14，−0.36）	无	3~6	LW 无-弱，绿色或暗绿色，SW 无	可见隐晶质结构，粒状结构，致密块状构造；常含暗色、黄褐色网脉状，斑点状杂质。吸收光谱：422nm，430nm 吸收带
针钠钙石	蓝色	非均质体，三斜晶系，二轴晶（+）；常为非均质集合体	1.599~1.628（+0.017，−0.004），点测常为 1.60	0.029~0.038，集合体不可测	2.81（+0.09，−0.07）	集合体不可测	4.5~5	无-中，绿黄-橙色，通常 SW 较强，可有磷光	可见针状或纤维状结构
海蓝宝石	浅蓝色、绿蓝色，通常色调较浅	非均质体，六方晶系，一轴晶（一）	1.577~1.583（±0.017）	0.005~0.009	2.72（+0.18，−0.05）	二色性弱-中，蓝色、绿蓝色，或不同色调的蓝	7.5~8	无	可见气液两相包体，气液固三相包体，矿物包体，平行管状包体，生长纹

续附录 3

名称	颜色	光性特征	折射率	双折射率	相对密度	多色性	摩氏硬度	紫外荧光	内含物及其他特征
方柱石	蓝色	非均质体，四方晶系，一轴晶（一）	1.550~1.564（+0.015，-0.014）	0.004~0.037	2.60~2.74	二色性弱—中	6~6.5	无—强，粉红色、橙色或黄色	可见平行管状包体、针状包体、矿物包体、气液两相包体、负晶、生长纹
合成水晶	铈蓝色	非均质体，三方晶系，一轴晶（+）	1.544~1.553	0.009	2.66（+0.03，-0.02）	二色性弱	7	无—弱	可见面包渣状包体、气液两相状包体（垂直种晶板）及色带（平行种晶板）、应力裂隙、缺乏巴西双晶、火焰状双晶（偏光镜下观察）。吸收光谱：640nm，650nm 吸收，550nm，490~500nm 吸收带
石英岩玉	蓝色	非均质集合体	1.544~1.553 点测常为 1.54	集合体不可测	2.64~2.71	集合体不可测	6~7	无	为粒状结构，含蓝线石
堇青石	浅—深的蓝色	非均质体，斜方晶系，二轴晶（一）	1.542~1.551（+0.045，-0.011）	0.008~0.012	2.61（±0.05）	二色性强，无色—黄色、蓝灰色、深紫色	7~7.5	无	可见色带、气液两相包体、矿物包体、一组完全解理
玉髓（玛瑙、碧石）	蓝色	非均质集合体	1.535~1.539，点测为 1.53~1.54	集合体不可测	2.50~2.77	集合体不可测	5~7	无	为隐晶质结构，纤维状结构，外部可见贝壳状断口，玛瑙条带状、环带状或同心层状构造，带有以及晶洞中有时可见细粒石英晶体；碧石因含较多杂质矿物而呈微透明—不透明，为粒状结构

续附表 3

名称	颜色	光性特征	折射率	双折射率	相对密度	多色性	摩氏硬度	紫外荧光	内含物及其他特征
青金石	中—深绿蓝色、紫蓝色	集合体	1.50,含方解石可达1.67	无	2.75 (±0.25)	无	5~6	LW其中的方解石发粉红色荧光,SW弱—中,绿色或黄绿色	可见粒状结构,常含方解石、黄铁矿。查氏镜下呈橘红色
火山玻璃	蓝色	均质体,非晶质体	1.490 (+0.020,-0.010)	无	2.40 (±0.10)	无	5~6	无	可见气泡、流动构造,外部可见贝壳状断口
方钠石	深蓝色—紫蓝色	均质体,等轴晶系,常为集合体	1.483 (±0.004)	无	2.25 (+0.15,-0.10)	无	5~6	LW 无—弱、橙红色斑块状荧光	可见粒状结构,矿物包体,常见白色细脉。遇盐酸会溶解,查氏镜下呈橘红色
珊瑚	蓝色、浅蓝色	集合体	1.48~1.66	集合体不可测	2.65 (±0.05)	集合体不可测	3~4	无—弱	可见纵面具颜色和透明度稍有不同的平行条带、波状构造；横切面具同心层状和放射状构造
玻璃	各种色调的蓝色	均质体,非晶质体	1.470~1.700 (含稀土元素的玻璃为1.80左右)	无	2.30~4.50	无	5~6	弱—强、一般SW强于LW	可见气泡、拉长的空心管、流动纹、浑圆状面棱线。玻璃表面易被刻划,易磨损
塑料	各种色调的蓝色	均质体,非晶质体	1.460~1.700	无	1.05~1.55	无	1~3	无—强	可见气泡、流动纹,"橘皮"效应,热针接触可熔化,有辛辣味,摩擦带电,触摸温感
萤石	蓝色	均质体,等轴晶系,通常为均质体集合体	1.434 (±0.001)	无	3.18 (+0.07,-0.18)	无	4	一般具强荧光,可具磷光	可见气液两相包体、色带,四组完全解理,集合体呈粒状结构

附表 4 绿色系列珠宝玉石特征表

名称	颜色	光性特征	折射率	双折射率	相对密度	多色性	摩氏硬度	紫外荧光	内含物及其他特征
合成金红石	蓝绿色	非均质体，四方晶系，一轴晶（+）	2.616~2.903	0.287	4.26 (+0.03, −0.03)	二色性很弱	6~7	无	可见强双折射现象，内部通常洁净，偶见气泡。色散强（0.330）
钻石	绿色	均质体，等轴晶系	2.417	无	3.52 (±0.01)	无	10	无—强	可见浅色—深色矿物包体，云状包体，点状包体，羽状纹，生长纹、原始晶面、解理，刻面棱线锋利。色散强（0.044），热导仪测试发出蜂鸣声
合成立方氧化锆	浅绿色、深绿色	均质体，等轴晶系	2.150 (+0.030)	无	5.80 (±0.20)	无	8.5	弱	内部通常洁净，有时呈面包渣状，气泡残余，外部可见贝壳状断口。色散强（0.060）
人造钆镓榴石	绿色	均质体，等轴晶系	1.970 (+0.060)	无	7.05 (+0.04, −0.10)	无	6~7	弱—强	可见气泡、三角形板金属包体。色散强（0.045）
榍石	绿色	非均质体，单斜晶系，二轴晶（+）	1.900~2.034 (±0.020)	0.100~0.135	3.52 (±0.02)	三色性	5~5.5	无	可见气液两相包体，指纹状包体，矿物包体，双晶纹，强双折射现象。色散强（0.051）
锆石	绿色	非均质体，四方晶系，一轴晶（+）	中型：1.875~1.905 (±0.030)；低型：1.810~1.815 (±0.030)	0.001~0.040	中型：4.10~4.60；低型：3.90~4.10	很弱，绿色、黄绿色	6~7.5	一般无	可见气液两相包体，矿中低型锆石中可显示平直的分带现象，絮状包体，双折射现象，棱角磨损。性脆，易磨损。吸收光谱：可见2~50条吸收线，特征吸收为653.5nm吸收线

续附表 4

名称	颜色	光性特征	折射率	双折射率	相对密度	多色性	摩氏硬度	紫外荧光	内含物及其他特征
钙铬榴石	艳绿色、蓝绿色	均质体，等轴晶系	1.85 (±0.030)	无	3.75 (±0.03)	无	7~8	无	可见气液两相包体、矿物包体、不规则或浑圆状晶体包体，锆石放射晕圈等
人造钇铝榴石	绿色、黄绿色	均质体，等轴晶系	1.833 (+0.010)	无	4.50~4.60	无	8	黄绿色者：强黄色，可具磷光；绿色者：LW强、红色，SW弱、红色	洁净，偶见气泡。铬致色绿色者可具变色效应。在查氏镜下变红
蓝宝石	蓝绿色、绿色、黄绿色	非均质体，三方晶系一轴晶（一）	1.762~1.770 (+0.009, -0.005)	0.008~0.010	4.00 (+0.10, -0.05)	二色性，绿色、黄绿色	9	无~弱	可见气液两相包体、矿物包体、生长纹、指纹状包体、色带、双晶纹、负晶、针状包体、丝状包体、雾状包体。吸收光谱：蓝紫区 450nm，460nm，470nm吸收带 450nm 或吸收线
合成蓝宝石	绿色	非均质体，三方晶系一轴晶（一）	1.762~1.770 (+0.009, -0.005)	0.008~0.010	4.00 (+0.10, -0.05)	二色性，绿色、黄绿色	9	LW弱、橙色，SW褐红色	焰熔法：弧形生长纹、气泡、未熔残余物、助熔剂法：指纹状包体、束状、纱幔状、球状、微滴状助熔剂残余、六边形或三角形金属片；水热法：树枝状生长纹、色带、金黄色金属片、无色透明的纱网状包体或钉状包体
金绿宝石	黄绿色、灰绿色	非均质体，斜方晶系，二轴晶（+）	1.746~1.755 (+0.004, -0.006)	0.008~0.010	3.73 (±0.02)	弱一中，黄色、褐色	8~8.5	LW 无，SW 无色一黄绿色	可见气液两相包体、矿物包体、丝状矿物、双晶纹等。吸收光谱：445nm 强吸收带

续附表 4

名称	颜色	光性特征	折射率	双折射率	相对密度	多色性	摩氏硬度	紫外荧光	内含物及其他特征
合成金绿宝石	黄绿色、褐绿色、灰绿色	非均质体，斜方晶系二轴晶（+）	1.746~1.755（+0.004，-0.006）	0.008~0.010	3.73（±0.02）	三色性，黄色、绿色、褐红色	8~9	LW 无，SW 无—黄绿色	助熔剂法合成金绿宝石：助熔剂包体、三角形、六边形的铂包片。吸收光谱：445nm 吸收带
变石	日光下黄绿色、褐绿色、灰绿色—蓝绿色、白炽灯下橙红色、褐红色—紫红色	非均质体，斜方晶系二轴晶（+）	1.746~1.755（+0.004，-0.006）	0.008~0.010	3.73（±0.02）	三色性强，绿色、橙黄色、紫红色	8~8.5	无—中，紫红色	可见气液两相包体、指纹状包体、丝状包体。具变色效应。吸收光谱：680nm，678nm 强吸收线，665nm，655nm，645nm 弱吸收线，580nm 和 630nm 之间部分吸收带，476nm，473nm，468nm 三条弱吸收线，紫区吸收
合成变石	黄绿色、灰绿色	非均质体，斜方晶系二轴晶（+）	1.746~1.755（+0.004，-0.006）	0.008~0.010	3.73（±0.02）	三色性强，橙色、绿色、紫红色	8.5	中—强，红色	助熔剂法：纱幔状包体、残余助熔剂、铂金片；提拉法：针状包体、平行生长纹、区域熔炼法：气泡、弯曲生长纹、旋涡状结构
猫眼	黄绿色、灰绿色	非均质体，斜方晶系二轴晶（+）	1.746~1.755（+0.004，-0.006）	0.008~0.010	3.73（±0.02）	三色性弱，黄色、黄绿色、橙色	8~8.5	无，变石猫眼弱—中，红色	可见丝状包体、气液两相包体、指纹状包体、负晶。吸收光谱：445nm 强吸收带。具猫眼效应、变色效应（稀少）
变色石榴石	日光下蓝绿色、白炽灯下红色、红紫色 或 1.740	均质体，等轴晶系	1.790~1.814 或 1.740	无	3.78（+0.09，-0.16）或 4.15（+0.05，-0.03）	无	7~8	通常无	可见针状矿物包体、浑圆状矿物包体等。具变色效应

续附表 4

名称	颜色	光性特征	折射率	双折射率	相对密度	多色性	摩氏硬度	紫外荧光	内含物及其他特征
钙铝榴石	浅—深绿色	均质体，等轴晶系	1.740（+0.020，-0.010）	无	3.61（+0.12，-0.04）	无	7～8	弱，橙黄色	可见短柱状或浑圆晶体包体，热浪效应
绿帘石	浅—深绿色	非均质体，单斜晶系，二轴晶（-）	1.729～1.768（+0.012，-0.035）	0.019～0.045	3.40（+0.10，-0.15）	三色性强，绿色、褐色、黄色	6～7	一般无	可见气液两相包体、矿物包体、生长纹、双折射现象。吸收光谱：445nm强吸收线，有时具475nm弱吸收带特征。遇热盐酸部分溶解，遇氢氟酸快速溶解
合成尖晶石	浅—深绿色、黄绿色	均质体，等轴晶系，常为均质集合体	焰熔法：1.728（+0.012，-0.008）；助熔剂法：1.719（±0.003）	无	3.64（+0.02，-0.12）	无	8	LW 强、紫红色，SW 中—强、黄绿色或绿白色	焰熔法：洁净，偶见弧形生长纹、气泡，残余助熔剂（呈滴状或面纱状），可有变色效应 助熔剂法：可见矿物包体、助熔剂薄片
水钙铝榴石	绿色—蓝绿色	均质体，等轴晶系，常为均质集合体	1.720（+0.010，-0.050）	无	3.47（+0.08，-0.32）	无	7	无	可见矿物包体，集合体呈粒状结构。绿色者在查氏镜下呈粉红色—红色。吸收光谱：暗色者460nm以下全吸收，其他颜色者463nm附近吸收（因含山石）
塔菲石	绿色	非均质体，六方晶系，一轴晶（-）	1.719～1.723（±0.002）	0.004～0.005	3.61（±0.01）	二色性	8～9	无—弱，绿色	可见矿物包体、气液两相包体。吸收光谱：不特征，可有458nm弱吸收带

续附表 4

名称	颜色	光性特征	折射率	双折射率	相对密度	多色性	摩氏硬度	紫外荧光	内含物及其他特征
尖晶石	绿色	均质体，等轴晶系	1.718 (+0.017, −0.008)	无	3.60 (+0.10, −0.03)	无	8	LW 无一中，橙色一橙红色	可见气液两相包体、矿物包体、生长纹、双晶纹，单个或呈指纹状分布的细小八面体负晶
蓝晶石	绿色	非均质体，三斜晶系，二轴晶（−）	1.716~1.731 (±0.004)	0.012~0.017	3.68 (+0.01, −0.12)	三色性	平行C轴 4~5，垂直C轴 6~7	LW 弱，红色，SW 无	可见气液两相包体、矿物包体，解理（一组完全，一组中等）、色带
符山石	黄绿色、绿色	非均质体，四方晶系，一轴晶（+/−），或非均质集合体	1.713~1.718 (+0.003, −0.013)，点测常为 1.71	0.001~0.012，集合体不可测	3.40 (+0.10, −0.15)	二色性无一弱，集合体不可测	6~7	无	可见气液两相包体、矿物包体，集合体呈粒状或柱状结构
黝帘石	黄绿色	非均质体，斜方晶系，二轴晶（+）	1.691~1.700 (±0.005)	0.008~0.013	3.35 (+0.10, −0.25)	三色性强，暗蓝色、紫色、黄绿色	6~7	无	可见气液两相包体、生长纹、阳起石、石墨、十字石等矿物包体，一组完全解理
透辉石	蓝绿色—黄绿色、绿色	非均质体，单斜晶系，二轴晶（+）	1.675~1.701 (+0.029, −0.010)，点测常为 1.68	0.024~0.030	3.29 (+0.11, −0.07)	三色性弱—强，浅、深绿色	5~6	绿色者：LW 绿色，SW 无	可见气液两相包体、矿物包体，两组近正交完全解理，纤维状包体，双折射现象。吸收光谱：505nm 吸收线，铬透辉石 635nm、655nm、670nm 吸收线，690nm 双吸收线

续附表 4

名称	颜色	光性特征	折射率	双折射率	相对密度	多色性	摩氏硬度	紫外荧光	内含物及其他特征
翡翠	绿色	非均质集合体	1.666～1.690 (+0.020, −0.010), 点测常为 1.66	集合体不可测	3.34 (+0.11, −0.09)	集合体不可测	6.5～7	无—弱、白色、绿色、黄色	可见星点、针状、片状闪光（翠性）、粒状、柱状变晶结构、纤维交织结构—粒状纤维结构、矿物包体。吸收光谱：437nm 吸收线，铬致色的绿色翡翠具 630nm, 660nm, 690nm 吸收线
锂辉石	绿色、黄绿色	非均质体，单斜晶系，二轴晶（+）	1.660～1.676 (±0.005)	0.014～0.016	3.18 (±0.03)	中，蓝绿色、黄绿色	6.5～7	黄绿色：LW 弱、橙黄色，SW 极弱、橙黄色；绿色者：无	可见气液两相包体、纤维状包体、矿物包体，两组近正交的完全解理。吸收光谱：黄绿色者有 433nm, 438nm 吸收线；绿色者有 646nm, 669nm, 686nm 吸收线；620nm 附近吸宽带
合成翡翠	多为绿色—黄绿色	非均质集合体	点测为 1.66	集合体不可测	3.31～3.37	集合体不可测	6.5～7	LW 弱、蓝白色、白色，SW 中一强、灰绿色、浅绿色	以微晶结构为主，局部呈定向平行排列或卷曲状—波状构造。吸收光谱：红区可见 3 条强度不等的吸收窄带
矽线石	绿色	非均质体，斜方晶系，二轴晶（+）；或非均质集合体	1.659～1.680 (+0.004, −0.006)	0.015～0.021	3.25 (+0.02, −0.11)	三色性	6～7.5	无	可见晶条带状、矿物包体，一组完全解理。集合体呈纤维状结构
孔雀石	微蓝绿色、孔雀绿色、浅—深绿色	非均质集合体	1.655～1.909	集合体不可测	3.95 (+0.15, −0.70)	集合体不可测	3.5～4	无	可见条带状、环带状或同心层状构造，放射纤维状结构造。遇盐酸起泡

续附表 4

名称	颜色	光性特征	折射率	双折射率	相对密度	多色性	摩氏硬度	紫外荧光	内含物及其他特征
透视石	绿色、蓝绿色	非均质体，三方晶系，一轴晶（+）	1.655~1.708（±0.012）	0.051~0.053	3.30（±0.05）	二色性弱	5	无	可见气液两相包体、矿物包体，生长纹，双折射现象明显，三组完全解理
橄榄石	黄绿色、绿色、褐绿色	非均质体，斜方晶系，二轴晶（+/−）	1.654~1.690（±0.020）	0.035~0.038，通常为0.036	3.34（+0.14 −0.07）	三色性弱，绿色、黄绿色	6.5~7	无	可见盘状气液两相包体、矿物包体，负晶，双折射现象明显。吸收光谱：453nm，477nm，497nm强吸收带
蓝柱石	蓝绿色	非均质体，单斜晶系，二轴晶（+）	1.652~1.671（+0.006 −0.002）	0.019~0.020	3.08（+0.04 −0.08）	灰绿色、绿色	7~8	无—弱	可见气液两相包体、矿物包体，生长纹、色带，两组完全解理
重晶石	绿色	非均质体，斜方晶系，二轴晶（+）	1.636~1.648（+0.001 −0.002）	0.012	4.50（+0.10 −0.20）	无—弱	3~4	偶有荧光和磷光，弱蓝色或浅绿色	可见气液两相包体、晶体包体，生长纹
磷灰石	绿色、黄绿色	非均质体，六方晶系，一轴晶（−）	1.634~1.638（+0.012 −0.006）	0.002~0.008，多为0.003	3.18（±0.05）	二色性极弱—弱	5~5.5	绿黄色	可见气液两相包体、矿物包体，生长纹。可有猫眼效应
红柱石	黄绿色、绿色	非均质体，斜方晶系，二轴晶（−）	1.634~1.643（±0.005）	0.007~0.013	3.17（±0.04）	三色性强，黄绿色、褐橙色、褐红色	7~7.5	褐绿色者可有深绿色或黄绿色荧光	可见气液两相包体、矿物包体，针状包体，空晶石变种中黑色碳质包体呈"十"字形分布。吸收光谱：436nm，445nm吸收线

续附表 4

名称	颜色	光性特征	折射率	双折射率	相对密度	多色性	摩氏硬度	紫外荧光	内含物及其他特征
硅硼钙石	浅绿色	非均质体，单斜晶系，二轴晶（一），常为非均质集合体	1.626~1.670（-0.004）	0.044~0.046，集合体不可测	2.95（±0.05）	集合体不可测	5~6	SW 无—中，蓝色	双折射现象明显，可见气液两相包体，集合体呈粒状或柱状结构
碧玺	绿色、蓝绿色、黄绿色	非均质体，三方晶系，一轴晶（一）	1.624~1.644（+0.011，-0.009）	0.018~0.040，通常为0.020	3.06（+0.20，-0.06）	二色性中—强	7~8	无	可见气液两相包体、矿物包体，生长纹、平行线状包体、不规则管状包体、色带、色带，可见双折射现象。吸收光谱：红区普遍吸收；498nm强吸收带
菱锌矿	绿色	非均质体，三方晶系，一轴晶（一）或非均质集合体	1.621~1.849	0.225~0.228，集合体不可测	4.30（+0.15）	集合体不可测	4~5	无—强	可见气液两相包体、矿物包体，三组完全解理，明显的双折射现象，集合体常呈隐晶质结构、粒状结构，放射状构造，遇盐酸起泡
天青石	绿色	非均质体，斜方晶系，二轴晶（+）	1.619~1.637	0.018	3.87~4.30	三色性弱	3~4	通常无，有时可显弱荧光	可见气液两相包体、矿物包体，生长纹，两组完全解理
托帕石	绿色	非均质体，斜方晶系，二轴晶（+）	1.619~1.627（±0.010）	0.008~0.010	3.53（±0.04）	弱—中，蓝绿色、浅绿色	8	无—中	可见气液固三相包体、矿物包体，气液包体，负晶，一组完全解理
葡萄石	浅绿色、绿色	非均质集合体	1.616~1.649（+0.016，-0.031），点测常为1.63	0.020~0.035，集合体不可测	2.80~2.95	集合体不可测	6~6.5	无	可见矿物包体，纤维状结构，放射状构造。吸收光谱：438nm弱吸收带

续附表 4

名称	颜色	光性特征	折射率	双折射率	相对密度	多色性	摩氏硬度	紫外荧光	内含物及其他特征
天蓝石	蓝绿色	非均质体，单斜晶系，二轴晶（－）或非均质集合体	1.612~1.643（±0.005）	0.031，集合体不可测	3.09（+0.08，-0.01）	三色性强，集合体不可测	5~6	无	可见气液两相包体、矿物包体及双折射现象，集合体呈粒状结构、致密块状构造
磷铝锂石	绿色	非均质体，三斜晶系，二轴晶（+/-）	1.612~1.636（-0.034）	0.020~0.027，集合体不可测	3.02（±0.04）	三色性无-弱，集合体不可测	5~6	可具极弱绿色荧光，可有浅蓝色磷光	可见气液两相包体、矿物包体、生长纹、双折射现象，两组完全解理及平行解理方向的云状物，集合体呈粒状结构或致密块状构造
绿松石	蓝绿色、浅绿色、绿色、黄绿色	非均质集合体	1.610~1.650，点测常为1.61	集合体不可测	2.76（+0.14，-0.36）	集合体不可测	3~6	LW 无-弱，色或蓝绿色、SW 无	可见隐晶质结构、粒状结构、致密块状构造，常有暗色或白色、黄褐色网脉状、斑点状杂质
软玉	浅-深绿色	非均质集合体	1.606~1.632（+0.009，-0.006）点测常为1.60~1.61	集合体不可测	2.95（+0.15，-0.05）	集合体不可测	6~6.5	无	可见纤维交织结构、矿物包体，可有猫眼效应
磷铝钠石	黄绿色	非均质体，单斜晶系，二轴晶（+）	1.602~1.621（±0.003）	0.019~0.021	2.97（±0.03）	弱，黄绿色、绿色	5~6	无	可见气液两相包体、矿物包体、生长纹及双折射现象
祖母绿	浅-深绿色、蓝绿色、黄绿色	非均质体，六方晶系，一轴晶（－）	1.577~1.583（±0.017）	0.005~0.009	2.72（+0.18，-0.05）	二色性中-强，蓝绿色、黄绿色	7.5~8	一般无，也可为弱橙红色、红色	可见气液两相包体、矿物包体、气液固三相包体、色带、生长纹、裂隙较发育

续附表 4

名称	颜色	光性特征	折射率	双折射率	相对密度	多色性	摩氏硬度	紫外荧光	内含物及其他特征
绿柱石	绿色	非均质体、六方晶系、一轴晶（−）	1.577～1.583（±0.017）	0.005～0.009	2.72（+0.18，−0.05）	二色性弱—中，蓝绿色、或不同色调的绿色	7.5～8	无	可见气液两相包体、气液固三相包体、矿物包体、平行管状包体、生长纹
合成祖母绿	中—深绿色，蓝绿色，黄绿色	非均质体、六方晶系、一轴晶（−）	助熔剂法：1.561～1.568；水热法：1.566～1.578	助熔剂法：0.003～0.004；水热法：0.005～0.006	2.65～2.73	二色性中，绿色、蓝绿色	7.5～8	助熔剂法（LW）红色，水热法（LW）红色较强。助熔剂法吉尔森型合成祖母绿无荧光	助熔剂法：助熔剂残余（面纱状、网状、小滴状）、铂金片、硅铍石晶体、均匀的平行生长面、钉状包体（"钉头"为硅铍石晶体），"钉尖"为气液两相包体、树枝状生长纹、硅铍石晶体、金属包体。水热法：平行线状吸收线、无色种晶片、平行管状两相包体、再生祖母绿：无色绿柱石外层再生祖母绿薄层、侧面观察可见表面网状裂纹，放大有多层分布现象。吸收光谱：助熔剂法吉尔森型合成祖母绿具427nm铁吸收线、其他品种吸收光谱同天然祖母绿
独山玉	绿色，蓝绿色	非均质集合体	1.560～1.700	集合体不可测	2.70～3.09，一般为2.90	集合体不可测	6～7	无	为纤维粒状结构或粒状变晶结构，可见蓝色、蓝绿色或褐色色斑
蛇纹石	绿色—黄绿色	非均质集合体	1.560～1.570（+0.004，−0.070）	集合体不可测	2.57（+0.23，−0.13）	集合体不可测	2.5～6	LW 无—弱、绿色，SW 无	可见矿物包体、叶片状、纤维状交织结构

续附表 4

名称	颜色	光性特征	折射率	双折射率	相对密度	多色性	摩氏硬度	紫外荧光	内含物及其他特征
寿山石	绿色	非均质集合体	1.56（点）	集合体不可测	2.50~2.90	集合体不可测	2~3	通常无	为隐晶质—细粒状结构，致密块状构造，有时可见"萝卜纹"
方柱石	绿色	非均质体，四方晶系，一轴晶（−）	1.550~1.564（+0.015, −0.014）	0.004~0.037	2.60~2.74	二色性	6~6.5	无—强，粉红色，橙色或黄色	可见平行管状包体、针状包体、矿物相包体、气液两相包体、负晶、生长纹
绿水晶	绿色—黄绿色	非均质体，三方晶系，一轴晶（+）	1.544~1.553	0.009	2.66（+0.03, −0.02）	二色性	7	无	绿水晶是紫水晶在加热转变成黄水晶过程中间产物或因含绿色包体而呈绿色。绿水晶可含矿物包体、气液两相包体、负晶、色带等
合成水晶	绿色	非均质体，三方晶系，一轴晶（+）	1.544~1.553	0.009	2.66（+0.03, −0.02）	二色性	7	无	可见面包渣状包体、气液两相状包体（垂直种晶板）及色带（平行种晶板）、应力裂隙、晶板成直角、缺乏巴西双晶、火焰状双晶（偏光镜下观察）
石英岩玉	绿色	非均质集合体	1.544~1.553，点测常为1.54	集合体不可测	2.64~2.71	集合体不可测	6~7	含铬云母石英岩：无—弱，灰绿色或红色	可见粒状结构，矿物包体。含铬云母石英岩在查氏镜下呈红色。可具砂金效应
滑石	浅—深绿色	非均质集合体	1.540~1.590（+0.010, −0.002）	集合体不可测	2.75（+0.05, −0.55）	集合体不可测	1~3	LW 无—弱，粉色	为隐晶质结构—细粒状结构，致密块状构造，常含有脉状、斑块状掺杂物，手感滑润

续附表 4

名称	颜色	光性特征	折射率	双折射率	相对密度	多色性	摩氏硬度	紫外荧光	内含物及其他特征
玉髓（玛瑙、碧石）	绿色	隐晶质集合体	1.535~1.539，点测为 1.53~1.54	集合体不可测	2.50~2.77	集合体不可测	5~7	通常无，有时显弱—强的黄绿色荧光	为隐晶质结构，纤维状结构，外部可见贝壳状断口。玛瑙具条带状、环带状或同心层状构造，带间以及晶洞中有时可见细粒状石英晶体；碧石因含较多杂质矿物而呈微透明—不透明，为粒状集结构
鱼眼石	绿色	非均质体，四方晶系，一轴晶（-）	1.535~1.537	0.002	2.40 (±0.10)	二色性弱	4~5	SW 无—弱	可见气液两相包体、矿物包体、生长纹，一组完全解理
青田石	浅绿色	非均质集合体	1.53~1.60（点）	集合体不可测	2.65~2.90	集合体不可测	2~3	无	为隐晶质结构—细粒状结构，致密块状构造，可见有色斑点、白色等斑点
钠长石玉	灰绿色	非均质集合体	1.527~1.542，点测为 1.52~1.53	集合体不可测	2.60~2.63	集合体不可测	6	无	可见纤维状或粒状结构，矿物包体
天河石	亮绿色或亮蓝绿色	非均质体，单斜或三斜晶系，二轴晶（+/-）	1.522~1.530 (±0.004)	0.008，通常不可测	2.56 (±0.02)	通常无	6~6.5	无—弱	可见双晶包体、气液两相包体、矿物包体，常见网格状色斑。两组完全解理
天然玻璃	火山玻璃：绿色	均质体非晶质	1.490 (+0.020, -0.010)	无	火山玻璃：2.40 (±0.10)	无	5~6	通常无	可见气泡、流动构造，外部可见贝壳状断口

续附表 4

名称	颜色	光性特征	折射率	双折射率	相对密度	多色性	摩氏硬度	紫外荧光	内含物及其他特征
玻璃	绿色	均质体，非晶质体	1.470~1.700（含稀土元素的玻璃为1.80左右）	无	2.30~4.50	无	5~6	弱—强	可见气泡、拉长的空心管、流动纹、浑圆状的刻面棱线、表面易磨损，易破化结构，还可具有脱玻化结构，蜂窝状结构
塑料	绿色	均质体，非晶质体	1.460~1.700	无	1.05~1.55	无	1~3	无—强	可见气泡、流动纹、"橘皮"效应、浑圆状刻面棱线、表面易破刻划。热针接触可熔化、有辛辣味，摩擦带电，触摸温感
萤石	绿色	均质体，等轴晶系；通常为均质集合体	1.434（±0.01）	无	3.18（+0.07，−0.18）	无	4	荧光强，可具磷光	可见气液两相包体、色带、四组完全解理，集合体呈粒状结构。可有变色效应

附表 5 黄色、褐色系列珠宝玉石特征表

名称	颜色	光性特征	折射率	双折射率	相对密度	多色性	摩氏硬度	紫外荧光	内含物及其他特征
合成金红石	浅黄色	非均质体、四方晶系、一轴晶(+)	2.616~2.903	0.287	4.26(+0.03, -0.03)	二色性弱，浅黄色、无色	6~7	无	可见强双折射现象，内部通常洁净，偶见气泡。色散强(0.330)
锐钛矿	褐色、酒黄色、绿黄色	非均质体、四方晶系、一轴晶(-)	2.452~2.658	0.066~0.089	3.82~3.97	二色性，褐色者：浅绿黄色，酒黄色；暗酒黄色者：浓红色或淡褐色，绿黄色或浅绿黄色者：浅色或褐黄色		无	两组解理完全，金刚光泽—金属光泽
钻石	深黄色、橙黄色、褐色	均质体、等轴晶系	2.417	无	3.52(±0.01)	无	10	无—强	矿物包体、云状物、点状物，生长纹、解理、原始晶面等，刻面棱线锋利。热导仪测试发出蜂鸣声
合成钻石	黄色、橘黄色、褐色	均质体、等轴晶系	2.417	无	3.52(±0.01)	无	10	无—强	HTHP合成钻石可见金属包体，呈云雾状分布的点状包体，与生长区对应的色带或点状包体；CVD合成钻石可见点状包体或色带。热导仪测试发出蜂鸣声
钽锌矿	暗褐色、浅黄色、浅红色、浅红褐色	非均质体、斜方晶系、二轴晶(+)	2.37~2.46	0.090	7.34~7.46	二色性	5~5.5	无	色散强(0.146)，多为微透明—半透明
闪锌矿	浅黄色、棕褐色	均质体、等轴晶系	2.369，随Fe含量增加而增大	无	3.90~4.10，随Fe含量增加而降低	无	3.5~4	无，少数呈橘红色，部分闪锌矿经摩擦后可发磷光	可见气液两相包体，矿物包体，双晶纹、色带，一组完全解理。色散强(0.156)

续附表 5

名称	颜色	光性特征	折射率	双折射率	相对密度	多色性	摩氏硬度	紫外荧光	内含物及其他特征
合成立方氧化锆	暗褐色、黄褐色、黄色	均质体、等轴晶系	2.150 (+0.030)	无	5.80 (±0.20)	无	8.5	弱—强	通常洁净，可含未熔氧化锆残余，有时呈面可渣状，气泡、外部可见贝壳状断口。色散强 (0.060)
锡石	黄色、褐色	非均质体、四方晶系、一轴晶 (+)	1.977~2.093 (+0.009, -0.006)	0.096~0.098	6.95 (±0.08)	二色性弱—中	6~7	无	可见气液两相包体、矿物包体、生长纹、色带，强双折射现象。色散强 (0.071)
锆石	黄色、褐色	非均质体、四方晶系、一轴晶 (+)	高型：1.925~1.984 (±0.040); 中型：1.875~1.905 (±0.030); 低型：1.810~1.815 (±0.030)	高型：0.001~0.059	高型：4.60~4.80; 中型：4.10~4.60; 低型：3.90~4.10	橙色—褐色者：弱—中，紫棕色、棕黄色	6~7.5	黄色、橙黄色、橙色、棕色者：无—弱，红色者：无	可见气液两相包体、矿物包体。高型锆石中可显平直的分带现象、絮状包体。性脆，易磨损。色散 0.039。特征吸收为 653.5nm 吸收线，可见 2~50 条吸收线，棱角吸光谱；特征吸收线
白钨矿	浅黄色、浅褐黄色、橙黄色	非均质体、四方晶系、一轴晶 (+)	1.920~1.937	0.017	5.80~6.20	二色性弱	4.5~5	SW 蓝色或黄色荧光	强色散。吸收发光：在黄区、绿区，特别在 584nm 处有弱纹线
榍石	黄色、褐色	非均质体、单斜晶系、二轴晶 (+)	1.900~2.034 (±0.020)	0.100~0.135	3.52 (±0.02)	三色性中—强、浅黄绿色、褐橙色、褐黄色	5~5.5	无	可见气液两相包体、矿物包体、指纹状双晶现象；双晶强 (0.051)。吸收光谱：有时见 580nm 双吸收线

续附表 5

名称	颜色	光性特征	折射率	双折射率	相对密度	多色性	摩氏硬度	紫外荧光	内含物及其他特征
钙铁榴石	黄色、褐色	均质体，等轴晶系	1.888 (+0.007, -0.033)	无	3.84 (±0.03)	无	7~8	无	可见马尾状包体、矿物包体
人造钇铝榴石	黄色	均质体，等轴晶系	1.833 (±0.010)	无	4.50~4.60	无	8	无	洁净、偶见气泡
锰铝榴石	黄色、黄褐色	均质体，等轴晶系	1.810 (+0.004, -0.020)	无	4.15 (+0.05, -0.03)	无	7~8	无	可见波浪状、浑圆状、不规则状晶体或液态包体。有时可见平行排列的针状包体。可有猫眼效应
蓝宝石	黄色	非均质体，三方晶系一轴晶（一）	1.762~1.770 0.008~0.010		4.00 (+0.10, -0.05)	二色性强，黄色、橙黄色	9	LW 无-中，橙红色，橙黄色，SW 弱，红色-橙黄色	可见气液两相包体、指纹状包体、矿物包体、生长带、色带、双晶纹、负晶、针状包体、丝状包体、雾状包体。吸收光谱：蓝紫区 450nm 吸收带或 450nm、460nm、470nm 吸收线
合成蓝宝石	黄色、橙黄色、褐色	非均质体，三方晶系一轴晶（一）	1.762~1.770 (+0.009, -0.005)	0.008~0.010	4.00 (+0.10, -0.05)	二色性强，黄色、橙黄色	9	SW 非常弱，红色	焰熔法：弧形生长纹、气泡、未熔残余物；助熔剂法：指纹状包体、束状、纱幔状、球状、微滴状助熔剂残余、六边形或三角形金属片；水热法：树枝状生长纹、色带、金黄色金属包体或无色透明的纱网状包体、钉状包体

续附表 5

名称	颜色	光性特征	折射率	双折射率	相对密度	多色性	摩氏硬度	紫外荧光	内含物及其他特征
金绿宝石	浅—中黄褐色—黄褐色	非均质体，斜方晶系，二轴晶（+）	1.746~1.755 (+0.004, -0.006)	0.008~0.010	3.73 (±0.02)	弱—中，黄色、褐色	8~8.5	LW无，SW无—黄绿色	可见气液两相包体、矿物包体、丝状矿物、双晶纹等。吸收光谱：445nm强吸收带
合成金绿宝石	浅—中黄色、褐色—黄褐色	非均质体，斜方晶系，二轴晶（+）	1.746~1.755 (+0.004, -0.006)	0.008~0.010	3.73 (±0.02)	三色性，黄色、绿色、褐红色	8~9	LW无，SW无—黄绿色	助熔剂法：助熔剂包体、三角形、六边形的铂金属片。吸收光谱：445nm强吸收带
猫眼	黄色—黄绿色、褐色—褐黄色	非均质体，斜方晶系，二轴晶（+）	1.746~1.755 (+0.004, -0.006)	0.008~0.010	3.73 (±0.02)	三色性弱，黄色、黄绿色、橙色	8~8.5	无	可见丝状包体、气液两相包体，指纹状包体，负晶。吸收光谱：445nm强吸收带
钙铝榴石	酒黄色、褐黄色	均质体，等轴晶系	1.740 (+0.020, -0.010)	无	3.61 (+0.12, -0.04)	无	7~8	弱橙黄色	可见短柱状或浑圆状晶体包体，铁致色的桂榴石可有407nm、430nm吸收光谱。热浪效应
十字石	深褐色、红褐色、黄褐色	非均质体，单斜晶系，二轴晶（+）	1.739~1.761	0.013~0.014	3.74~3.83	三色性，无色、黄色或红色、金黄色	7.5	无	吸收光谱：450nm附近强吸收线，580nm附近弱吸收线
绿帘石	棕褐色、黄色	非均质体，单斜晶系，二轴晶（-）	1.729~1.768 (+0.012, -0.035)	0.019~0.045	3.40 (+0.10, -0.15)	三色性强，褐绿色、黄色	6~7	一般无	可见气液两相包体、矿物包体，生长纹及双折射现象。遇热盐酸部分溶解，遇氢氟酸快速溶解。吸收光谱：445nm强吸收线，有时具475nm弱吸收带，但不具特征

续附表 5

名称	颜色	光性特征	折射率	双折射率	相对密度	多色性	摩氏硬度	紫外荧光	内含物及其他特征
合成尖晶石	黄色、褐色	均质体，等轴晶系	焰熔法：1.728（+0.012，−0.008）；助熔剂法：1.719（±0.003）	无	3.64（+0.02，−0.12）	无	8	无—强	焰熔法：洁净，偶见弧形生长纹、气泡；助熔剂法：残余助熔剂（呈液滴状或条纱状）、金属薄片
尖晶石	黄色、橙黄色、褐色	均质体，等轴晶系	1.718（+0.017，−0.008）	无	3.60（+0.10，−0.03）	无	8	无	可见气液两相包体、矿物包体、生长纹、双晶纹，单个或呈指纹状分布的细小面状面负晶
蓝晶石	黄色、褐色	非均质体，三斜晶系，二轴晶（−）	1.716~1.731（±0.004）	0.012~0.017	3.68（+0.01，−0.12）	三色性	平行C轴 4~5，垂直C轴 6~7	LW 弱、红色，SW 无	可见气液两相包体、矿物包体、解理（一组完全、一组中等）、色带
符山石	棕黄色	非均质体，四方晶系，一轴晶（+/−）；或非均质集合体	1.713~1.718（+0.003，−0.013），点测常为1.71	0.001~0.012，集合体不可测	3.40（+0.10，−0.15）	二色性无—弱集合体不可测	6~7	无	可见气液两相包体、矿物包体，集合体呈粒状柱状结构
黝帘石	褐黄色	非均质体，斜方晶系，二轴晶（+）	1.691~1.700（±0.005）	0.008~0.013	3.35（+0.10，−0.25）	三色性强：浅蓝色、紫色、绿色 褐色者：	6~7	无	可见气液两相包体、生长纹、阳起石、石墨、十字石等矿物包体，一组完全解理
硅锌矿	绿黄色、黄褐色	非均质体，三方晶系，一轴晶（+）	1.691~1.723	0.028~0.029	3.89~4.18	二色性	5.5	无	半透明—透明，可见双折射现象

续附表 5

名称	颜色	光性特征	折射率	双折射率	相对密度	多色性	摩氏硬度	紫外荧光	内含物及其他特征
斧石	褐色、紫褐色、褐黄色	非均质体，三斜晶系二轴晶（-）	1.678~1.688（±0.005）	0.010~0.012	3.29（+0.07, -0.03）	三色性强，紫色—粉色、浅黄色、红褐色	6~7	通常无，可有红色荧光	可见矿物包体、气液两相包体，一组中等解理。吸收光谱：412nm, 466nm, 492nm, 512nm吸收线
透辉石	褐色	非均质体，单斜晶系二轴晶（+）	1.675~1.701（+0.029, -0.010）点测常为1.68	0.024~0.030	3.29（+0.11, -0.07）	三色性弱—强	5~6	无	可见气液两相包体、纤维状包体，矿物近正交的完全解理及双折射现象
普通辉石	灰褐色、褐色、紫褐色	非均质体，单斜晶系二轴晶（+）	1.670~1.772	0.018~0.033	3.23~3.52	三色性，浅绿色、绿黄色	5~6	无	可见气液两相包体、纤维状包体，矿物近正交双折射现象完全解理及双折射现象
硼铝镁晶石	绿黄色—褐黄色、褐色	非均质体，斜方晶系二轴晶（-）	1.668~1.707（+0.005, -0.003）	0.036~0.039	3.48（±0.02）	三色性中等	6~7	无	可见气液两相包体，矿物包体明显。生长纹、双折射现象。吸收光谱：493nm, 475nm, 463nm, 452nm吸收线
柱晶石	黄色、褐色	非均质体，斜方晶系二轴晶（-）	1.667~1.680（±0.003）	0.012~0.017	3.30（+0.05, -0.03）	三色性	6~7	无—强，黄色	可见矿物包体、气液两相包体，针状包体、生长纹、柱状闪光、两组解理。可有猫眼效应（罕见）。吸收光谱：503nm吸收线
翡翠	黄色、褐色	非均质集合体	1.666~1.690（+0.020, -0.010），点测常为1.66	集合体不可测	3.34（+0.11, -0.09）	集合体不可测	6.5~7	无—弱	可见星点、针状、片状闪光（翠性），粒状、柱状变晶结构、纤维交织结构—粒状纤维结构、矿物包体。吸收光谱：437nm吸收线

续附表 5

名称	颜色	光性特征	折射率	双折射率	相对密度	多色性	摩氏硬度	紫外荧光	内含物及其他特征
顽火辉石	褐黄色、黄色	非均质体，斜方晶系，二轴晶（+）	1.663~1.673（±0.010）	0.008~0.011	3.25（+0.15，−0.02）	三色性弱—强	5~6	无	可见气液两相包体，矿物包体，针状包体，两组近正交的完全解理。吸收光谱：505nm、550nm 吸收线
锂辉石	黄色	非均质体，单斜晶系，二轴晶（+）	1.660~1.676（±0.005）	0.014~0.016	3.18（±0.03）	三色性	6.5~7	无	可见气液两相包体，纤维状包体，矿物包体，两组近正交的完全解理
矽线石	褐色	非均质体，斜方晶系，二轴晶（+）；或非均质集合体	1.659~1.680（+0.004，−0.006）	0.015~0.021	3.25（+0.02，−0.11）	三色性	6~7.5	无	可见气液两相包体，矿物包体，一组完全解理，集合体呈纤维状结构
橄榄石	绿黄色、绿褐色	非均质体，斜方晶系，二轴晶（+/−）	1.654~1.690（±0.020）	0.035~0.038，通常为0.036	3.34（+0.14，−0.07）	弱，绿色、黄绿色	6.5~7	无	可见盘状气液两相包体，矿物包体的双折射现象。晶，负晶，明显吸光光谱：453nm、477nm、497nm 强吸收带
硅铍石	黄色、褐色	非均质体，三方晶系，一轴晶（+）	1.654~1.670（+0.026，−0.004）	0.016	2.95（±0.05）	三色性弱—中	7~8	无—弱	可见气液两相包体，矿物包体，常见片状云母或针状钼铅矿。有脆性
重晶石	黄色、褐色	非均质体，斜方晶系，二轴晶（+）	1.636~1.648（+0.001，−0.002）	0.012	4.50（+0.10，−0.20）	无—弱	3~4	偶有荧光和磷光	可见气液两相包体，晶体包体，生长纹，两组完全解理
红柱石	黄色、黄褐色	非均质体，斜方晶系，二轴晶（−）	1.634~1.643（±0.005）	0.007~0.013	3.17（±0.04）	三色性强，黄绿色、褐橙色、褐红色	7~7.5	LW 无，SW 无—中，绿色—黄绿色	可见气液两相包体，矿物包体，针状包体，空晶石变种中黑色碳质包体呈"十"字形分布。吸收光谱：436nm、445nm 吸收线

续附表 5

名称	颜色	光性特征	折射率	双折射率	相对密度	多色性	摩氏硬度	紫外荧光	内含物及其他特征
磷灰石	黄色、褐色	非均质体、六方晶系、一轴晶（-）	1.634~1.638 (+0.012, -0.006)	0.002~0.008, 多为0.003	3.18 (±0.05)	二色性极弱-弱	5~5.5	紫粉红色	可见气液两相包体、矿物包体、生长纹。可有猫眼效应
赛黄晶	黄色、褐色	非均质体、斜方晶、二轴晶（+/-）	1.630~1.636 (±0.003)	0.006	3.00 (±0.03)	三色性弱	7	LW 无-强、浅蓝色-蓝绿色，SW 较 LW 弱	可见气液两相包体、矿物包体。吸收光谱：某些可见580nm双线
硅硼钙石	浅黄色、褐色	非均质体、单斜晶系、二轴晶（-），常为非均质集合体	1.626~1.670 (-0.004)	0.044~0.046，集合体不可测	2.95 (±0.05)	集合体不可测	5~6	无-中、蓝色	可见明显的双折射现象、气液两相包体、集合体呈粒状或柱状结构
碧玺	黄色、绿黄色、褐色、黄褐色	非均质体、三方晶系、一轴晶（-）	1.624~1.644 (+0.011, -0.009)	0.018~0.040，通常为0.020	3.06 (+0.20, -0.06)	二色性中-强	7~8	无	可见气液两相包体、矿物包体、生长纹、色带、不规则管状包体及双折射现象
菱锌矿	黄色、褐色、棕色	非均质体、三方晶系、一轴晶（-）或非均质集合体	1.621~1.849	0.225~0.228，集合体不可测	4.30 (+0.15)	集合体不可测	4~5	无-强	可见完全解理、平行线状包体、强双折射现象、粒状结构、集合体常呈隐晶质结构，放射状构造。遇盐酸起泡
托帕石	黄色、褐色	非均质体、斜方晶、二轴晶（+）	1.619~1.627 (±0.010)	0.008~0.010	3.53 (±0.04)	弱-中，黄色者：黄黄色、橙黄色；褐色者：黄褐色、褐色	8	无-中	可见气液两相包体、矿物包体、气液固三相包体、生长纹、负晶，一组完全解理

续附表 5

名称	颜色	光性特征	折射率	双折射率	相对密度	多色性	摩氏硬度	紫外荧光	内含物及其他特征
天青石	黄色	非均质体，斜方晶系，二轴晶（+）	1.619~1.637	0.018	3.87~4.30	三色性弱	3~4	通常无，有时可显弱荧光	可见气液两相包体，矿物包体、生长纹，两组完全解理
异极矿	浅黄色、绿色、褐色	常为非均质集合体	1.614~1.636	0.022，集合体不可测	3.40~3.50	集合体不可测	4~5	无	可见粒状结构，放射状构造
葡萄石	浅黄色	非均质集合体	1.616~1.649（+0.016，-0.031），点测为1.63	0.020~0.035，集合体不可测	2.80~2.95	集合体不可测	6~6.5	无	可见矿物包体、纤维状结构，放射状构造。吸收光谱：438nm弱吸收线
磷铝锂石	浅黄色、绿黄色、褐色	非均质体，三斜晶系，二轴晶（+/-）	1.612~1.636（-0.034）	0.020~0.027，集合体不可测	3.02（±0.04）	三色性无－弱 集合体不可测	5~6	弱荧光，可有浅蓝色磷光	可见气液两相包体，矿物包体、生长纹及双折射现象，平行解理方向的云状物，两组粒状结构致密块状构造
软玉	黄色—褐色	非均质集合体	1.606~1.632（+0.009，-0.006），点测为1.60~1.61	集合体不可测	2.95（+0.15，-0.05）	集合体不可测	6~6.5	无	可见纤维交织结构，可有猫眼效应
磷铝钠石	绿黄色	非均质体，单斜晶系，二轴晶（+）	1.602~1.621（±0.003）	0.019~0.021	2.97（±0.03）	弱，黄绿色、绿色	5~6	无	可见气液两相包体，矿物包体、生长纹，双折射现象

续附表 5

名称	颜色	光性特征	折射率	双折射率	相对密度	多色性	摩氏硬度	紫外荧光	内含物及其他特征
绿柱石	黄、金黄色	非均质体，六方晶系，一轴晶（一）	1.577～1.583（±0.017）	0.005～0.009	2.72（+0.18，−0.05）	二色性弱—中	7.5～8	无	可见气液两相包体、气液固三相包体、矿物管状包体、平行管状包体、生长纹
独山玉	黄色、褐色	非均质集合体	1.560～1.700	集合体不可测	2.70～3.09，一般为 2.90	集合体不可测	6～7	无	可见纤维粒状结构或粒状变晶结构，有时可见蓝色或褐色色斑
寿山石	黄色、褐色	非均质集合体	1.56（点）	集合体不可测	2.50～2.90	集合体不可测	2～3	通常无	可见隐晶质结构—细粒状结构，致密块状构造，有时可见"萝卜纹"
珊瑚	金黄色	集合体	1.56～1.57（±0.01）	集合体不可测	1.35（+0.77，−0.05）	集合体不可测	2～3	无	纵面表层有时具丘疹状外观，横切面具同心层状或年轮状构造
方柱石	黄色	非均质体，四方晶系，一轴晶（一）	1.550～1.564（+0.015，−0.014）	0.004～0.037，常为 0.037	2.60～2.74	二色性	6～6.5	无—强	可见平行管状包体、针状包体、矿物两相包体、负晶、生长纹
龟甲	有黄色或棕色斑纹	均质体，非晶质体	1.550（−0.010）	无	1.29（+0.06，−0.03）	无	2～3	无色，黄色部分呈蓝白色荧光	可见由球状颗粒（圆形色素小点）组成的斑纹结构
黄晶	中—深黄色	非均质体，三方晶系，一轴晶（+）	1.544～1.553（+0.03，−0.02）	0.009	2.66（+0.03，−0.02）	二色性	7	无	可见气液两相包体、气液固三相包体、生长纹、色带、双晶纹、针状金红石、电气石等矿物包体、负晶。可有牛眼干涉图
合成水晶	黄色、绿黄色、浅一深褐色	非均质体，三方晶系，一轴晶（+）	1.544～1.553（+0.03，−0.02）	0.009	2.66（+0.03，−0.02）	二色性	7	无	可见面包渣状包体（垂直种晶板）及色带（平行种晶板），应力裂隙（钨矿晶板成直角），缺乏巴西双晶，火焰状双晶（偏光镜下观察）

续附表 5

名称	颜色	光性特征	折射率	双折射率	相对密度	多色性	摩氏硬度	紫外荧光	内含物及其他特征
硅化玉（木变石、硅化木、硅化珊瑚）	浅黄色—黄色、褐色	非均质集合体	1.544~1.553，点测为1.53~1.54	集合体不可测	2.48~2.85	集合体不可测	5~7	无	为隐晶质结构、粒状结构。木变石：纤维状结构。硅化木：纤维状结构，可见木纹、树皮、节瘤、虫洞等；硅化珊瑚：可见珊瑚的同心放射状构造
石英岩玉	黄色、褐色	非均质集合体	1.544~1.553，点测为1.54	集合体不可测	2.64~2.71	集合体不可测	6~7	无	可见粒状结构，矿物包体
堇青石	褐色	非均质体，斜方晶系，二轴晶(−)	1.542~1.551（+0.045，−0.011）	0.008~0.012	2.61(±0.05)	三色性强	7~7.5	无	可见矿物包体、气液两相包体、色带，一组完全解理
滑石	褐色	非均质集合体	1.540~1.590（+0.010，−0.002）	集合体不可测	2.75(+0.05，−0.55)	集合体不可测	1~3	无—弱	可见隐晶质结构—细粒状结构，致密块状构造，常含有脉状、斑块状杂质矿物，手感滑润
琥珀	浅黄色、黄色—深褐色	均质体，非晶质体	1.54（点）	无	1.08(+0.02，−0.12)	无	2~2.5	LW 弱—强，蓝白色、紫蓝色、黄绿色—橙黄色，SW 弱—无	可见气泡、流动纹、矿物包体（或碎片）、其他有机和无机包体。热针接触可熔化，有芳香味。摩擦可带电
玉髓（玛瑙、碧石）	黄色、褐色	非均质集合体	1.535~1.539，点测为1.53~1.54	集合体不可测	2.50~2.77	集合体不可测	5~7	通常无，有时显弱—强的黄绿色荧光	可见隐晶质结构、纤维状结构，外部可见贝壳状断口。玛瑙具条带状、环带状或同心层状构造，带间及晶洞中有时可见细粒石英晶体。碧石因含较多杂质矿物而呈微透明—不透明，粒状结构

续附表 5

名称	颜色	光性特征	折射率	双折射率	相对密度	多色性	摩氏硬度	紫外荧光	内含物及其他特征
鱼眼石	黄色	非均质体，四方晶系，一轴晶（一）	1.535~1.537	0.002	2.40（±0.10）	二色性弱	4~5	无一弱	可见气液两相包体、矿物包体、生长纹，一组完全解理
象牙	白色~淡黄色、浅黄色	集合体	1.53~1.54（点）	集合体不可测	1.70~2.00	集合体不可测	2~3	弱一强，蓝白色或紫蓝色荧光	可见波状纹理，引擎纹状纹理。硝酸、磷酸能使其变软
青田石	浅黄色	非均质集合体	1.53~1.60（点）	集合体不可测	2.65~2.90	集合体不可测	2~3	无	可见隐晶质结构、细粒状结构，致密块状构造，可含有蓝色、白色等斑点
天然珍珠	无色~浅黄色、黄色	集合体	1.53~1.68（点），常为1.53~1.56（点）	集合体不可测	天然海水珍珠为2.61~2.85；天然淡水珍珠为2.66~2.78，很少超过2.74	集合体不可测	2.5~4.5	无一强	可见放射同心层状结构，表面生长纹理，燃烧变褐色，过热遇盐酸起泡，表面摩擦有砂感
养殖珍珠	浅黄色、橙黄色	集合体	1.53~1.68（点），常为1.53~1.56（点）	集合体不可测	海水养殖珍珠为2.86，淡水养殖珍珠大多数天低于大多数天然淡水珍珠	集合体不可测	2.5~4	无一强	可见同心层状结构，表面有核养殖珍珠的珠核可呈平行层状结构；附壳珠一面具表面生长纹理，另一面具层状结构，遇盐酸起泡，表面摩擦有砂感
贝壳	棕色、黄色等	集合体	1.53~1.68（点）	集合体不可测	2.86（+0.03，-0.16）	集合体不可测	3~4	因种类不同而异	可见层状结构，表面具叠层复层结构，局部可见火焰状纹理，遇盐酸起泡，可显晕彩效应

续附表 5

名称	颜色	光性特征	折射率	双折射率	相对密度	多色性	摩氏硬度	紫外荧光	内含物及其他特征
长石	浅黄色、褐色	非均质体，二轴晶（+/−）	1.508~1.572	0.005~0.010	2.55~2.75	通常无	6~6.5	无—弱	可见矿物包体、针状包体、气液两相包体、解理、双晶纹
猛犸象牙	浅黄白色—浅黄色、棕褐色，牙皮常呈棕黄色—棕褐色	集合体	1.52~1.54（点）	集合体不可测	1.69~1.81	集合体不可测	2~3	弱—强，蓝白色或紫蓝色	可见波状纹理、引擎纹状纹理。两组纹指向牙心的最大夹角通常小于100°；"水印"（表面颜色深浅变化斑状分布的现象）；风化表皮。硝酸、磷酸能使其变软
白云石	黄色、褐色	非均质体，三方晶系，一轴晶（−），常为非均质集合体	1.505~1.743	0.179~0.184，集合体不可测	2.86~3.20	无—弱，集合体不可测	3~4	因颜色或成因而异	单晶体可见三组完全解理，强双折射现象。集合体常呈粒状结构。遇盐酸起泡
火山玻璃	褐色—褐黄色	均质体，非晶质	1.49（+0.020, −0.010）	无	2.40（±0.10）	无	5~6	通常无	可见气泡、流动构造、斑晶
玻璃陨石	中—深黄色	均质体，非晶质	1.49（+0.020, −0.010）	无	2.36（±0.04）	无	5~6	通常无	可见气泡、流动构造
方解石	黄色	非均质体，三方晶系，一轴晶（−）	1.486~1.658	0.172	2.70（±0.05）	无—弱	3	因颜色或成因而异	可见气液两相包体、矿物包体、生长纹、强双折射现象、三组完全解理

续附表 5

名称	颜色	光性特征	折射率	双折射率	相对密度	多色性	摩氏硬度	紫外荧光	内含物及其他特征
大理石	黄色	非均质集合体	1.486~1.658	集合体不可测	2.70（±0.05）	集合体不可测	3	因颜色或成因而异	可见粒状或纤维状结构，条带状或层状构造。遇盐酸起泡
玻璃	黄色、褐色	均质体，非晶质体	1.470~1.700（含稀土元素的玻璃为1.80左右）	无	2.30~4.50	无	5~6	弱—强	可见气泡、拉长的空心管，流动纹、浑圆状的刻面棱线，表面易破损，易磨损，还可具有脱玻化结构、蜂窝状结构
塑料	橙黄色、黄色	均质体，非晶质体	1.460~1.700	无	1.05~1.55	无	1~3	因颜色和成分而异	可见气泡、流动纹、"橘皮"效应、浑圆状刻面棱线，易被刻划。热针接触可熔化、表面易被刻划。有辛辣味，摩擦带电，触摸温感
萤石	棕色、黄色	均质体，等轴晶系，通常为均质集合体	1.434（±0.01）	无	3.18（+0.07，-0.18）	无	4	荧光强，可具磷光	可见气液两相包体、色带，四组完全解理、集合体呈粒状结构。可有变色效应

附表 6 紫色珠宝玉石特征表

名称	颜色	光性特征	折射率	双折射率	相对密度	多色性	摩氏硬度	紫外荧光	内含物及其他特征
合成金红石	紫色	非均质体，四方晶系一轴晶（+）	2.616~2.903	0.287	4.26 (+0.03, -0.03)	二色性很弱	6~7	无	可见强双折射现象，内部通常洁净，偶见气泡。色散强 (0.330)
钻石	淡紫罗兰色	均质体，等轴晶系	2.417	无	3.52 (±0.01)	无	10	无一强	可见浅一深色矿物包体、云状物、点状包体、羽状纹、生长纹、原始晶面、解理、刻面棱线锋利。热导仪测试发出蜂鸣声
合成立方氧化锆	浅紫色一紫色	均质体，等轴晶系	2.15 (+0.030)	无	5.80 (±0.20)	无	8.5	因色而异	通常洁净，有时可见未熔氧化锆残余、可含气泡渣状、气泡，外部可见贝壳状断口。色散强 (0.060)
人造钇铝榴石	浅紫色、紫色	均质体，等轴晶系	1.970 (+0.060)	无	7.05 (+0.04, -0.10)	无	6~7	中一强	可见气泡、三角形板状金属包体。色散强 (0.045)
锆石	紫色	非均质体，四方晶系一轴晶（+）	高型：1.925~1.984 (±0.040); 中型：1.875~1.905 (±0.030)	0.001~0.059	高型：4.60~4.80; 中型：4.10~4.60	二色性弱一中	6~7.5	无一强	可见气液两相包体、矿物包体。高型锆石双折射现象明显，中低型锆石中可见平直分带现象、絮状包体。性脆，棱角易磨损
人造钇铝榴石	浅紫色、紫色	均质体，等轴晶系	1.833 (±0.010)	无	4.50~4.60	无	8	无	洁净，偶见气泡

续附表6

名称	颜色	光性特征	折射率	双折射率	相对密度	多色性	摩氏硬度	紫外荧光	内含物及其他特征
铁铝榴石	红紫色、紫色	均质体，等轴晶系	1.790 (±0.030)	无	4.05 (+0.25, −0.12)	无	7~8	无	可见针状矿物、浑圆状晶体包体、锆石放射晕圈等。可有星光效应。吸收光谱：504nm、520nm、573nm 强 吸 收 带、423nm、460nm、610nm、680~690nm 弱吸收线
蓝宝石	蓝紫色、紫色	均质体，三方晶系，一轴晶(−)	1.762~1.770 (+0.009, −0.005)	0.008~0.010	4.00 (+0.10, −0.05)	二色性 紫色、紫红色	9	LW 无−强、红色，SW 无−弱、红色	可见矿物包体、气液两相包体、丝状包体、双晶纹、指纹状包体，平直或六边形生长纹裂理等
合成蓝宝石	紫色	非均质体，三方晶系，一轴晶(−)	1.762~1.770 (+0.009, −0.005)	0.008~0.010	4.00 (+0.10, −0.05)	二色性	9	无−强	焰熔法：弧形生长纹、气泡，未熔熔残余物；助熔剂残法：指纹状、束状、纱幔状、球状、微滴状助熔剂残余，六边形或三角形金属片；水热法：树枝状生长纹、色带，金黄色包体或钉状包体、金属片、无色透明的纱网状包体
红榴石（铁镁铝榴石）	红紫色、紫色	均质体，等轴晶系	1.760 (+0.010, −0.020)	无	3.84 (±0.10)	无	7~8	无	可见气液两相包体、矿物针状体包体、不规则或浑圆状晶体，锆石放射晕圈等。可有星光效应
合成尖晶石	紫色、蓝紫色	均质体，等轴晶系	焰熔法：1.728 (+0.012, −0.008)；助熔剂法：1.719 (±0.003)	无	3.64 (+0.02, −0.12)	无	8	无−强	焰熔法：洁净、偶见弧形生长纹、气泡、助熔剂法、残余助熔剂（呈滴状或面纱状）、金属薄片

续附表 6

名称	颜色	光性特征	折射率	双折射率	相对密度	多色性	摩氏硬度	紫外荧光	内含物及其他特征
尖晶石	紫色、红紫色、蓝紫色	均质体、等轴晶系	1.718（+0.017，-0.008）	无	3.60（+0.10，-0.03）	无	8	通常无	可见气液两相包体、矿物包体、生长纹、双晶纹、单个或呈指纹状分布的细小八面体负晶
蓝晶石	蓝紫色、褐紫色	非均质体、三斜晶系、二轴晶（-）	1.716~1.731（±0.004）	0.012~0.017	3.68（+0.01，-0.12）	三色性	平行C轴 4~5，垂直C轴 6~7	LW 弱、红色，SW 无	可见气液两相包体、矿物包体、解理（一组完全，一级中等）、色带
斧石	微紫色、褐紫色、蓝紫色	非均质体、三斜晶系、二轴晶（-）	1.678~1.688（±0.005）	0.010~0.012	3.29（+0.07，-0.03）	三色性强	6~7	无	可见气液两相包体、矿物包体、生长纹
翡翠	淡紫色、紫色	非均质集合体	1.666~1.690（+0.020，-0.010），点测常为1.66	集合体不可测	3.34（+0.06，-0.09）	无	6.5~7	无-弱	可呈星点、针状、粒状、柱状、片状闪光（翠性），片状变晶结构、纤维交织结构-粒状纤维结构、矿物包体。吸收光谱：437nm吸收线
锂辉石	浅紫色、紫色	非均质体、单斜晶系、二轴晶（+）	1.660~1.676（±0.005）	0.014~0.016	3.18（±0.03）	三色性	6.5~7	无-强	可见矿物包体、气液两相包体、两组近正交的完全解理
磷灰石	浅紫色、紫色	非均质体、六方晶系、一轴晶（-）	1.634~1.638（+0.012，-0.006）	0.002~0.008，多为0.003	3.18（±0.05）	二色性，极弱-弱	5~5.5	LW 绿黄色，SW 浅紫红色	可见气液两相包体、矿物包体。可具猫眼效应
碧玺	紫色、蓝紫色	非均质体、三方晶系、一轴晶（-）	1.624~1.644（+0.011，-0.009）	0.018~0.040，通常为0.020	3.06（+0.20，-0.06）	二色性中-强	7~8	无	可见气液两相包体、矿物包体、不规则管状包体、色带、平行线状包体，以及双折射现象

续附表 6

名称	颜色	光性特征	折射率	双折射率	相对密度	多色性	摩氏硬度	紫外荧光	内含物及其他特征
托帕石	浅紫色	非均质体，斜方晶系，二轴晶（+）	1.619~1.627（±0.010）	0.008~0.010	3.53（±0.04）	三色性弱—中	8	无—中	可见气液两相包体、气液固三相包体、矿物包体、生长纹、负晶、一组完全解理
苏纪石	深紫色、红紫色、蓝紫色	非均质集合体	1.61（点）	集合体不可测	2.74（+0.05）	集合体不可测	5.5~6.5	无	可见粒状结构、矿物包体
绿柱石	浅紫色	非均质体，六方晶系，一轴晶（-）	1.577~1.583（±0.017）	0.005~0.009	2.72（+0.18，-0.05）	二色性弱—中	7.5~8	无—弱	可见平行管状包体、平行管状包体、气液两相包体、矿物包体、负晶、生长纹
方柱石	浅紫色、紫色	非均质体，四方晶系，一轴晶（-）	1.550~1.564（+0.015，-0.014），紫色者为1.536~1.541	0.004~0.037，紫色者为0.005	2.60~2.74，紫色者常为2.60	二色性中—强，蓝色，蓝紫红色	6~6.5	无—强，粉红色、橙色或黄色	可见平行管状包体、针状包体、矿物包体、气液两相包体、负晶、生长纹
查罗石	紫色、紫蓝色	非均质集合体	1.550~1.559（±0.002），因成分不同而变化	集合体不可测	2.68（+0.10，-0.14）因成分不同而变化	集合体不可测	5~6	LW 无—弱、块状红色，SW 无	可见纤维状结构、矿物包体、色斑
紫晶	浅—深紫色	非均质体，一轴晶（+），三方晶系	1.544~1.553	0.009	2.66（+0.03，-0.02）	二色性	7	无	可见气液两相包体、生长纹、色带、双晶纹、针状金红石、电气石等矿物包体、负晶。可有牛眼干涉图
合成紫晶	紫色	非均质体，三方晶系，一轴晶（+）	1.544~1.553	0.009	2.66（+0.03，-0.02）	二色性	7	无—弱	可见面包渣状包体（垂直种晶板）及色带状包体（平行种晶板）、应力裂隙（与种晶板成巴西双晶、火焰状双晶），缺乏巴西双晶（偏光镜下观察）

续附表 6

名称	颜色	光性特征	折射率	双折射率	相对密度	多色性	摩氏硬度	紫外荧光	内含物及其他特征
堇青石	带蓝色调的紫色	非均质体，斜方晶系，二轴晶（一）	1.542～1.551 （+0.045，－0.011）	0.008～0.012	2.61 （±0.05）	三色性强，浅紫色、深紫色、黄褐色	7～7.5	无	可见色带、气液两相包体、矿物包体，一组完全解理，可有星光效应、猫眼效应、砂金效应（稀少）
锂云母（丁香紫玉）	丁香紫色、玫瑰紫色、淡紫紫色、淡紫灰色	非均质集合体	点测为 1.54～1.56	集合体不可测	2.80～2.90	集合体不可测	3～4	无	可见片状或鳞片状结构，致密块状构造
鱼眼石	紫色	非均质体，四方晶系，一轴晶（一）	1.535～1.537	0.002	2.40 （±0.10）	二色性弱	4～5	无～弱	可见气液两相包体、矿物包体，一组完全解理
玻璃	紫色	非晶质体	1.470～1.700 （含稀土元素的玻璃为1.80左右）	无	2.30～4.50	无	5～6	弱～强	可见气泡、拉长的空心管、流动线、浑圆状的刻面棱线，表面易被刻划、易磨损
塑料	紫色	非晶质体	1.460～1.700	无	1.05～1.55	无	1～3	因颜色和成分而异	可见气泡、流动纹、"橘皮"效应、浑圆状刻面棱线、表面易熔化，热针可熔化，摩擦带电，触摸温感，有辛辣味、摩擦接触可被刻划
萤石	紫色	均质体，等轴晶系；通常为均质集合体	1.434 （±0.01）	无	3.18 （+0.07，－0.18）	无	4	荧光强，可具磷光	可见气液两相包体、色带，四组完全解理，集合体呈粒状结构

附表 7 灰色、黑色系列珠宝玉石特征表

名称	颜色	光性特征	折射率	双折射率	相对密度	多色性	摩氏硬度	紫外荧光	内含物及其他特征
赤铁矿	深灰色—黑色	非均质体，三方晶系一轴晶（一）；或成为非均质集合体	2.940～3.220（-0.070）	集合体不可测	5.20（+0.08，-0.25）	集合体不可测	5～6	无	不透明，金属光泽，粒状结构，致密块状构造，外部可见锯齿状断口，条痕及断口表面呈红褐色
针铁矿（乌刚石）	乌黑色	非均质体，斜方晶系二轴晶（一）；或成为非均质集合体	2.260～2.398	集合体不可测	4.28	集合体不可测	4～6	无	常不透明，亚金属光泽—亚金刚光泽，有时呈丝绢光泽，锯齿状断口
钻石	黑色	均质体，等轴晶系	2.417	无	3.52（±0.01）	无	10	无—强	可见一深色矿物包体、云状物、点状包体、羽状纹、生长纹、原始晶面、解理、刻面棱线锋利。热导仪测试发出蜂鸣声
合成钻石	黑色	均质体，等轴晶系	2.417	无	3.52（±0.01）	无	10	LW 无—弱，SW 无—强	HTHP 合成钻石可见金属包体，呈云雾状分布的点状包体，与生长区对应的色带或色块；CVD 合成钻石可见点状包体
合成立方氧化锆	黑色	均质体，等轴晶系	2.150（+0.030）	无	5.80（±0.20）	无	8.5	因色而异	通常洁净，有时可含未熔氧化锆残余，外部可见贝壳状断口
锡石	暗褐色—黑色	非均质体，四方晶系一轴晶（+）	1.997～2.093（+0.009，-0.006）	0.096～0.098	6.95（±0.08）	二色性，弱—中，浅—暗褐色	6～7	无	可见气液两相包体、矿物包体、气泡、生长纹、色带、强双折射现象、色散强（0.071）

续附表 7

名称	颜色	光性特征	折射率	双折射率	相对密度	多色性	摩氏硬度	紫外荧光	内含物及其他特征
黑榴石	灰色—黑色	均质体、等轴晶系	1.875 (±0.020)	无	3.84 (±0.03)	无	7~8	无	可见气液两相包体、针状及其他形状的矿物包体，不规则或浑圆状晶体包体
蓝宝石	灰色、黑色	非均质体、三方晶系、一轴晶（一）	1.762~1.770 (+0.009, −0.005)	0.008~0.010	4.00 (+0.10, −0.05)	二色性	9	无	可见气液两相包体、指纹状包体，矿物包体、生长纹、色带、双晶纹、针状包体、丝状包体、雾状包体
合成蓝宝石	蓝黑色、褐黑色	非均质体、三方晶系、一轴晶（一）	1.762~1.770 (+0.009, −0.005)	0.008~0.010	4.00 (+0.10, −0.05)	二色性	9	无—强	焰熔法：弧形生长纹、气泡，未熔残余物；助熔剂法：指纹状包体、束状、纱幔状、助熔剂残余、球状、微滴状助熔剂残余、六边形或三角形金属片；水热法：树枝状生长纹、色带、金黄色包体或钉状包体、金属包体，无色透明的纱网状包体等
钙铝榴石	黑色	均质体、等轴晶系	1.740 (+0.020, −0.010)	无	3.61 (+0.12, −0.04)	无	7~8	无	可见矿物包体等
合成尖晶石	黑绿色—绿黑色	均质体、等轴晶系	焰熔法：1.728 (+0.012, −0.008)；助熔剂法：1.719 (±0.003)	无	3.64 (+0.02, −0.12)	无	8	无—强	焰熔法：洁净，偶见弧形生长纹、气泡（呈滴状或面纱状）、残余助熔剂、金属薄片；可有变色效应
尖晶石（铁镁尖晶石）	黑色、暗绿色	均质体、等轴晶系	1.718 (+0.017, −0.008)，最高可为 2.00	无	近于 4.00	无	8	无	可见气液两相包体、矿物包体、生长纹、双晶纹，单个或呈指纹状分布的细小八面体负晶。可有星光效应（稀少），变色效应

续附表 7

名称	颜色	光性特征	折射率	双折射率	相对密度	多色性	摩氏硬度	紫外荧光	内含物及其他特征
紫苏辉石	灰色、黑色、黑绿色、黑褐色	非均质体，斜方晶系二轴晶（—）	1.689~1.727	0.010~0.016	3.30~3.50	三色性	5~6	—	可见矿物包体，两组近垂直完全解理。可有猫眼效应
透辉石	灰绿色、黑色	非均质体，单斜晶系二轴晶（+）	1.675~1.701 (+0.029, -0.010), 点测常为1.68	0.024~0.030	3.29 (+0.11, -0.07)	/	5~6	无	可见气液两相包体，纤维状包体，矿物包体，两组近正交完全解理。双折射现象
普通辉石	灰褐色、绿黑色等	非均质体，单斜晶系二轴晶（+）	1.670~1.772	0.018~0.033	3.23~3.52	三色性，浅绿色、浅褐色、绿黄色	5~6	无	可见两相包体，纤维状包体，两组近垂直完全解理现象，矿物包体。双折射现象。可星光效应、猫眼效应
翡翠	灰色、黑色	非均质集合体	1.666~1.690 (+0.020, -0.010), 点测常为1.66	集合体不可测	3.34 (+0.11, -0.09)	集合体不可测	6.5~7	无	可见星点、针状、片状闪光（翠性），粒状、柱状变晶结构，纤维交织结构—粒状变晶纤维结构，矿物包体。吸收光谱：437nm吸收线
顽火辉石	灰色、黑色	非均质体，斜方晶系二轴晶（+）	1.663~1.673 (±0.010)	0.008~0.011	3.25 (+0.15, -0.02)	/	5~6	无	可见矿物包体，纤维状包体，两组近垂直完全解理。可有猫眼效应、星光效应
煤精	黑色、褐黑色	均质体，非晶质体	1.66 (±0.02)	无	1.32 (±0.02)	无	2~4	无	外部可见贝壳状断口，条带状构造，可燃烧，热针测试有煤烟味，摩擦带电，条痕呈褐色

续附表 7

名称	颜色	光性特征	折射率	双折射率	相对密度	多色性	摩氏硬度	紫外荧光	内含物及其他特征
矽线石	白色—灰色	非均质体，斜方晶系（+）；非均质集合体	1.659~1.680 (+0.004, −0.006)	0.015~0.021	3.25 (+0.02, −0.11)	无	6~7.5	无	可见气液两相包体、矿物包体，一组完全解理，集合体呈纤维状结构。可有猫眼效应
碧玺	黑色	非均质体，三方晶系（−），一轴晶（−）	1.624~1.644 (+0.011, −0.009)	0.018~0.040，通常为0.020，深色者可达0.040	3.06 (+0.20, −0.060)	无	7~8	无	可见气液两相包体、矿物包体，生长纹、色带，不规则管状包体，平行线状包体、双折射现象
软玉	灰色、黑色	非均质集合体	1.606~1.632 (+0.009, −0.006)，点测常为1.60~1.61	集合体不可测	2.95 (+0.15, −0.05)	集合体不可测	6~6.5	无	可见纤维交织结构，矿物包体
绿柱石	黑色	非均质体，六方晶系，一轴晶（−）	1.577~1.583 (±0.017)	0.005~0.009	2.72 (+0.18, −0.05)	无	7.5~8	无—弱	可见气液两相包体，气液固三相包体，矿物包体，平行管状包体，生长纹
角质珊瑚	灰黑色—黑色	集合体	1.56~1.57 (±0.01)	集合体不可测	1.35 (+0.77, −0.05)	集合体不可测	2~3	无	纵面表层有时可具丘疹状外观，横切面具同心层状或年轮状构造
烟晶	浅—深褐色	非均质体，三方晶系，一轴晶（+）	1.544~1.553	0.009	2.66 (+0.03, −0.02)	二色性弱	7	无	可见气液两相包体，生长纹、色带，双晶纹，针状金红石、电气石等矿物包体，负晶。可有牛眼干涉图

续附表 7

名称	颜色	光性特征	折射率	双折射率	相对密度	多色性	摩氏硬度	紫外荧光	内含物及其他特征
合成水晶	茶色、黑色	非均质体，三方晶系，一轴晶（+）	1.544~1.553	0.009	2.66（+0.03，-0.02）	二色性弱	7	无	可见面包渣状包体，气液两相钉状包体（垂直种晶晶板）及色带（平行种晶晶板），应力裂隙（与种晶板成直角）
石英岩玉	灰色—黑色	非均质集合体	1.544~1.553，点测常为1.54	集合体不可测	2.64~2.71	集合体不可测	6~7	无	可见粒状结构，矿物包体
玉髓（玛瑙）	灰色、黑色	非均质集合体	1.535~1.539，点测为1.53~1.54	集合体不可测	2.50~2.77	集合体不可测	5~7	无	玛瑙具条带状、环带状同心层状结构，带间可见细粒石英晶体
天然珍珠	黑色等	集合体	1.53~1.68（点），常为1.53~1.56（点）	集合体不可测	天然海水珍珠为2.61~2.85；天然淡水珍珠为2.66~2.78，很少超过2.74	集合体不可测	2.5~4.5	LW弱—中，红色、橙红色	可见放射同心层状结构，表面生长纹理，遇盐酸起泡、过热燃烧变褐色，表面摩擦有砂感
养殖珍珠（珍珠）	灰白色、灰色、黑色等	集合体	1.53~1.68（点），常为1.53~1.56（点）	集合体不可测	海水养殖珍珠为2.72~2.78，淡水养殖珍珠低于大多数天然淡水珍珠	集合体不可测	2.5~4	无—强	可见放射同心层状结构，表面生长纹理。有核养殖珠的核可呈平行层状结构；附壳珠一面具层状结构，另一面表面摩擦有砂感
长石	灰白色、灰色、灰黑色等	非均质体，二轴晶（+/-）	1.508~1.572	0.005~0.010	2.55~2.75	通常无	6~6.5	无—弱	可见矿物包体、针状包体、气液两相包体、解理、双晶纹

续附表 7

名称	颜色	光性特征	折射率	双折射率	相对密度	多色性	摩氏硬度	紫外荧光	内含物及其他特征
天然玻璃（黑曜岩）	黑色	均质体，非晶质	1.490（+0.020,−0.010）	无	2.40（±0.10）	无	5~6	无	可见气泡、流动构造，外部可见贝壳状断口。黑曜岩常见矿物包体，似针状包体
大理石	灰色、黑色	非均质集合体	1.486~1.658	集合体不可测	2.70（±0.05）	集合体不可测	3	因颜色或成因而异	可见粒状或纤维状结构，条带状或层状构造。遇盐酸起泡
玻璃	灰色、黑色	均质体，非晶质体	1.470~1.700（含稀土元素的玻璃为1.80左右）	无	2.30~4.50	无	5~6	弱—强	可见气泡、拉长的空心管，流动线、浑圆状的刻面棱线，表面易被刻划，热针接触可熔化，有辛辣味，摩擦带电，触摸温感
塑料	灰色、黑色	均质体，非晶质体	1.460~1.700	无	1.05~1.55	无	1~3	因颜色和成分而异	可见气泡、流动纹，"橘皮"效应，浑圆状刻面棱线，表面易被刻划。热针接触可熔化，有辛辣味，摩擦带电，触摸温感
欧泊	深灰色、黑色等	均质体，非晶质体	1.450（+0.020,−0.080）	无	2.15（+0.08,−0.90）	无	5~6	无—中，可有磷光	色斑不规则片状边界平坦且较模糊，表面呈丝绢状外观，可见矿物包体
萤石	灰色、蓝黑色	均质体，等轴晶系；通常为均质集合体	1.434（±0.001）	无	3.18（+0.07,−0.18）	无	4	强荧光，可具磷光	可见气液两相包体、色带，四组完全解理，集合体呈粒状结构
合成欧泊	灰色、黑色	均质体，非晶质体	1.430~1.470	无	1.97~2.20	无	4.5~6	LW 无，SW 弱—强。无磷光	变彩色斑呈镶嵌状结构，边缘呈锯齿状，每个镶嵌块内可有蛇皮状、蜂窝状，阶梯状结构

附表 8 珠宝玉石特征一览表

名称	颜色	光泽	光性特征及晶系	多色性	折射率	双折射率	相对密度	摩氏硬度	紫外荧光	内含物及其他特征
赤铁矿 (hematite)	深灰色—黑色	金属光泽	非均质集合体，三方晶系，一轴晶（一）	集合体不可测	2.940~3.220 (-0.070)	集合体不可测	5.20 (+0.08, -0.25)	5~6	无	可见粒状结构，致密块状构造，外部可见锯齿状断口，条痕及断口表面呈红褐色
合成碳硅石 (synthetic moissanite)	无色或略带浅黄色、浅绿色调，绿色、黑色等	亚金刚光泽	非均质体，六方晶系，一轴晶（+）	不特征	2.648~2.691	0.043	3.22 ±0.02	9.25	LW 无—橙色	可见点状、丝状包体，双折射现象明显，导热仪测试可发出蜂鸣声，色散强 (0.104)
合成金红石 (synthetic rutile)	浅黄色，也可见蓝色、蓝绿色、橙色等	亚金刚光泽—亚金属光泽	非均质体，四方晶系，一轴晶（+）	弱，浅黄色、浅黄色、无色	2.616~2.903	0.287	4.26 (+0.03, -0.03)	6~7	无	可见强双折射现象，内部通常洁净，偶见气泡，色散强 (0.330)
钻石 (diamond)	无色—浅黄色（褐色、灰色）及彩色系列	金刚光泽	均质体，等轴晶系	无	2.417	无	3.52 (±0.01)	10	无—强，橙黄色、黄色、蓝色、粉色等，SW 下荧光常弱于 LW	可见浅—深色矿物包体，云状物，点状包体，羽状纹，生长纹，原始晶面，解理，刻面棱线锋利。吸收光谱：绝大多数 Ia 型钻石有 415nm 吸收线，色散强 (0.044)，热导仪测试发出蜂鸣声

续附表 8

名称	颜色	光泽	光性特征及晶系	多色性	折射率	双折射率	相对密度	摩氏硬度	紫外荧光	内含物及其他特征
合成钻石 (synthetic diamond)	黄色、无色、蓝色、褐色、紫红色、黄色等	金刚光泽	均质体，等轴晶系	无	2.417	无	3.52 (±0.01)	10	LW：HTHP合成钻石呈惰性，CVD合成钻石呈弱橘黄色、弱黄绿色荧光或惰性；SW：HTHP合成钻石无一强、淡黄色、绿黄色、橙黄色、绿蓝色，不均匀，部分有磷光，CVD合成钻石弱橘黄色、弱黄绿色荧光性。SW强于LW	HTHP合成钻石可见金属包体，呈云雾状的点状包体，与生长区对应的点状色带或色块；CVD合成钻石可见点状包体
人造钛酸锶 (strontium titanate)	无色、绿色	玻璃光泽—亚金刚光泽	均质体，等轴晶系	无	2.409	无	5.13 (±0.02)	5~6	一般无	棱角易磨损，抛光差（硬度很低），偶见气泡。色散强 (0.190)
闪锌矿 (sphalerite)	无色—浅黄色、棕褐色—黑色等，随Fe含量增多而加深	金刚光泽—半金属光泽，随Fe含量增多而增强	均质体，等轴晶系	无	2.369，随Fe含量增多而增大	无	3.90~4.10，随Fe含量增多而降低	3.5~4	无，少数呈橘红色；部分经摩擦后可发磷光	可见气液两相包体，双晶纹，色带，一组完全解理。吸收光谱：651nm，667nm，690nm吸收线。色散强 (0.156)
合成立方氧化锆 (synthetic cubic zirconia)	各种颜色，常见无色、粉色、红色、黄色、橙色、蓝色、黑色等	亚金刚光泽	均质体，等轴晶系	无	2.150 (+0.030)	无	5.80 (±0.20)	8.5	因色而异。无色者：SW弱—中，黄色、橙黄色者：LW中—强，绿黄色或橙黄色	内部通常洁净，有时可见残余化锆残余、气泡、色散状，外部可见贝壳状断口。色散强 (0.060)

续附表 8

名称	颜色	光泽	光性特征及晶系	多色性	折射率	双折射率	相对密度	摩氏硬度	紫外荧光	内含物及其他特征
锡石 (cassiterite)	暗褐色—黑色、黄色、褐色、无色等	亚金刚光泽—金刚光泽	非均质体，四方晶系，一轴晶（+）	二色性弱—中，浅—暗褐色	1.977~2.093 (+0.009, -0.006)	0.096~0.098	6.95 (±0.08)	6~7	无	可见气液两相包体、矿物包体、生长纹、色带、强双折射现象。色散强 (0.071)
人造钆镓榴石 (gadolinium gallium garnet)	通常无色或浅褐色—黄色	玻璃光泽—亚金刚光泽	均质体，等轴晶系	无	1.970 (+0.060)	无	7.05 (+0.04, -0.10)	6~7	SW 中—强，橙色—粉红色	可见气泡、三角形板状金属包体。色散强 (0.045)
锆石 (zircon)	无色、蓝色、黄色、绿色、褐色、橙色、红色、紫色等	玻璃光泽—金刚光泽	非均质体，四方晶系，一轴晶（+）	通常弱，因颜色而异。蓝色者：强，蓝色—无色；黄绿色者：很弱，黄绿色—绿色；橙色者：弱—中，棕黄色—红色；紫红色者：中，紫色—紫红色	高型：1.925~1.984 (±0.040)；中型：1.875~1.905 (±0.030)；低型：1.810~1.815 (±0.030)	0.001~0.059	通常为 3.90~4.73。高型：4.60~4.80；中型：4.10~4.60；低型：3.90~4.10	6~7.5	蓝色者：LW 无—中，浅蓝色、绿色，SW 无，通常无；黄色者：无—中，橙黄色，橙色；无—强，橙红色、黄色、棕色、褐色；红色者：弱，无—极弱，红色	可见气液两相包体、矿物包体。高型锆石双折射现象明显，中低型锆石中可显示平直的分带现象。性脆，棱角易磨损。色散 0.039。可见特征吸收光谱，653.5nm 吸收线
榍石 (sphene)	黄色、绿色、褐色、橙色，无色，少见红色	金刚光泽	非均质体，单斜晶系，二轴晶（+）	三色性，绿黄色—褐色，中—强，浅黄色、褐橙色、黄色	1.900~2.034 (±0.020)	0.100~0.135	3.52 (±0.02)	5~5.5	无	可见气液两相包体、矿物包体，指纹状包体，双晶纹，强双折射现象，色散强 (0.051)。吸收光谱：有时可见 580nm 双吸收线

续附表 8

名称	颜色	光泽	光性特征及晶系	多色性	折射率	双折射率	相对密度	摩氏硬度	紫外荧光	内含物及其他特征
钙铁榴石 (andradite)	黄色、绿色、褐黑色	玻璃光泽—亚金刚光泽	均质体，等轴晶系	无	1.888 (+0.007, −0.033)	无	3.84 (±0.03)	7~8	无	可见马尾状包体，矿物包体。翠榴石色散强(0.057)，查氏镜下变红，具 Cr 吸收谱，可具变色效应
人造钇铝榴石 (yttrium aluminium garnet)	无色、绿色(可具变色效应)、蓝色、粉红色、红色、橙色、黄色、紫红色等	玻璃光泽—亚金刚光泽	均质体，等轴晶系	无	1.833 (±0.010)	无	4.50~4.60	8	无色者：LW 无—中，SW 无—红；橙色者：粉红；蓝绿色者：无；黄绿色者：强黄色，可具磷光；红色者：LW 强，SW 弱红色	内部洁净，偶见气泡。致咯绿色者可具变色效应，在查氏镜下变红，色散 0.028
锰铝榴石 (spessartite)	橙色—橙红色	玻璃光泽—亚金刚光泽	均质体，等轴晶系	无	1.810 (+0.004, −0.020)	无	4.15 (+0.05, −0.03)	7~8	无	可见波浪状、浑圆状、不规则状晶体包体或液态状包体。还可有平行排列的针状包体。可有猫眼效应。吸收谱：410nm、420nm、430nm、480nm、520nm、460nm 吸收线、有时可有 504nm、573nm 强吸收线
铁铝榴石 (almandite)	橙红色—红色、紫红色—红紫色、色调较暗	玻璃光泽—亚金刚光泽	均质体，等轴晶系	无	1.790 (±0.030)	无	4.05 (+0.25, −0.12)	7~8	无	可见针状矿物包体、不规则或浑圆状晶体包体等。铬石放射晕圈。可有星光效应。吸收谱：504nm、520nm、573nm 强吸收带、460nm、423nm、610nm、680~690nm 弱吸收带

续附表 8

名称	颜色	光泽	光性特征及晶系	多色性	折射率	双折射率	相对密度	摩氏硬度	紫外荧光	内含物及其他特征
红宝石 (ruby)	红色、橙红色、紫红色、褐红色	玻璃光泽—亚金刚光泽	非均质体，三方晶系—一轴晶（－）	二色性强，紫红色、橙红色	1.762～1.770 (+0.009, －0.005)	0.008～0.010	4.00 (±0.05)	9	LW弱—强、红色，SW中、红色、橙红色，少数惰性	可见气液两相包体，指纹状包体、矿物包体、生长纹、色带、双晶纹，负晶、针状包体，丝状包体，雾状包体。吸收光谱：为Cr红区694nm，692nm，668nm，659nm，橙区620～540nm吸收带，蓝区476nm，475nm强吸收线、468nm弱吸收线，紫区全吸收
合成红宝石 (synthetic ruby)	红色、橙红色、紫红色	玻璃光泽—亚金刚光泽	非均质体，三方晶系—一轴晶（－）	二色性强，紫红色、橙红色	1.762～1.770 (+0.009, －0.005)	0.008～0.010	4.00 (±0.05)	9	LW红、红色，SW中—强、红色或粉红色或粉白色	焰熔法：气泡、弧形生长纹；助熔剂法：助熔剂残余，铂金属片包体，铂金属片状包体；六边形、三角形、糖浆状生长纹，彗星状包体；水热法：树枝状生长纹理，金黄色金属片、无色透明的纱网状包体或钉状包体
蓝宝石 (sapphire)	蓝色、绿色、黄色、橙色、紫色、粉色、黑色、灰色、无色等	玻璃光泽—亚金刚光泽	非均质体，三方晶系—一轴晶（－）	二色性强。因颜色而异。蓝色者：蓝色—绿蓝色；绿色者：黄绿色—绿色；黄色者：橙黄色—黄色；橙色者：橙红色—橙色；粉色者：粉红色—粉色；紫色者：紫色—紫红色	1.762～1.770 (+0.009, －0.005)	0.008～0.010	4.00 (+0.10, －0.05)	9	无色者：无—中，红色；蓝色者：LW 无—弱，SW 无—弱；橙红色者：LW 橙红、SW橙红色；黄色者：LW强黄色、SW弱橙黄色；橙色者：LW橙红、SW橙红色；粉红色者：LW红、SW红色；紫色者：LW 红—强、SW 无—弱、红紫色	可见气液两相包体，指纹状包体、矿物包体、生长纹、色带、双晶纹、针状包体、负晶、雾状包体、星状包体，丝状包体，星光效应，色带，绿色、蓝色有变色效应。吸收光谱：蓝蓝宝区450nm、460nm、470nm处有吸收带或在450nm处有吸收带；粉红宝石：具红宝石的吸收光谱

续附表 8

名称	颜色	光泽	光性特征及晶系	多色性	折射率	双折射率	相对密度	摩氏硬度	紫外荧光	内含物及其他特征
合成蓝宝石 (synthetic sapphire)	蓝色、绿色（变色）、黄色、粉色、橙色、无色等	玻璃光泽	非均质体，三方晶系一轴晶（－）	二色性强。蓝色者：蓝色，绿蓝色；绿色者：绿色，黄绿色；橙色者：黄，橙黄色；粉色者：粉色，紫红色；变色者：紫色，蓝色	1.762~1.770 (+0.009, -0.005)	0.008~0.010	4.00 (+0.10, -0.05)	9	无色者：无—弱；变色者：蓝白色，中等的橙红色；蓝色者：LW 无，SW 弱—中，黄绿色；粉色者：LW 中—强，红色，SW 红粉色；橙色者：LW 弱，橙色，SW 褐红色；黄色者：LW 无，SW 非常弱的红色	熔熔法：弧形生长纹，气泡、未熔残余物；助熔剂法：指纹状包体，束状、纱幔状、球状、微滴助熔剂残余、六边形或三角形金属片；水热法：树枝状生长纹、色带、金黄色金属片，色带，无色透明的纱网状包体或合成蓝宝石可有 450nm 吸收线；变色合成蓝宝石可有 474nm 吸收线
铁铝榴石 (rhodolite)	红色、紫红色等	玻璃光泽	均质体，等轴晶系	无	1.760 (+0.010, -0.020)	无	3.84 (±0.10)	7~8	无	可见气液两相包体，针状矿物包体，不规则或浑圆状矿物包体，锆石放射晕圈等。可有星光效应
蓝锥矿 (benitoite)	蓝色、紫蓝色，常见具环带的浅蓝色、无色、白色等，少见粉色	玻璃光泽—亚金刚光泽	非均质体，六方晶系一轴晶（＋）	因颜色而异。蓝色者：强，蓝色，无色；紫色者：紫色，红色	1.757~1.804	0.047	3.68 (+0.01, -0.07)	6~7	LW 无，SW 蓝白色	可见气液两相包体，矿物包体，生长纹、色带，双折射现象明显（0.044）
金绿宝石 (chrysoberyl)	浅—中等黄色、黄绿色、灰绿色、褐色—褐黄色等，少见浅蓝色	玻璃光泽—亚金刚光泽	非均质体，斜方晶系二轴晶（＋）	三色性弱—中，黄色，褐色	1.746~1.755 (+0.004, -0.006)	0.008~0.010	3.73 (±0.02)	8~8.5	LW 无，黄色、黄绿色者 SW 无色—黄绿色	可见气液两相包体，指纹状包体，丝状包体，双晶纹。吸收光谱：445nm 强吸收带

续附表 8

名称	颜色	光泽	光性特征及晶系	多色性	折射率	双折射率	相对密度	摩氏硬度	紫外荧光	内含物及其他特征
合成金绿宝石 (synthetic chrysoberyl)	浅—中黄绿色，黄绿色，灰绿色，褐色—黄褐色等	玻璃光泽	非均质体，斜方晶系，二轴晶(+)	三色性，黄色，绿色，褐红色	1.746~1.755 (+0.004, -0.006)	0.008~0.010	3.73 (±0.02)	8~9	LW 无，黄色，绿色 SW 无—黄绿色	助熔剂法：助熔剂包体，呈三角形、六边形的铂金片。吸收光谱：有445nm吸收带
猫眼 (cat's eye)	黄色—黄绿色，灰绿色，褐色—黄褐色等	玻璃光泽	非均质体，斜方晶系，二轴晶(+)	三色性弱，黄色，黄绿色，橙色	1.746~1.755 (+0.004, -0.006)	0.008~0.010	3.73 (±0.02)	8~8.5	无。变石猫眼：弱—中，红色	可见丝状包体，气液两相包体、指纹状包体，负晶。可有猫眼效应、变色效应。猫眼吸收光谱：445nm强吸收带
变石 (alexandrite)	日光下黄绿色—蓝绿色，白炽灯下橙红色—褐红色—紫红色	玻璃光泽—亚金刚光泽	非均质体，斜方晶系，二轴晶(+)	三色性强，绿色，橙色，紫红色	1.746~1.755 (+0.004, -0.005)	0.008~0.010	3.73 (±0.02)	8~8.5	无—中，紫红色	可见气液两相包体、指纹状包体、丝状包体、双晶纹。可有变色效应、猫眼效应。吸收光谱：680nm、678nm强吸收，665nm、655nm、645nm弱吸收线、580nm和630nm之间部分吸收带、476nm、473nm、468nm三条弱吸收线，紫区吸收
合成变石 (synthetic alexandrite)	日光下蓝绿色，白炽灯下褐红色—紫红色	玻璃光泽—亚金刚光泽	非均质体，斜方晶系，二轴晶(+)	三色性强，绿色，橙色，紫红色	1.746~1.755 (+0.004, -0.005)	0.008~0.010	3.73 (±0.02)	8.5	中—强，红色	助熔剂法：纱幔状包体，残余助熔剂、铂金片、平行生长纹；提拉法：针状包体、弯曲生长纹；区域熔炼法：气泡、旋涡状结构

续附表 8

名称	颜色	光泽	光性特征及晶系	多色性	折射率	双折射率	相对密度	摩氏硬度	紫外荧光	内含物及其他特征
钙铝榴石 (grossular)	浅—深绿色、浅—深黄色、橙红色、少见无色	玻璃光泽	均质体，等轴晶系	无	1.740 (+0.020, -0.010)	无	3.61 (+0.12, -0.04)	7~8	近于无，黄色、浅绿色者有弱橙黄色荧光	可见短柱状或浑圆状晶体包裹体，热浪效应。吸收光谱：铁致色的桂榴石可有 407nm，430nm 弱吸收带
蔷薇辉石 (rhodonite)	浅红色、紫红色、粉红色、褐红色等，常有黑色斑点或脉，有时间杂有绿色或黄色色斑	玻璃光泽	三斜晶系，二轴晶 (+/-)，常为非均质集合体	不可测	1.733~1.747 (+0.010, -0.013)，因常含石英可低至 1.54	0.011~0.014，集合体不可测	3.50 (+0.26, -0.20)	5.5~6.5	无	可见粒状结构，可见黑色脉状或点状氧化锰
绿帘石 (epidote)	浅—深绿色、棕褐色、黄色、黑色等	玻璃光泽—油脂光泽	非均质体，单斜晶系，二轴晶 (-)	三色性强，绿色、褐色、黄色	1.729~1.768 (+0.012, -0.035)	0.019~0.045	3.40 (+0.10, -0.15)	6~7	通常无	可见气液两相包裹体，生长纹，矿物包体，双折射现象。遇盐酸部分溶解，遇氢氟酸快速溶解。吸收光谱：445nm 强吸收带，有时具 475nm 弱吸收线
合成尖晶石 (synthetic spinel)	无色、浅—深蓝色、浅—深绿色、红色、黄色、暗蓝色（仿青金石）	玻璃光泽	均质体，等轴晶系	无	焰熔法：1.728 (+0.012, -0.008)；助熔剂法：1.719 (±0.003)	无	3.64 (+0.02, -0.12)	8	无色者：LW 无—弱，SW 弱—强，蓝白色，蓝色；蓝色者：LW 弱—强，红紫色，SW 橙红色、蓝白色或蓝色斑杂；绿色者：LW 弱—强，蓝色、黄绿色或红紫色；红色—红紫色者：LW 强，暗红色、紫红色、黄绿色，SW 中—强，变色者：LW 橙红色、红色，SW 弱—强，紫红色—橙红色	焰熔法：形生长纹，气泡，偶见弧形生长纹；助熔剂法：残余助熔剂（呈滴状或表面纱状），薄片。可有变色效应：金属包体。吸收光谱：深蓝色者 550nm、570~600nm 强吸收带，625~650nm 强吸收带

续附表 8

名称	颜色	光泽	光性特征及晶系	多色性	折射率	双折射率	相对密度	摩氏硬度	紫外荧光	内含物及其他特征
水钙铝榴石 (hydrogrossular)	绿色—蓝绿色、粉色、白色、无色等	玻璃光泽	常为均质集合体	无	1.720 (+0.010, −0.050)	无	3.47 (+0.08, −0.32)	7	无	可见矿物包体，集合体呈粒状结构。绿色者在查氏镜下呈粉红色。吸收光谱：暗绿者460nm以下全吸收，其他颜色者463nm附近有吸收带（因含符山石）
塔菲石 (taaffeite)	粉色、红色、蓝色、紫色、紫红色、棕绿色、无色等	玻璃光泽	非均质体，六方晶系，一轴晶（−）	二色性，因颜色而异	1.719~1.723 (±0.002)	0.004~0.005	3.61 (±0.01)	8~9	无—弱，绿色	可见矿物包体，气液两相包体。吸收光谱：不特征，可有458nm弱吸收带
尖晶石 (spinel)	红色、橙红色、粉红色、紫红色、黄色、褐色、绿色、紫蓝色等	玻璃光泽—亚金刚光泽	均质体，等轴晶系	无	1.718 (+0.017, −0.008)	无	3.60 (+0.10, −0.03) 黑色者近于4.00	8	红色、粉色者：LW弱—强，橙红色、SW无—弱红色；橙色、橙红色者：LW无—弱，SW无；绿色者：LW无—中红色；其他颜色者通常无	可见气液两相包体，矿物包体或呈指纹状、生长纹、双晶纹，单个或呈细小八面体负晶，可有星光效应（稀少），变色效应。吸收光谱：红色者有685nm、684nm强吸收线，656nm弱吸收带，595~490nm强吸收带；蓝色者有460~435nm强吸收带，430、480nm、550nm、565、575nm、590nm、625nm吸收带
蓝晶石 (kyanite)	浅—深蓝色、绿色、黄色、灰色、褐色、无色等	玻璃光泽	非均质体，三斜晶系，二轴晶（−）	三色性，色差中等，蓝色、深蓝色、无色、紫蓝色	1.716~1.731 (±0.004)	0.012~0.017	3.68 (+0.01, −0.12)	平行C轴4~5，垂直C轴6~7	LW弱，红色，SW无	可见气液两相包体，矿物包体，解理（一组完全，一组中等），色带。吸收光谱：435nm、445nm吸收带

续附表 8

名称	颜色	光泽	光性特征及晶系	多色性	折射率	双折射率	相对密度	摩氏硬度	紫外荧光	内含物及其他特征
镁铝榴石 (pyrope)	中—深，橙红色，红色	玻璃光泽	均质体，等轴晶系	无	1.714～1.742，常为 1.740	无	3.78 (+0.09, −0.16)	7～8	无	可见针状包体、不规则和浑圆状晶体包体。可有星光效应、变色效应。吸收光谱：564nm 宽吸收带，505nm 吸收线，含铁者可有 440nm、445nm 吸收线，优质者可有铬吸收（红区）
符山石 (idocrase)	黄绿色、棕黄色、浅蓝色—绿蓝色、灰蓝、白色等，常见斑点状色斑	玻璃光泽	非均质体，四方晶系，一轴晶(+/−)，非均质集合体	二色性弱—弱，因色而异；集合体不可测	1.713～1.718 (+0.003, −0.013) 点测常为 1.71	0.001～0.012，集合体不可测	3.40 (+0.10, −0.15)	6～7	无	可见气液两相包体、矿物包体，集合体呈柱粒状或柱状结构。吸收光谱：464nm 弱吸收线，528.5nm 弱吸收线
黝帘石 (zoisite)	坦桑石：蓝色、紫蓝色—蓝紫色；其他色：褐黄、褐、绿、紫褐、黄绿、粉色等	玻璃光泽	非均质体，斜方晶系，二轴晶(+)	三色性者（坦桑石）：蓝色、紫红色、绿黄色；其他色：浅蓝、紫、黄绿色、暗蓝色、紫蓝色、黄绿色	1.691～1.700 (+0.10, −0.25)	0.008～0.013	3.35 (+0.10, −0.25)	6～7	无	可见气液两相包体、生长纹、阳起石、石墨、十字石等矿物包体，一组完全解理。吸收光谱：坦桑石 595nm、528nm 吸收线，黄色者有 455nm 吸收线
斧石 (axinite)	褐色、紫褐色、紫色、褐黄色、蓝色等	玻璃光泽	非均质体，三斜晶体，二轴晶(−)	三色性强，紫色一粉色、浅黄色、红褐色	1.678～1.688 (±0.005)	0.010～0.012	3.29 (+0.07, −0.03)	6～7	通常无，黄色者 SW 可有红色荧光	可见气液两相包体、生长纹。吸收光谱：412nm、466nm、492nm、512nm 吸收线

续附表 8

名称	颜色	光泽	光性特征及晶系	多色性	折射率	双折射率	相对密度	摩氏硬度	紫外荧光	内含物及其他特征
透辉石 (diopside)	蓝绿色—黄绿色、褐色、黑色、紫色、白色—无色	玻璃光泽	非均质体，单斜晶系，二轴晶(+)	三色性弱—强，浅—深绿色	1.675~1.701 (+0.029, −0.010)，点测常为1.68	0.024~0.030	3.29 (+0.11, −0.07)	5~6	绿色者 LW 绿色，SW 无	可见气液两相包体、纤维状包体、矿物包体，两组完全解理，双折射现象。可有猫眼效应、星光效应。铬透辉石有 635nm、655nm、670nm 吸收线，690nm 双吸收线，505nm 吸收线
普通辉石 (augite)	灰褐色、褐色、紫褐色、绿黑色	玻璃光泽	非均质体，单斜晶系，二轴晶(+)	三色性，浅绿、浅褐、绿黄色	1.670~1.772	0.018~0.033	3.23~3.52	5~6	无	可见气液两相包体、矿物包体，两组完全解理，双折射现象。可有猫眼效应、星光效应
硼铝镁石 (sinhalite)	绿黄色—褐黄色、褐色、黄褐色等，少见浅粉色	玻璃光泽	非均质体，斜方晶系，二轴晶(−)	中，浅褐色、暗褐色	1.668~1.707 (+0.005, −0.003)	0.036~0.039	3.48 (±0.02)	6~7	无	可见气液两相包体、生长纹，双折射纹。吸收光谱：493nm、475nm、463nm、452nm 吸收带
柱晶石 (kornerupine)	黄绿色—蓝绿色、黄绿色、黄色等，少见无色	玻璃光泽	非均质体，斜方晶系，二轴晶(−)，可显一轴晶干涉图假象	三色性者：褐绿色、强、绿色、黄色、红褐色	1.667~1.680 (±0.003)	0.012~0.017	3.30 (+0.05, −0.03)	6~7	无—强，黄色	可见矿物包体、气液两相包体、针状包体、生长纹，两组完全解理。可具猫眼效应。吸收光谱：503nm 吸收带

续附表 8

名称	颜色	光泽	光性特征及晶系	多色性	折射率	双折射率	相对密度	摩氏硬度	紫外荧光	内含物及其他特征
翡翠 (jadeite, feicui)	白色、各种色调的绿色、黄色、红橙色、褐色、灰色、浅紫红黑色、紫色、蓝色等	玻璃光泽—油脂光泽	非均质集合体	集合体不可测	1.666~1.690 (+0.020, −0.010), 点测常为1.66	集合体不可测	3.34 (+0.11, −0.09)	6.5~7	无—弱，白色、绿色、黄色	可见星点、针状、片状闪光（翠性），纤维交织结构—粒状变晶结构，矿物包体。吸收光谱：437nm 吸收线，铬致的绿色翡翠具 630nm、660nm、690nm 吸收线
顽火辉石 (enstatite)	红褐色、褐绿色、黄绿色，少见无色	玻璃光泽	非均质体斜方晶系二轴晶 (+)	三色性弱—强，褐黄色、黄绿色、黄绿色	1.663~1.673 (±0.010)	0.008~0.011	3.25 (+0.15, −0.02)	5~6	无	可见气液两相包体，矿物包体，两组近正交的完全解理。可有猫眼效应、星光效应。吸收光谱：505nm、550nm 吸收线
锂辉石 (spodumene)	粉红色—蓝紫红色、绿色、黄色、蓝色，通常色无，色调较浅	玻璃光泽	非均质体单斜晶系二轴晶 (+)	粉红色—蓝紫红色者：中—强，粉红色—浅紫红色，无色、绿色中，蓝绿色、黄绿色	1.660~1.676 (±0.005)	0.014~0.016	3.18 (±0.03)	6.5~7	粉红色—蓝紫红色者：LW 中—强，粉红—橙色，SW 弱—中，粉—橙色；黄绿色者：LW 弱，橙黄色，SW 弱，橙色；绿色：无	可见气液两相包体、纤维状包体、矿物包体，两组近正交的完全解理。吸收光谱：粉红色者不特征；黄绿色有 433nm、438nm 吸收线；绿色者有 646nm、669nm、686nm 吸收线，620nm 附近宽吸收带

续附表 8

名称	颜色	光泽	光性特征及晶系	多色性	折射率	双折射率	相对密度	摩氏硬度	紫外荧光	内含物及其他特征
合成翡翠 (synthetic jadeite)	多为绿色—黄绿色	玻璃光泽	非均质集合体	集合体不可测	1.66（点）	集合体不可测	3.31~3.37	6.5~7	LW弱、蓝白色、白色，SW中—强，灰绿色、浅绿色	可见微晶结构为主，局部呈定向平行排列或卷曲状—波状构造。红区可见3条强度不等的吸收窄带
煤精 (jet)	黑色、褐黑色	蜡状、树脂光泽—玻璃光泽	均质体，非晶质体	无	1.66 (±0.02)	无	1.32 (±0.02)	2~4	无	外部可见贝壳状断口、条带状构造，有时可见木纹。可燃烧，热针接触有煤烟味。摩擦带电，条痕呈褐色
矽线石 (sillimanite)	白色—灰色、褐色、绿色等，少见紫蓝色—灰蓝色	玻璃光泽—丝绢光泽	非均质体，斜方晶系，二轴（+）；非均质集合体	三色性者：强，无色、浅黄色、蓝色	1.659~1.680 (+0.004, -0.006)	0.015~0.021	3.25 (+0.02, -0.11)	6~7.5	蓝色者：弱，红色荧光	可见气液两相包体、矿物包体，一组完全解理。呈纤维状结构，可有猫眼效应
孔雀石 (malachite)	鲜艳的微蓝绿色—绿色，常有杂色条纹	丝绢光泽—玻璃光泽	非均质集合体	集合体不可测	1.655~1.909	集合体不可测	3.95 (+0.15, -0.70)	3.5~4	无	可见条带、环带或同心层状构造，放射纤维状构造。遇盐酸起泡
透视石 (dioptase)	蓝绿色、绿色等	玻璃光泽	非均质体，三方晶系，一轴晶（+）	二色性弱，因颜色而异	1.655~1.708 (±0.012)	0.051~0.053	3.30 (±0.05)	5	无	可见气液两相包体、矿物包体，生长纹，双折射现象明显，三组完全解理。吸收光谱：550nm宽吸收带

续附表 8

名称	颜色	光泽	光性特征及晶系	多色性	折射率	双折射率	相对密度	摩氏硬度	紫外荧光	内含物及其他特征
橄榄石 (peridot)	黄绿色、绿色、褐绿色等	玻璃光泽	非均质体，斜方晶系，二轴晶（+/−）	三色性弱，绿色、黄绿色	1.654~1.690 (±0.020)	0.035~0.038，常为0.036	3.34 (+0.14, −0.07)	6.5~7	无	可见盘状气液两相包体，矿物包晶、负晶、双折射现象明显。吸收光谱：453nm，477nm，497nm强吸收带
硅铍石 (phenakite)	无色、黄色、浅红色、褐绿色等	玻璃光泽	非均质体，三方晶系，一轴晶（+）	二色性弱—中，因颜色而异	1.654~1.670 (+0.026, −0.004)	0.016	2.95 (±0.05)	7~8	无—弱，粉色、浅蓝色或绿色	可见气液两相包体，矿物包体，常见片状云母或针铈铅矿。有脆性
蓝柱石 (euclase)	无色、带黄色调的蓝绿色、蓝色等，通常为浅色	玻璃光泽	非均质体，单斜晶系，二轴晶（+）	因色而异。蓝色者：蓝色，灰色，浅蓝色；绿色者：灰色，绿色	1.652~1.671 (+0.006, −0.002)	0.019~0.020	3.08 (+0.04, −0.08)	7~8	无—弱	可见气液两相包体，矿物包体，色带，双折射现象。一组完全解理。吸收光谱：468nm，455nm吸收带，红区有吸收
人造硼铝酸锶 (strontium aluminate borate)	浅黄色、黄色、黄绿色、绿色、橙红色、紫灰色	玻璃光泽	非均质集合体	集合体不可测	1.65~1.68	集合体不可测	3.20~3.58	6.5	LW中—强，黄绿色，SW中—强，蓝绿色，黄绿色。具强磷光	可见气泡，粒状结构
重晶石 (barite)	无色—红色、黄色、绿色、蓝色、褐色等	玻璃光泽	非均质体，斜方晶系，二轴晶（+）	无—弱，因颜色而异	1.636~1.648 (+0.001, −0.002)	0.012	4.50 (+0.10, −0.20)	3~4	偶见荧光和磷光，弱蓝色或浅绿色	可见气液两相包体，生长纹，两组完全解理

续附表 8

名称	颜色	光泽	光性特征及晶系	多色性	折射率	双折射率	相对密度	摩氏硬度	紫外荧光	内含物及其他特征
红柱石(andalusite)	黄绿色、黄褐色，也可见绿色、褐橙色、褐红色等，少见紫色	玻璃光泽	非均质体，斜方晶系，二轴晶（－）	三色性强，褐黄绿色、褐橙色、褐红色	1.634～1.643（±0.005）	0.007～0.013	3.17（±0.04）	7～7.5	LW 无，SW 无－中，绿色－黄绿色	可见气液两相包体、矿物包体、针状包体，中黑色碳质包体呈"十"字形分布。吸收光谱：绿红色、浅红色，褐红色者有436nm、445nm吸收线
磷灰石(apatite)	无色、黄色、绿色、紫红色、粉红色、褐色、蓝色等	玻璃光泽	非均质体，六方晶系，一轴晶（－）	蓝色者：强，蓝、蓝色－无色；其他颜色者：极弱－弱	1.634～1.638（+0.012,－0.006）	0.002～0.008，多为0.003	3.18（±0.05）	5～5.5	黄色者：粉红色；蓝色者：浅蓝；绿色者：黄绿；紫色者：紫；LW 绿黄色，SW 浅紫红色	可见气液两相包体、矿物包体。可有猫眼效应者吸收光谱：黄色及具猫眼效应者见580nm双吸收线，生长纹
赛黄晶(danburite)	黄色、无色、褐色、少见粉红色	玻璃光泽－油脂光泽	非均质体，斜方晶系，二轴晶（+/－）	三色性弱，因颜色而异	1.630～1.636（±0.003）	0.006	3.00（±0.03）	7	LW 无－强，浅蓝色－蓝绿色，SW 较LW 弱	可见气液两相包体、生长纹。吸收光谱：580nm双吸收
硅硼钙石(datolite)	无色、白色、浅绿色、浅黄色、粉色、紫色、褐色、灰色等	玻璃光泽	非均质体，单斜晶系，二轴晶（－）；或非均质集合体	集合体不可测	1.626～1.670，（－0.004）	0.044～0.046，集合体不可测	2.95（±0.05）	5～6	SW 无－中，蓝色	双折射现象明显，可见气液两相包体、生长纹。某些可见580nm双吸收，集合体呈粒状或柱状结构

续附表 8

名称	颜色	光泽	光性特征及晶系	多色性	折射率	双折射率	相对密度	摩氏硬度	紫外荧光	内含物及其他特征
碧玺 (tourmaline)	各种颜色，晶体不同部位可呈双色或多色	玻璃光泽	非均质体，三方晶系，一轴晶（－）	二色性中－强，深浅不同的体色	1.624～1.644 (+0.011, －0.009)	0.018～0.040，通常为0.020，暗色者可达0.040	3.06 (+0.20, －0.06)	7～8	通常无；红色、粉红色者：弱；红色－紫色	可见气液两相包体，晶体包体，矿物包体，平行线状包体，管状包体。可有猫眼效应、变色现象。吸收光谱：红色、绿色区有吸收宽带，红色者时可见 525nm 吸收线；绿色者，451nm、458nm 强吸收，498nm 吸收；蓝色者，红区普遍吸收
菱锌矿 (smithsonite)	白色－无色，常因含杂质元素而呈绿色、黄色、褐色、粉红色等	玻璃光泽－亚玻璃光泽	非均质体，三方晶系，一轴晶（－），常为非均质集合体	集合体不可测	1.621～1.849	0.225～0.228，集合体不可测	4.30 (+0.15)	4～5	因颜色或成因而异	可见气液两相包体，解理，双折射现象明显；集合体常呈隐晶质结构，粒状结构，放射状结构造。遇盐酸起泡
天青石 (celestite)	浅蓝色、无色、黄色、橙色、绿色等	玻璃光泽	非均质体，斜方晶系，二轴晶（+）	三色性弱，因颜色而异	1.619～1.637	0.018	3.87～4.30	3～4	通常无，有时可显弱荧光	可见气液两相包体，矿物包体，生长纹，两组完全解理
托帕石 (topaz)	无色、淡蓝色、蓝色、绿色、黄色、橙黄色、粉色、褐红色等	玻璃光泽	非均质体，斜方晶系，二轴晶（+）	三色性弱－中。黄色者：黄黄色；褐黄色；褐色者：褐黄色；褐色；粉红色者：浅红色、橙红色、浅黄色；绿色者：蓝绿色、浅绿色、黄绿色；蓝色者：不同色调的蓝色	1.619～1.627 (±0.010)	0.008～0.010	3.53 (±0.04)	8	LW 无－中，橙黄色、绿色、黄色，SW 无－弱，橙黄色、黄色、绿白色	可见气液两相包体，气液包体，三相包体，矿物包晶，负晶，一组完全解理，生长纹，可有猫眼效应（稀少）

续附表 8

名称	颜色	光泽	光性特征及其晶系	多色性	折射率	双折射率	相对密度	摩氏硬度	紫外荧光	内含物及其他特征
葡萄石 (prehnite)	白色、浅黄色、肉红色、带各种色调的绿色	玻璃光泽	常为非均质集合体	集合体不可测	1.616~1.649 (+0.016, -0.031) 点测为 1.63	0.020~0.035, 集合体不可测	2.80~2.95	6~6.5	无	可见矿物包体、纤维状结构、放射状构造。吸收光谱：438nm 弱吸收带
阳起石 (actinolite)	浅-深的绿色、黄绿色、黑色	玻璃光泽	非均质集合体	集合体不可测	1.614~1.641 (±0.014) 点测为 1.62~1.63	集合体不可测	3.00 (+0.10, -0.05)	5~6	无	可见矿物包体、纤维状结构。可有猫眼效应。吸收光谱：503nm 弱吸收线
异极矿 (hemimorphite)	无色或呈蓝色，也可呈白色、灰色、浅绿色、褐色、棕色等	玻璃光泽，解理面呈珍珠光泽	常为非均质集合体	集合体不可测	1.614~1.636	0.022, 集合体不可测	3.40~3.50	4~5	无	可见粒状结构、放射状构造
天蓝石 (lazulite)	深蓝色、蓝色、紫蓝色、蓝白色、天蓝色等	玻璃光泽	非均质体、单斜晶系二轴晶(-)	强、暗紫蓝色、浅蓝色；集合体不可测	1.612~1.643 (±0.005)	0.031, 集合体不可测	3.09 (+0.08, -0.01)	5~6	无	可见气液两相包体、矿物包体，粒状结构、致密状结构
磷铝锂石 (amblygonite)	无色~浅黄色、绿色、浅粉色、蓝色、褐色等	玻璃光泽	非均质体、三斜晶系二轴晶(+/-)	无~弱，因颜色而异，集合体不可测	1.612~1.636 (-0.034)	0.020~0.027, 集合体不可测	3.02 (±0.04)	5~6	LW 非常弱的绿色荧光，LW、SW 浅蓝色磷光	可见气液两相包体、矿物包体，双折射现象，平行解理方向的云状物，两组完全解理，集合体呈粒状结构或致密块状构造

续附表 8

名称	颜色	光泽	光性特征及晶系	多色性	折射率	双折射率	相对密度	摩氏硬度	紫外荧光	内含物及其他特征
绿松石 (turquoise)	浅—中等蓝色、绿蓝色，常见黑色、褐色、黄褐色，白色网纹或杂质	蜡状光泽—玻璃光泽，有时呈土状光泽	非均质集合体	集合体不可测	1.610~1.650，点测常为1.61	集合体不可测	2.76 (+0.14, -0.36)	3~6	LW 无—弱绿黄色或绿色、蓝色，SW 无	可见隐晶质结构，粒状结构，致密块状构造；常含暗色或黄褐色网脉状、斑点状杂质。吸收光谱：422nm、430nm 吸收带
苏纪石 (sugilite)	红紫色、蓝紫色，少见粉红色	蜡状光泽—玻璃光泽	非均质集合体	集合体不可测	1.61（点）	集合体不可测	2.74 (+0.05)	5.5~6.5	无	可见粒状结构，矿物包体。吸收光谱：550nm 强吸收带、411nm、419nm、437nm、445nm 吸收线
软玉 (nephrite)	浅—深绿色、黄色—褐色、白色、灰色、黑色等	玻璃光泽—油脂光泽	非均质集合体 单斜晶系	集合体不可测	1.606~1.632 (+0.009, -0.006)，点测常为 1.60~1.61	集合体不可测	2.95 (+0.15, -0.05)	6~6.5	无	可见纤维交织结构，矿物包体。可有猫眼效应
磷铝钠石 (brazilianite)	黄绿色—绿黄色等，少见无色	玻璃光泽	非均质体 单斜晶系 二轴晶（+）	弱，黄绿色、绿色	1.602~1.621 (±0.003)	0.019~0.021	2.97 (±0.03)	5~6	无	可见气液两相包体、矿物包体，生长纹，双折射现象
针钠钙石 (pectolite)	无色、白色、灰白色—黄色、绿色、蓝色等，有时呈浅粉红色	玻璃光泽或丝绢光泽	非均质体 三斜晶系 二轴晶（+），常为非均质集合体	集合体不可测	1.599~1.628 (+0.017, -0.004)，点测常为 1.60	0.029~0.038，集合体不可测	2.81 (+0.09, -0.07)	4.5~5	无—中，黄色—橙色，通常 SW 荧光较强，可有磷光	可见针状或纤维状结构

续附表 8

名称	颜色	光泽	光性特征及晶系	多色性	折射率	双折射率	相对密度	摩氏硬度	紫外荧光	内含物及其他特征
菱锰矿 (rhodochrosite)	粉红色，在其底色上可有白色、灰色、褐色或黄色的条纹，透明晶体可呈深红色	玻璃光泽—亚玻璃光泽	非均质体，三方晶系，一轴晶（-），常为非均质集合体	中-强，橙黄色、红色；集合体不可测	1.597~1.817 (±0.003)	0.220，集合体不可测	3.60 (+0.10, -0.15)	3~5	LW 无-中，粉色，SW 无-弱，红色	可见气液两相包体，矿物包体，三组完全解理，矿现象，集合体呈隐晶质结构，粒状结构，条带或层状构造。吸收光谱：410nm，450nm，540nm 弱吸收带
羟硅硼钙石 (bowlite)	白色、灰白色，常具深灰色和黑色蛛网脉	玻璃光泽	非均质集合体	集合体不可测	1.586~1.605 (±0.003)，点测常为 1.59	集合体不可测	2.58 (-0.13)	3~4	LW 褐黄色，SW 弱-中，橙色	可见深灰色或黑色蛛网状脉，致密块状构造
祖母绿 (emerald)	浅-深绿色、蓝绿色、黄绿色	玻璃光泽	非均质体，六方晶系，一轴晶（-）	二色性中-强，蓝绿色、黄绿色	1.577~1.583 (±0.017)	0.005~0.009	2.72 (+0.18, -0.05)	7.5~8	一般无。有时，LW 橙红色、红色，SW 弱，橙红色、红色。SW 弱于 LW	可见气液两相包体，气液固三相包体，矿物包体，生长纹，裂隙较发育。吸收光谱：683nm，680nm 强吸收线，662nm，646nm 弱吸收线，630~580nm 部分吸收带，紫区全吸收
海蓝宝石 (aquamarine)	浅蓝色、绿蓝色，通常色调较浅	玻璃光泽	非均质体，六方晶系，一轴晶（-）	二色性，中，绿蓝色，或不同色调的蓝色	1.577~1.583 (±0.017)	0.005~0.009	2.72 (+0.18, -0.05)	7.5~8	无	可见气液两相包体，气液固三相包体，矿物包体，平行管状包体，生长纹。吸收光谱：助熔剂法合成海蓝宝石可见 537nm，456nm 弱吸收线，427nm 强吸收线，370nm 吸收线，依颜色变深而变强

续附表 8

名称	颜色	光泽	光性特征及晶系	多色性	折射率	双折射率	相对密度	摩氏硬度	紫外荧光	内含物及其他特征
绿柱石 (beryl)	无色、绿色、浅橙黄色、粉色、红色、蓝色、棕色、黑色等	玻璃光泽	非均质体，六方晶系，一轴晶（－）	二色性弱—中，因颜色而异	1.577~1.583 (±0.017)	0.005~0.009	2.72 (+0.18, −0.05)	7.5~8	无—弱。无色者：无；黄色、粉色者：粉色；红色者：紫色、黄色、绿色；蓝色者：无	可见气液两相包体、气液固三相包体、矿物包体、平行管状包体、生长包纹
绿泥石 (chlorite)	无色、灰白色、浅黄绿色、浅绿色—深绿色，颜色可随成分不同而变化	玻璃光泽—土状光泽	非均质集合体	集合体不可测	1.572~1.685，点测为1.57	集合体不可测	2.60~3.40	2~3	无	可见粒状或鳞片状结构，致密块状构造
水镁石 (brucite)	白色、灰色、浅绿色、黄色、褐红色等	玻璃光泽，解理面呈珍珠光泽	非均质集合体	集合体不可测	1.57（点）		2.38~3.40	2~3	无	可见板状或粒状结构，具有极完全解理，集合体通常不见
合成绿柱石 (synthetic beryl)	红色、紫色、粉红色、浅蓝色等	玻璃光泽	非均质体，六方晶系，一轴晶（－）	红色者：强，橙红色、红紫色；紫色者：强，橙红色、红紫色	助熔剂法：1.568~1.572；水热法：1.575~1.581	0.004~0.006	2.65~2.73	7.5~8	无	助熔剂法：助熔剂残余（面纱状、网状、小滴状、树枝状）、均匀的平片、硅铍石晶体；水热法：钉状包体、平行生长纹、硅铍石晶体、金属包体、无色种晶片、平行线状微小的两相包体、平行管状两相包体。吸收光谱：具585nm、560nm吸收线，545nm 弱吸收带，530nm、500nm 弱吸收带，435~465nm 吸收宽带

续附表 8

名称	颜色	光泽	光性特征及晶系	多色性	折射率	双折射率	相对密度	摩氏硬度	紫外荧光	内含物及其他特征
合成祖母绿 (synthetic emerald)	中—深绿色、粉红色、蓝色、黄色、黑色等	玻璃光泽	非均质体，六方晶系，一轴晶（－）	二色性，中、绿色、蓝绿色	助熔剂法：1.561～1.568；水热法：1.566～1.578	助熔剂法：0.003～0.004；水热法：0.005～0.006	2.65~2.73	7.5~8	助熔剂法，红色或强红色（LW 较强）；水热法：中—强，红色（LW 较强）。助熔剂法古尔森型无荧光	助熔剂法：助熔剂残余（面纱状、网状、小滴状、铂金片、硅铍石晶体、均匀的平行生长面，水热法："钉头"状包体（"钉头"为硅铍石晶体，"钉头"为气液两相包体，树枝状生长纹、硅铍石晶体、金属包体、无色种晶、平行线状微小的两相包体、平行管状两相包体；再生祖母绿：无色绿柱石外层再生长合成祖母绿薄层，放大可见表面网状裂纹，侧面观察有多层分布现象。吸收光谱：助熔剂法吉尔森型具 427nm 铁吸收线，其他吸收光谱同天然祖母绿
独山玉 (dushan yu)	白色、绿色、粉红色、褐色、蓝色、黄色、黑色等	玻璃光泽	非均质集合体	集合体不可测	1.560~1.700	集合体不可测	2.70~3.09，一般为 2.90	6~7	无	可见纤维粒状结构或粒状结构，蓝绿或褐色色斑
蛇纹石 (serpentine)	绿色—黄色、白色、棕色、黑色	蜡状光泽—玻璃光泽	非均质集合体	集合体不可测	1.560~1.570 (+0.004, -0.070)	集合体不可测	2.57 (+0.23, -0.13)	2.5~6	LW 无—弱，绿色，SW 无	可见矿物包体、叶片状、纤维状交织结构

续附表 8

名称	颜色	光泽	光性特征及晶系	多色性	折射率	双折射率	相对密度	摩氏硬度	紫外荧光	内含物及其他特征
寿山石 (shoushan stone, larderite)	常为黄色、白色、红色、褐色等	油脂光泽或蜡状光泽	非均质集合体	集合体不可测	1.56（点）	集合体不可测	2.50~2.90	2~3	通常无	可见隐晶质结构—细粒状结构、致密块状构造，有时可见"萝卜纹"。产于中坂田中的各种黄色、红色、白色、黑色田坑石称为田黄
巴林石 (balin stone)	黄色、白色、红色、褐色等	油脂光泽或蜡状光泽	非均质集合体	集合体不可测	1.56（点）	集合体不可测	2.40~2.70	2~4	通常无	可见隐晶质结构—细粒状结构、致密块状构造
昌化石 (changhua stone)	浅黄色、白色、灰色、褐色、紫色、黑色等	油脂光泽或蜡状光泽	非均质集合体	集合体不可测	1.56（点）	集合体不可测	2.50~2.70	2~4	通常无	可见隐晶质结构—细粒状结构、致密块状构造
拉长石 (labradorite)	灰色—灰黄色、橙黄色—棕色、棕红色—绿色等，可具晕彩效应	玻璃光泽	非均质体，三斜晶系，二轴晶（+/-）	通常无	1.559~1.568 (±0.005)	0.009	2.70 (±0.05)	6~6.5	无—弱，白色、紫色、红色、黄色等	常见双晶纹，气液两相包体，矿物包体，针状包体，完全解理
方柱石 (scapolite)	无色、粉红色、黄色、橙色、绿色、蓝色、紫色、紫红色等	玻璃光泽	非均质体，四方晶系，一轴晶（-）	粉红色、紫红色者：中—强，蓝色、蓝紫红色、黄色者常为：弱—中，不同色调的黄色	1.550~1.564 (+0.015, -0.014), 紫色者常为 1.536~1.541	0.004~0.037, 紫色者常为 0.005, 黄色者常为 0.037	2.60~2.74, 紫色者常为 2.60	6~6.5	无—强，粉红色、橙色或黄色	可见平行管状包体、针状包体、矿物包体、气液两相包体、负晶、生长纹。吸收光谱：粉红色者有663nm 和 652nm 吸收线
查罗石 (charoite)	紫色、紫蓝色，可含有黑色、灰色、白色或褐棕色斑	玻璃光泽—蜡状光泽	非均质集合体	集合体不可测	1.550~1.559 (±0.002), 随成分不同而变化	集合体不可测	2.68 (+0.10, -0.14), 因成分不同而变化	5~6	LW 无—弱，斑块状红色；SW 无	可见纤维状结构，矿物包体，色斑

续附表 8

名称	颜色	光泽	光性特征及晶系	多色性	折射率	双折射率	相对密度	摩氏硬度	紫外荧光	内含物及其他特征
龟甲 (tortoise shell)	黄色和棕色斑纹,有时黑色或白色	油脂光泽—蜡状光泽	均质体,非晶质体	无	1.550 (-0.010)	无	1.29 (+0.06, -0.03)	2~3	无色、黄色部分呈蓝白色荧光	可见由球状颗粒(圆形色素小点)组成斑纹结构
水晶 (rock crystal)	无色、浅—深紫色、浅—深黄色、浅—深褐色、绿色—黄绿色、浅中粉红色等	玻璃光泽	非均质体,三方晶系,一轴晶(+)	二色性弱,因颜色而异	1.544~1.553	0.009	2.66 (+0.03, -0.02)	7	无	可见气液两相包体,气液固三相包体,生长纹,色带,双晶纹,针状金红石、电气石等矿物包体,负晶,可有牛眼干涉图
合成水晶 (synthetic quartz)	无色、紫色、黄色、绿色、棕黄色、灰色、钴蓝色(天然水晶中无此颜色)	玻璃光泽	非均质体,三方晶系,一轴晶(+)	二色性弱,因颜色而异	1.544~1.553	0.009	2.66 (+0.03, -0.02)	7	LW无,SW无—弱、紫色	可见渣状包体,气液两相钉状包体(垂直种晶板)及色带(平行种晶板),应力裂隙缺乏巴西双晶,火焰状双晶(偏光镜下观察)。吸收光谱:钴蓝色者有640nm、650nm 吸收带,550nm、490~500nm吸收带
硅化玉 (木变石,硅化木,硅化珊瑚) (silicified jade)	浅黄色—黄色、棕色、黄色、灰白色、灰黑色等	玻璃光泽,断口油脂光泽或蜡状光泽,木变石可呈丝绢光泽	非均质集合体	集合体不可测	1.544~1.553, 点测为 1.53~1.54	集合体不可测	2.48~2.85	5~7	无	隐晶质结构,纤维状结构,粒状结构。木变石:纤维状结构,硅化木:木纹、树皮、节瘤、蛀洞等,可见硅化珊瑚:可见珊瑚状的同心放射状构造

续附表 8

名称	颜色	光泽	光性特征及晶系	多色性	折射率	双折射率	相对密度	摩氏硬度	紫外荧光	内含物及其他特征
石英岩玉 (quartzite jade)	各种颜色，常见绿色、灰色、黄色、褐色、橙红色、白色、蓝色等	玻璃光泽—油脂光泽	非均质集合体	集合体不可测	1.544～1.553，点测常为1.54	集合体不可测	2.64～2.71，含赤铁矿等包体较多时可达2.95	6～7	通常无；含铬云母石英岩：无一弱、灰绿色或红色	可见粒状结构，矿物包体。含铬云母石英岩在查氏镜下呈红色，具砂金效应
堇青石 (iolite)	浅—深色的蓝紫色，也可见无色的白黄略带紫色、绿色、褐色等	玻璃光泽	非均质体，斜方晶系，二轴晶(一)	三色性强，紫色者：浅紫、深褐色、蓝色；蓝色者：蓝—黄色、无、深紫色、深灰色	1.542～1.551 (+0.045, -0.011)	0.008～0.012	2.61 (±0.05)	7～7.5	无	可见色带、气液两相包体、矿物包体、一组完全解理。可有星光效应、猫眼效应、砂金效应（稀少）。吸收光谱：可有426nm、645nm弱吸收带
琥珀 (amber)	浅黄色、深棕红色、白色等，少见绿色	树脂光泽	均质体，非晶质体	无	1.54（点）	无	1.08 (+0.02, -0.12)	2～2.5	LW 弱—强、蓝色、蓝白色、紫蓝色—橙色、黄绿色SW 弱—无	可见气泡、片状裂纹、流动纹、矿物包体（或碎片）、其他有机物包体和无机包体。热针接触可熔化、有芳香味。摩擦可带电
滑石 (talc)	浅—深绿色、白色、灰色、褐色等	蜡状光泽—油脂光泽	非均质集合体	集合体不可测	1.540～1.590 (+0.10, -0.002)	集合体不可测	2.75 (+0.05, -0.55)	1～3	LW 无—弱、粉色	可见隐晶质结构—细粒状结构、致密块状构造，常含有脉状、斑块状掺杂物，手感滑润
云母质玉 (mica jade)	锂云母：浅紫色、玫瑰色、丁香紫色，有时为白色，含锰紫色者称丁香色或锂辉石丁香紫色；白云母：白色、绿色、黄色、灰色、红色、褐色等	玻璃光泽、解理面呈珍珠光泽	非均质集合体	集合体不可测	锂云母：1.54～1.56（点）；白云母：1.55～1.61（点）	集合体不可测	2.2～3.4	2～3	无	可见片状或鳞片状结构，致密块状构造

续附表 8

名称	颜色	光泽	光性特征及晶系	多色性	折射率	双折射率	相对密度	摩氏硬度	紫外荧光	内含物及其他特征
日光石(sunstone)	黄色、橙黄色、棕色、粉红色或金红色砂金效应	玻璃光泽	非均质体，三斜晶系二轴晶(+/−)	通常无	1.537~1.547(+0.004，−0.006)	0.007~0.010	2.65(+0.02，−0.03)	6~6.5	无—弱，白色、紫色、红色、黄色等	可见双晶纹、气液两相包体、矿物包体，两组完全解理，常见红色或金色的板状包体，具金属质感
玉髓(玛瑙、碧石)(chalcedony)	各种颜色	玻璃光泽—油脂光泽	非均质集合体	集合体不可测	1.535~1.539，点测为1.53~1.54	集合体不可测	2.50~2.77	5~7	通常无，有时显弱—强的黄绿色荧光	可见隐晶质结构，纤维状结构。外部可见贝壳状断口。玛瑙具构造，环带状或同心层状构造、带间以及晶洞中有时可见细粒石英晶体；碧石因含较多杂质矿物而呈微透明—不透明，为粒状结构
鱼眼石(apophyllite)	无色、黄色、绿色、棕色、紫色、粉红色等	玻璃光泽—珍珠光泽	非均质体，四方晶系一轴晶(−)	因颜色而异	1.535~1.537	0.002	2.40(±0.10)	4~5	LW 无，SW 无—弱，淡黄色	可见气液两相包体，生长纹，一组完全解理
贝壳(shell)	白色、灰色、黑色、黄色、粉色等	油脂光泽—珍珠光泽	集合体	集合体不可测	1.53~1.68(点)	集合体不可测	2.86(+0.03，−0.16)	3~4	因颜色或贝壳种类而异	可见层状结构，表面叠复层结构，局部可见火焰状纹理，遇盐酸起泡，可呈彩虹效应
天然珍珠(natural pearl)	无色—浅黄色、粉红色、浅绿色、浅蓝色、黑色等	珍珠光泽	集合体	集合体不可测	1.53~1.68(点)，常为1.53~1.56(点)	集合体不可测	天然海水珍珠：2.61~2.85；天然淡水珍珠：2.66~2.78，很少超过2.74	2.5~4.5	黑色者：LW 弱—中，红色、橙红色；其他颜色者：无—强，蓝色、黄色、绿色、粉红色等	可见放射同心层状结构，表面生长纹理。遇盐酸变褐色，过热燃烧起泡，表面摩擦有砂感

续附表 8

名称	颜色	光泽	光性特征及晶系	多色性	折射率	双折射率	相对密度	摩氏硬度	紫外荧光	内含物及其他特征
养殖珍珠（珍珠）(cultured pearl)	无色、黄色、粉红色、绿色、蓝色、紫色等	珍珠光泽	集合体	集合体不可测	1.53~1.68（点），常为1.53~1.56（点）	集合体不可测	海水养殖珍珠为2.72~2.78；淡水养殖珍珠低于大多数天然淡水珍珠	2.5~4	无—强，浅蓝色、黄色、绿色、粉红色	可见放射同心层状结构。表面生长纹理；有核养殖珠的珠核可呈平行层状结构；附壳珍珠一面具表面生长纹理，另一面具层层结结构。遇盐酸起泡，表面摩擦有砂感
青田石 (qingtian stone)	黄色、白色、青色、绿色、灰白色、黑色、粉色、褐色等	油脂光泽或蜡状光泽	非均质集合体	集合体不可测	1.53~1.60（点）	集合体不可测	2.65~2.90	2~3	无	可见隐晶质结构—细粒状结构，致密块状构造，可含有蓝色、白色等斑点
鸡血石 (chicken-blood stone)	"地"：白色、灰白色、灰黄色、黄色、红黄色等；"血"：鲜红色、朱红色、暗红色等，氧化后会变黑	油脂光泽或蜡状光泽	非均质集合体	集合体不可测	"地"1.53~1.59（点）；"血">1.81	集合体不可测	2.53~2.74	2.5~4	通常无	"血"呈微晶细粒状或细粒状，成片或零星分布于"地"中；"地"呈隐晶质结构—细粒状结构，致密块状构造
象牙 (ivory)	白色—淡黄色、浅黄色	油脂光泽—蜡状光泽	集合体	集合体不可测	1.53~1.54（点）	集合体不可测	1.70~2.00	2~3	弱—强，蓝白色或紫蓝色荧光	可见波状纹理，引擎纹状纹理。硝酸、磷酸能使其变软
钠长石玉 (albite jade)	灰白色、白色、灰色、绿色、白色、无色等	油脂光泽—玻璃光泽	非均质集合体	集合体不可测	1.527~1.542，点测为1.52~1.53	集合体不可测	2.60~2.63	6	无	可见纤维状或粒状结构，矿物包体

续附表 8

名称	颜色	光泽	光性特征及晶系	多色性	折射率	双折射率	相对密度	摩氏硬度	紫外荧光	内含物及其他特征
天河石 (amazonite)	亮绿色、亮蓝绿色—浅蓝色，常见绿色和白色的格子状色斑	玻璃光泽	非均质体，单斜晶系，二轴晶（+/−）	通常无	1.522~1.530 (±0.004) 通常不可测	0.008，集合体不可测	2.56 (±0.02)	6~6.5	无—弱，白色、紫色、红色、黄色等	可见双晶纹、气液两相包体、矿物包体，常见网格状色斑、两组完全解理
猛犸象牙 (mammoth ivory)	浅黄白色—浅黄色、棕褐色，牙皮常呈棕黄色—棕褐色、褐蓝色	油脂光泽—蜡状光泽，风化程度高的可呈土状光泽	集合体	集合体不可测	点测为 1.52~1.54	集合体不可测	1.69~1.81	2~3	弱—强，蓝白色或紫蓝色	可见波状纹理、引擎纹纹理，两组牙纹指向牙心的最大夹角通常小于100°，"水印"（表面颜色深浅变化斑纹分布的现象），风化表皮硝酸、磷酸使其变软
月光石 (moonstone)	无色—白色，具蓝色、黄色或无色月光效应	玻璃光泽	非均质体，单斜晶系或三斜晶系，二轴晶（+/−）	通常无	1.518~1.526 (±0.010)	0.005~0.008	2.58 (±0.03)	6~6.5	无—弱，白色、紫色、红色、黄色等	可见蜈蚣状包体、针状包体、指纹状包体，两组完全解理
海螺珠 (conch pearl, melo pearl)	粉红色—紫红色、黄色、棕色、白色等	珍珠光泽—玻璃光泽	集合体	集合体不可测	点测为 1.51~1.68，常为 1.53	集合体不可测	2.85 (+0.02,−0.04)，棕色者：2.18~2.77	3.5~4.5	红—粉红色者：LW 弱—中，有粉红色、橙红色、黄色荧光	可见火焰状纹理。酸起泡，长期暴露在阳光下会褪色。吸收光谱：红色—粉红色者有 520nm 左右吸收带
白云石 (dolomite)	无色、白色、带黄色或褐色色调	玻璃光泽、珍珠光泽	非均质体，三方晶系，一轴晶（−），常为非均质集合体	无—弱；集合体不可测	1.505~1.743	0.179~0.184，集合体不可测	2.86~3.20	3~4	因颜色成因而异	单晶体可见三组完全解理，明显的双折射现象，集合体常呈粒状结构。遇盐酸起泡。遇5%盐酸起泡

续附表 8

名称	颜色	光泽	光性特征及晶系	多色性	折射率	双折射率	相对密度	摩氏硬度	紫外荧光	内含物及其他特征
青金石 (lapis lazuli)	中—深绿蓝色、紫蓝色，常有铜黄色黄铁矿、白色方解石、墨绿色透辉石的色斑	玻璃光泽—蜡状光泽	集合体	无	1.50（点），含方解石时可达 1.67	无	2.75 (±0.25)	5~6	LW 其中的方解石包体可发粉红色荧光，SW 弱—中，绿色或黄绿色	可见粒状结构，常含方解石、黄铁矿等矿物，镜下呈蓝红色
蓝方石 (hauyne)	天蓝色、蓝色或绿黄色、白色、灰色等	玻璃光泽	均质体，等轴晶系	无	1.496~1.505	无	2.42~2.50	5.5~6	LW 不同程度的橙红色，其强度随颜色加深而减弱 SW 弱橙红—惰性	可见气液两相包体，生长纹、愈合裂隙。吸收光谱：蓝色者 600 nm 附近有吸收带
天然玻璃 (natural glass)	玻璃陨石：中—深黄色、灰绿色；火山玻璃（常带白色、黑色斑纹）：褐黄色、褐色、橙色、绿色、蓝红色少见；黑曜岩常具白色斑块，有时呈菊花状	玻璃光泽	均质体，非晶质	无	1.49 (+0.020, −0.010)	无	玻璃陨石：2.36 (±0.04); 火山玻璃：2.40 (±0.10)	5~6	通常无	可见气泡、流动构造、外部可见贝壳状断口，黑曜岩常见矿物包体，似针状包体
方解石 (calcite)	各种颜色，常见无色、白色、浅黄色等	玻璃光泽	非均质体，三方晶系，一轴晶（−）	无—弱	1.486~1.658	0.172	2.70 (±0.05)	3	因颜色或因而异	可见气液两相包体，生长纹，强双折射现象，三组完全解理。无色透明者称为冰洲石

续附表 8

名称	颜色	光泽	光性特征及晶系	多色性	折射率	双折射率	相对密度	摩氏硬度	紫外荧光	内含物及其他特征
大理石 (marble)	各种颜色，常见有白色、黑色及各种花纹和颜色	玻璃光泽—油脂光泽	非均质集合体	集合体不可测	1.486~1.658	集合体不可测	2.70 (±0.05)	3	因颜色或成因而异	可见粒状或纤维状结构，条带或层状构造，遇盐酸起泡。蓝田玉为蛇纹石化大理岩，白色者称为汉白玉
方钠石 (sodalite)	深蓝色—紫蓝色，常含白色脉（也可为黄色或红色），少见灰色、绿色、黄色、白色或粉红色	玻璃光泽—油脂光泽	均质体，等轴晶系，常为集合体	无	1.483 (±0.004)	无	2.25 (+0.15, −0.10)	5~6	LW 无—弱，橙红色斑块状荧光	可见粒状结构，矿物包体，常见白色脉。遇盐酸会溶解，查氏镜下呈樱红色
珊瑚 (coral)	钙质珊瑚：浅粉红色—深红色，橙红（粉）色、白色及黄色等；角质珊瑚：黑色、金黄色、褐色	蜡状光泽、抛光面呈玻璃光泽	集合体	集合体不可测	常用点测法测试，钙质珊瑚：1.48~1.66；角质珊瑚：1.56~1.57 (±0.01)	集合体不可测	钙质珊瑚：2.65 (±0.05)；角质珊瑚：1.35 (+0.77, −0.05)	钙质珊瑚：3~4.5；角质珊瑚：2~3	钙质珊瑚中等荧光：白色者：无—强，蓝白色（粉）红色；橙红色者：浅（粉）红色；无—橙红色者：无—暗深红色者：红色；（紫）红色；角质珊瑚无荧光	钙质珊瑚有不同的平行条带、波状层状和放射状构造，横切面具同心层状和放射状构造；纵面具颜色和透明度稍有不同的平行条带、波状层状构造，横切面具同心圆状或放射状构造；纵面可具丘疹状外观，横切面可具同心层状或年轮状轮廓
玻璃 (glass)	各种颜色	玻璃光泽	均质体，非晶质体	无	1.470~1.700 (含稀土元素的玻璃为1.80左右)	无	2.30~4.50	5~6	弱—强，因颜色而异，一般 SW 强于 LW	可见气泡、拉长的空心管，流动线，表面易脱玻化结构，还可具脱玻化结构，蜂窝状结构，猫眼效应，晕彩效应，金砂效应，变色效应，变彩效应等

续附表 8

名称	颜色	光泽	光性特征及晶系	多色性	折射率	双折射率	相对密度	摩氏硬度	紫外荧光	内含物及其他特征
硅孔雀石 (chrysocolla)	绿色、浅蓝绿色、含杂质时可变成褐色、黑色	玻璃光泽、蜡状光泽、土状光泽	非均质集合体	集合体不可测	1.461~1.570，点测为1.50左右	集合体不可测	2.00~2.40	2~4	通常无	可见隐晶质结构，矿物包体
塑料 (plastic)	各种颜色，常见红色、橙色、黄色等	蜡状光泽、树脂光泽	均质体、非晶质体	无	1.460~1.700	无	1.05~1.55	1~3	因颜色和成分而异	可见气泡、流动纹、"橘皮"效应，浑圆状刻面棱线，浑圆状敲刻划，有辛辣味，接触易熔化，触摸温感，摩擦带电，热针接触易熔化
欧泊 (opal)	各种体色	玻璃-树脂光泽	均质体、非晶质体	无	1.450 (+0.020, -0.080)，火欧泊可低至1.37（点），通常为1.43（点）	无	2.15 (+0.08, -0.90)	5~6	黑色或白色体色者：无-中，白色-浅蓝色，绿色光；其他体色黑欧泊：无-强，绿色或黄绿色，可有磷光；火欧泊：无-中，绿色或黄褐色，可有磷光	色斑呈不规则片状，边界平坦且较模糊，表面呈丝绢状外观，可见矿物包体。吸收光谱：绿色欧泊有660nm，470nm吸收线
萤石 (fluorite)	绿色、蓝色、棕色、黄色、粉色、紫色、无色	玻璃光泽-亚玻璃光泽	均质体、等轴晶系，通常为均质集合体	无	1.434 (±0.001)	无	3.18 (+0.07, -0.18)	4	因颜色而异，通常具强荧光，可具磷光	可见气液两相包体，色带，四组完全解理，集合体呈粒状结构，可有变色效应
合成欧泊 (synthetic opal)	各种体色	玻璃光泽-树脂光泽	均质体、非晶质体	无	1.430~1.470	无	1.97~2.20	4.5~6	白色者：LW 中等-白色-黄色，SW 弱-强，蓝色-白色，无磷光；黑色者：LW 无荧光，SW 弱-强，黄色，无磷光-黄绿白色，无磷光	变彩色斑呈镶嵌状结构，边缘呈锯齿状，每个镶嵌块内可有蛇皮状，蜂窝状，阶梯状结构

一、折射仪观测报告单

1. 刻面测法

样品编号		样品名称			
颜色		琢型		大小/mm	
光泽		透明度		质量/g	
转动宝石		第一次读数		第二次读数	第三次读数
折射率（大值）					
折射率（小值）					
检测结果	折射率				
	双折射率				
	光性				
	轴性				

样品编号		样品名称			
颜色		琢型		大小/mm	
光泽		透明度		质量/g	
转动宝石		第一次读数		第二次读数	第三次读数
折射率（大值）					
折射率（小值）					
检测结果	折射率				
	双折射率				
	光性				
	轴性				

样品编号		样品名称			
颜色		琢型		大小/mm	
光泽		透明度		质量/g	
转动宝石		第一次读数		第二次读数	第三次读数
折射率（大值）					
折射率（小值）					
检测结果	折射率				
	双折射率				
	光性				
	轴性				

样品编号		样品名称			
颜色		琢型		大小/mm	
光泽		透明度		质量/g	
转动宝石		第一次读数		第二次读数	第三次读数
折射率（大值）					
折射率（小值）					
检测结果	折射率				
	双折射率				
	光性				
	轴性				

样品编号		样品名称			
颜色		琢型		大小/mm	
光泽		透明度		质量/g	
转动宝石		第一次读数		第二次读数	第三次读数
折射率(大值)					
折射率(小值)					
检测结果	折射率				
	双折射率				
	光性				
	轴性				

样品编号		样品名称			
颜色		琢型		大小/mm	
光泽		透明度		质量/g	
转动宝石		第一次读数		第二次读数	第三次读数
折射率(大值)					
折射率(小值)					
检测结果	折射率				
	双折射率				
	光性				
	轴性				

样品编号		样品名称			
颜色		琢型		大小/mm	
光泽		透明度		质量/g	
转动宝石		第一次读数	第二次读数		第三次读数
折射率（大值）					
折射率（小值）					
检测结果	折射率				
	双折射率				
	光性				
	轴性				

样品编号		样品名称			
颜色		琢型		大小/mm	
光泽		透明度		质量/g	
转动宝石		第一次读数	第二次读数		第三次读数
折射率（大值）					
折射率（小值）					
检测结果	折射率				
	双折射率				
	光性				
	轴性				

样品编号		样品名称			
颜色		琢型		大小/mm	
光泽		透明度		质量/g	
转动宝石		第一次读数	第二次读数		第三次读数
折射率（大值）					
折射率（小值）					
检测结果	折射率				
	双折射率				
	光性				
	轴性				

样品编号		样品名称			
颜色		琢型		大小/mm	
光泽		透明度		质量/g	
转动宝石		第一次读数	第二次读数		第三次读数
折射率（大值）					
折射率（小值）					
检测结果	折射率				
	双折射率				
	光性				
	轴性				

样品编号		样品名称			
颜色		琢型		大小/mm	
光泽		透明度		质量/g	
转动宝石		第一次读数		第二次读数	第三次读数
折射率(大值)					
折射率(小值)					
检测结果	折射率				
	双折射率				
	光性				
	轴性				

样品编号		样品名称			
颜色		琢型		大小/mm	
光泽		透明度		质量/g	
转动宝石		第一次读数		第二次读数	第三次读数
折射率(大值)					
折射率(小值)					
检测结果	折射率				
	双折射率				
	光性				
	轴性				

样品编号		样品名称			
颜色		琢型		大小/mm	
光泽		透明度		质量/g	
转动宝石		第一次读数		第二次读数	第三次读数
折射率（大值）					
折射率（小值）					
检测结果	折射率				
	双折射率				
	光性				
	轴性				

样品编号		样品名称			
颜色		琢型		大小/mm	
光泽		透明度		质量/g	
转动宝石		第一次读数		第二次读数	第三次读数
折射率（大值）					
折射率（小值）					
检测结果	折射率				
	双折射率				
	光性				
	轴性				

样品编号		样品名称			
颜色		琢型		大小/mm	
光泽		透明度		质量/g	
转动宝石		第一次读数		第二次读数	第三次读数
折射率(大值)					
折射率(小值)					
检测结果	折射率				
	双折射率				
	光性				
	轴性				

样品编号		样品名称			
颜色		琢型		大小/mm	
光泽		透明度		质量/g	
转动宝石		第一次读数		第二次读数	第三次读数
折射率(大值)					
折射率(小值)					
检测结果	折射率				
	双折射率				
	光性				
	轴性				

2. 点测法

样品编号		样品名称			
琢型		大小/mm		质量/g	
颜色		光泽		透明度	
折射率（点测）					

样品编号		样品名称			
琢型		大小/mm		质量/g	
颜色		光泽		透明度	
折射率（点测）					

样品编号		样品名称			
琢型		大小/mm		质量/g	
颜色		光泽		透明度	
折射率（点测）					

样品编号		样品名称			
琢型		大小/mm		质量/g	
颜色		光泽		透明度	
折射率（点测）					

样品编号		样品名称			
琢型		大小/mm		质量/g	
颜色		光泽		透明度	
折射率（点测）					

样品编号		样品名称			
琢型		大小/mm		质量/g	
颜色		光泽		透明度	
折射率（点测）					

样品编号		样品名称			
琢型		大小/mm		质量/g	
颜色		光泽		透明度	
折射率（点测）					

样品编号		样品名称			
琢型		大小/mm		质量/g	
颜色		光泽		透明度	
折射率（点测）					

样品编号		样品名称			
琢型		大小/mm		质量/g	
颜色		光泽		透明度	
折射率(点测)					

样品编号		样品名称			
琢型		大小/mm		质量/g	
颜色		光泽		透明度	
折射率(点测)					

样品编号		样品名称			
琢型		大小/mm		质量/g	
颜色		光泽		透明度	
折射率(点测)					

样品编号		样品名称			
琢型		大小/mm		质量/g	
颜色		光泽		透明度	
折射率(点测)					

样品编号		样品名称			
琢型		大小/mm		质量/g	
颜色		光泽		透明度	
折射率（点测）					

样品编号		样品名称			
琢型		大小/mm		质量/g	
颜色		光泽		透明度	
折射率（点测）					

样品编号		样品名称			
琢型		大小/mm		质量/g	
颜色		光泽		透明度	
折射率（点测）					

样品编号		样品名称			
琢型		大小/mm		质量/g	
颜色		光泽		透明度	
折射率（点测）					

3. 折射率观测表（平时练习用表）

样品编号	样品名称	颜色	琢型	质量/g	折射率	双折射率	轴性及光性

样品编号	样品名称	颜色	琢型	质量/g	折射率	双折射率	轴性及光性

二、宝石显微镜观察记录表

利用肉眼、10 倍放大镜和宝石显微镜进行观察和鉴定。

样品编号		样品名称			
颜色		琢型		大小/mm	
光泽		透明度		质量/g	
外部特征					
内部特征					
结论					

样品编号		样品名称			
颜色		琢型		大小/mm	
光泽		透明度		质量/g	
外部特征					
内部特征					
结论					

样品编号		样品名称			
颜色		琢型		大小/mm	
光泽		透明度		质量/g	
外部特征					
内部特征					
结论					

样品编号		样品名称			
颜色		琢型		大小/mm	
光泽		透明度		质量/g	
外部特征					
内部特征					
结论					

样品编号		样品名称			
颜色		琢型		大小/mm	
光泽		透明度		质量/g	
外部特征					
内部特征					
结论					

样品编号		样品名称			
颜色		琢型		大小/mm	
光泽		透明度		质量/g	
外部特征					
内部特征					
结论					

样品编号		样品名称			
颜色		琢型		大小/mm	
光泽		透明度		质量/g	
外部特征					
内部特征					
结论					

样品编号		样品名称			
颜色		琢型		大小/mm	
光泽		透明度		质量/g	
外部特征					
内部特征					
结论					

样品编号		样品名称			
颜色		琢型		大小/mm	
光泽		透明度		质量/g	
外部特征					
内部特征					
结论					

样品编号		样品名称			
颜色		琢型		大小/mm	
光泽		透明度		质量/g	
外部特征					
内部特征					
结论					

样品编号		样品名称			
颜色		琢型		大小/mm	
光泽		透明度		质量/g	
外部特征					
内部特征					
结论					

样品编号		样品名称			
颜色		琢型		大小/mm	
光泽		透明度		质量/g	
外部特征					
内部特征					
结论					

样品编号		样品名称			
颜色		琢型		大小/mm	
光泽		透明度		质量/g	
外部特征					
内部特征					
结论					

样品编号		样品名称			
颜色		琢型		大小/mm	
光泽		透明度		质量/g	
外部特征					
内部特征					
结论					

样品编号		样品名称			
颜色		琢型		大小/mm	
光泽		透明度		质量/g	
外部特征					
内部特征					
结论					

宝石显微镜观察记录表（平时练习用表）

样品编号	样品名称	颜色	琢型	质量/g	外部特征	内部特征

宝石显微镜观察记录表（平时练习用表）

样品编号	样品名称	颜色	琢型	质量/g	外部特征	内部特征

三、静水称重法密度测定表

样品编号		样品名称	
颜色		琢型	
光泽		透明度	
空气中的质量 m/g		液体中的质量 m_1/g	
计算公式 $\rho=\dfrac{m}{m-m_1}\times\rho_0$			
密度/(g·cm^{-3})			

样品编号		样品名称	
颜色		琢型	
光泽		透明度	
空气中的质量 m/g		液体中的质量 m_1/g	
计算公式 $\rho=\dfrac{m}{m-m_1}\times\rho_0$			
密度/(g·cm^{-3})			

样品编号		样品名称	
颜色		琢型	
光泽		透明度	
空气中的质量 m/g		液体中的质量 m_1/g	
计算公式 $\rho=\dfrac{m}{m-m_1}\times\rho_0$			
密度/(g·cm^{-3})			

样品编号		样品名称	
颜色		琢型	
光泽		透明度	
空气中的质量 m/g		液体中的质量 m_1/g	
计算公式 $\rho=\dfrac{m}{m-m_1}\times\rho_0$			
密度/（g·cm^{-3}）			

样品编号		样品名称	
颜色		琢型	
光泽		透明度	
空气中的质量 m/g		液体中的质量 m_1/g	
计算公式 $\rho=\dfrac{m}{m-m_1}\times\rho_0$			
密度/（g·cm^{-3}）			

样品编号		样品名称	
颜色		琢型	
光泽		透明度	
空气中的质量 m/g		液体中的质量 m_1/g	
计算公式 $\rho=\dfrac{m}{m-m_1}\times\rho_0$			
密度/（g·cm^{-3}）			

静水称重法密度测定表（平时练习用表）

样品编号	样品名称	颜色	琢型	空气中质量 m/g	液体中质量 m_1/g	计算 $\rho=\dfrac{m}{m-m_1}\times\rho_0$	密度/ $(g\cdot cm^{-3})$

样品编号	样品名称	颜色	琢型	空气中质量 m/g	液体中质量 m_1/g	计算 $\rho=\dfrac{m}{m-m_1}\times\rho_0$	密度/ (g·cm^{-3})

四、二色镜观察实习报告单

样品编号		样品名称			
颜色		琢型		大小/mm	
光泽		透明度		质量/g	
多色性		不可见（　）		可见（　）	
二色性/三色性		二色性（　）		三色性（　）	
多色性强弱	强	中		弱	无
	（　）	（　）		（　）	（　）
观察到的二色性/三色性颜色					
解释结果					

样品编号		样品名称			
颜色		琢型		大小/mm	
光泽		透明度		质量/g	
多色性		不可见（　）		可见（　）	
二色性/三色性		二色性（　）		三色性（　）	
多色性强弱	强	中		弱	无
	（　）	（　）		（　）	（　）
观察到的二色性/三色性颜色					
解释结果					

样品编号		样品名称			
颜色		琢型		大小/mm	
光泽		透明度		质量/g	
多色性	不可见（　） 可见（　）				
二色性/三色性	二色性（　） 三色性（　）				
多色性强弱	强		中	弱	无
	（　）		（　）	（　）	（　）
观察到的二色性/三色性颜色					
解释结果					

样品编号		样品名称			
颜色		琢型		大小/mm	
光泽		透明度		质量/g	
多色性	不可见（　） 可见（　）				
二色性/三色性	二色性（　） 三色性（　）				
多色性强弱	强		中	弱	无
	（　）		（　）	（　）	（　）
观察到的二色性/三色性颜色					
解释结果					

样品编号		样品名称			
颜色		琢型		大小/mm	
光泽		透明度		质量/g	
多色性	不可见（ ）　　可见（ ）				
二色性/三色性	二色性（ ）　　三色性（ ）				
多色性强弱	强		中	弱	无
	（ ）		（ ）	（ ）	（ ）
观察到的二色性/三色性颜色					
解释结果					

样品编号		样品名称			
颜色		琢型		大小/mm	
光泽		透明度		质量/g	
多色性	不可见（ ）　　可见（ ）				
二色性/三色性	二色性（ ）　　三色性（ ）				
多色性强弱	强		中	弱	无
	（ ）		（ ）	（ ）	（ ）
观察到的二色性/三色性颜色					
解释结果					

样品编号		样品名称			
颜色		琢型		大小/mm	
光泽		透明度		质量/g	
多色性	不可见（ ） 可见（ ）				
二色性/三色性	二色性（ ） 三色性（ ）				
多色性强弱	强	中		弱	无
	（ ）	（ ）		（ ）	（ ）
观察到的二色性/三色性颜色					
解释结果					

样品编号		样品名称			
颜色		琢型		大小/mm	
光泽		透明度		质量/g	
多色性	不可见（ ） 可见（ ）				
二色性/三色性	二色性（ ） 三色性（ ）				
多色性强弱	强	中		弱	无
	（ ）	（ ）		（ ）	（ ）
观察到的二色性/三色性颜色					
解释结果					

样品编号		样品名称			
颜色		琢型		大小/mm	
光泽		透明度		质量/g	
多色性	不可见（　）		可见（　）		
二色性/三色性	二色性（　）		三色性（　）		
多色性强弱	强	中		弱	无
	（　）	（　）		（　）	（　）
观察到的二色性/三色性颜色					
解释结果					

样品编号		样品名称			
颜色		琢型		大小/mm	
光泽		透明度		质量/g	
多色性	不可见（　）		可见（　）		
二色性/三色性	二色性（　）		三色性（　）		
多色性强弱	强	中		弱	无
	（　）	（　）		（　）	（　）
观察到的二色性/三色性颜色					
解释结果					

五、分光镜测试实习报告单

样品编号	样品名称	颜色	琢型	质量/g	吸收光谱
					700 600　　500　　450　　400nm
					700 600　　500　　450　　400nm
					700 600　　500　　450　　400nm
					700 600　　500　　450　　400nm
					700 600　　500　　450　　400nm
					700 600　　500　　450　　400nm
					700 600　　500　　450　　400nm
					700 600　　500　　450　　400nm
					700 600　　500　　450　　400nm

样品编号	样品名称	颜色	琢型	质量/g	吸收光谱
					700 600　　500　450　　400nm
					700 600　　500　450　　400nm
					700 600　　500　450　　400nm
					700 600　　500　450　　400nm
					700 600　　500　450　　400nm
					700 600　　500　450　　400nm
					700 600　　500　450　　400nm
					700 600　　500　450　　400nm
					700 600　　500　450　　400nm

六、查氏镜观察记录表

样品编号		样品名称			
颜色		琢型		大小/mm	
光泽		透明度		质量/g	
查氏镜下特征					

样品编号		样品名称			
颜色		琢型		大小/mm	
光泽		透明度		质量/g	
查氏镜下特征					

样品编号		样品名称			
颜色		琢型		大小/mm	
光泽		透明度		质量/g	
查氏镜下特征					

样品编号		样品名称			
颜色		琢型		大小/mm	
光泽		透明度		质量/g	
查氏镜下特征					

样品编号		样品名称			
颜色		琢型		大小/mm	
光泽		透明度		质量/g	
查氏镜下特征					

样品编号		样品名称			
颜色		琢型		大小/mm	
光泽		透明度		质量/g	
查氏镜下特征					

样品编号		样品名称			
颜色		琢型		大小/mm	
光泽		透明度		质量/g	
查氏镜下特征					

样品编号		样品名称			
颜色		琢型		大小/mm	
光泽		透明度		质量/g	
查氏镜下特征					

七、紫外灯观察记录表

样品编号		样品名称			
颜色		琢型		大小/mm	
光泽		透明度		质量/g	
短波（SW）下特征					
长波（LW）下特征					

样品编号		样品名称			
颜色		琢型		大小/mm	
光泽		透明度		质量/g	
短波（SW）下特征					
长波（LW）下特征					

样品编号		样品名称			
颜色		琢型		大小/mm	
光泽		透明度		质量/g	
短波（SW）下特征					
长波（LW）下特征					

样品编号		样品名称			
颜色		琢型		大小/mm	
光泽		透明度		质量/g	
短波（SW）下特征					
长波（LW）下特征					

样品编号		样品名称			
颜色		琢型		大小/mm	
光泽		透明度		质量/g	
短波（SW）下特征					
长波（LW）下特征					

样品编号		样品名称			
颜色		琢型		大小/mm	
光泽		透明度		质量/g	
短波（SW）下特征					
长波（LW）下特征					

样品编号		样品名称			
颜色		琢型		大小/mm	
光泽		透明度		质量/g	
短波（SW）下特征					
长波（LW）下特征					

样品编号		样品名称			
颜色		琢型		大小/mm	
光泽		透明度		质量/g	
短波（SW）下特征					
长波（LW）下特征					

八、偏光镜观察实习报告单

样品编号		样品名称			
颜色		琢型		大小/mm	
光泽		透明度		质量/g	
正交偏光镜下转动样品360°观察到的现象					
结论					

样品编号		样品名称			
颜色		琢型		大小/mm	
光泽		透明度		质量/g	
正交偏光镜下转动样品360°观察到的现象					
结论					

样品编号		样品名称			
颜色		琢型		大小/mm	
光泽		透明度		质量/g	
正交偏光镜下转动样品360°观察到的现象					
结论					

样品编号		样品名称			
颜色		琢型		大小/mm	
光泽		透明度		质量/g	
正交偏光镜下转动样品360°观察到的现象					
结论					

样品编号		样品名称			
颜色		琢型		大小/mm	
光泽		透明度		质量/g	
正交偏光镜下转动样品360°观察到的现象					
结论					

样品编号		样品名称			
颜色		琢型		大小/mm	
光泽		透明度		质量/g	
正交偏光镜下转动样品360°观察到的现象					
结论					

样品编号		样品名称			
颜色		琢型		大小/mm	
光泽		透明度		质量/g	
正交偏光镜下转动样品360°观察到的现象					
结论					

样品编号		样品名称			
颜色		琢型		大小/mm	
光泽		透明度		质量/g	
正交偏光镜下转动样品360°观察到的现象					
结论					

样品编号		样品名称			
颜色		琢型		大小/mm	
光泽		透明度		质量/g	
正交偏光镜下转动样品360°观察到的现象					
结论					

九、二色镜、偏光镜、查氏镜、紫外灯、热导仪观测表

样品编号	样品名称	颜色	琢型	质量/g	多色性	偏光镜检查	查氏镜检查	荧光检查 LW	荧光检查 SW	热导仪检查

样品编号	样品名称	颜色	琢型	质量/g	多色性	偏光镜检查	查氏镜检查	荧光检查		热导仪检查
								LW	SW	

十、钻石分级实习作业

标样号：_____

一、颜色分级（目测）

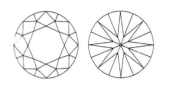

| 证书号_____ |
| 定名_____ 琢型_____ |
| 尺寸（平均直径____ mm，全深____ mm） |
| 质量____ ct 色级____ 净度____ |
| 比率：台宽比____ 亭深比____ |
| 　　　冠角____ 腰厚____ |
| 切工____ 修饰度____ |
| 紫外荧光：_____ |
| 出证日期：____年____月____日 |
| 分级师_____ 校验_____ |

D ｜ E ｜ F ｜ G ｜ H ｜ I ｜ J ｜ K ｜ L ｜ M ｜ N ｜＜N

紫外荧光：

无	弱	中	强

二、净度分级（10倍放大镜下）

内部瑕疵			外部瑕疵		
序号	台面观察	亭部观察	序号	台面观察	亭部观察
1			1		
2			2		
3			3		

LC｜VVS$_1$｜VVS$_2$｜VS$_1$｜VS$_2$｜SI$_1$｜SI$_2$｜P$_1$｜P$_2$｜P$_3$

三、切工分级（10倍放大镜下）

序号	项目	评级
1	最大直径_____ mm，最小直径_____ mm，全深_____ mm，平均直径_____ mm	很好　好　一般
2	台宽比_____	很好　好　一般
3	冠角_____	很好　好　一般
4	亭深比_____	很好　好　一般
5	腰厚（粗磨、抛光、刻面）	很好　好　一般

四、质量

称重：_____ct　　估重：_____ct

钻石分级实习作业

标样号：_____

一、颜色分级（目测）

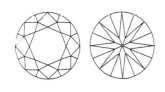

```
证书号_____
定名_____ 琢型_____
尺寸（平均直径____ mm，全深____ mm）
质量____ct 色级____ 净度____
比率：台宽比_____ 亭深比_____
     冠角_____ 腰厚_____
切工_____ 修饰度_____
紫外荧光：_____
出证日期：____年____月____日
分级师_____ 校验_____
```

D | E | F | G | H | I | J | K | L | M | N | <N

紫外荧光：	无	弱	中	强

二、净度分级（10倍放大镜下）

内部瑕疵			外部瑕疵		
序号	台面观察	亭部观察	序号	台面观察	亭部观察
1			1		
2			2		
3			3		

LC | VVS_1 | VVS_2 | VS_1 | VS_2 | SI_1 | SI_2 | P_1 | P_2 | P_3

三、切工分级（10倍放大镜下）

序号	项目	评级
1	最大直径____mm，最小直径____mm，全深____mm，平均直径____mm	很好 好 一般
2	台宽比	很好 好 一般
3	冠角	很好 好 一般
4	亭深比	很好 好 一般
5	腰厚（粗磨、抛光、刻面）	很好 好 一般

四、质量

称重：_____ct   估重：_____ct

钻石分级实习作业

标样号：_____

一、颜色分级（目测）

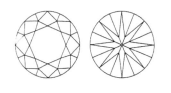

| 证书号_____ |
| 定名_____ 琢型_____ |
| 尺寸（平均直径____ mm，全深____ mm） |
| 质量_____ ct 色级_____ 净度_____ |
| 比率：台宽比_____ 亭深比_____ |
| 　　　冠角_____ 腰厚_____ |
| 切工_____ 修饰度_____ |
| 紫外荧光：_____ |
| 出证日期：____年____月____日 |
| 分级师_____ 校验_____ |

D | E | F | G | H | I | J | K | L | M | N | <N

紫外荧光：

无	弱	中	强

二、净度分级（10倍放大镜下）

内部瑕疵			外部瑕疵		
序号	台面观察	亭部观察	序号	台面观察	亭部观察
1			1		
2			2		
3			3		

LC | VVS$_1$ | VVS$_2$ | VS$_1$ | VS$_2$ | SI$_1$ | SI$_2$ | P$_1$ | P$_2$ | P$_3$

三、切工分级（10倍放大镜下）

序号	项目	评级
1	最大直径_____ mm，最小直径_____ mm，全深_____ mm，平均直径_____ mm	很好　好　一般
2	台宽比	很好　好　一般
3	冠角	很好　好　一般
4	亭深比	很好　好　一般
5	腰厚（粗磨、抛光、刻面）	很好　好　一般

四、质量

称重：_____ct　　估重：_____ct

钻石分级实习作业

标样号：_____

一、颜色分级（目测）

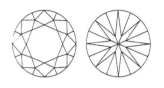

证书号_____
定名_____ 琢型_____
尺寸（平均直径____ mm，全深____ mm）
质量____ct 色级_____ 净度_____
比率：台宽比_____ 亭深比_____
冠角_____ 腰厚_____
切工_____ 修饰度_____
紫外荧光：_____
出证日期：____年____月____日
分级师_____校验_____

D | E | F | G | H | I | J | K | L | M | N | <N

紫外荧光：| 无 | 弱 | 中 | 强 |

二、净度分级（10倍放大镜下）

内部瑕疵			外部瑕疵		
序号	台面观察	亭部观察	序号	台面观察	亭部观察
1			1		
2			2		
3			3		

LC | VVS_1 | VVS_2 | VS_1 | VS_2 | SI_1 | SI_2 | P_1 | P_2 | P_3

三、切工分级（10倍放大镜下）

序号	项目	评级
1	最大直径_____ mm，最小直径_____ mm，全深_____ mm，平均直径_____ mm	很好　好　一般
2	台宽比	很好　好　一般
3	冠角	很好　好　一般
4	亭深比	很好　好　一般
5	腰厚（粗磨、抛光、刻面）	很好　好　一般

四、质量

称重：_____ct　　估重：_____ct

钻石分级实习作业

标样号：_____

一、颜色分级（目测）

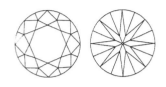

```
证书号_____
定名_____  琢型_____
尺寸：（平均直径____ mm，全深____ mm）
质量____ct  色级____  净度____
比率：台宽比_____  亭深比_____
       冠角_____  腰厚_____
切工_____  修饰度_____
紫外荧光：_____
出证日期：____年____月____日
分级师_____  校验_____
```

D | E | F | G | H | I | J | K | L | M | N | <N

紫外荧光：

无	弱	中	强

二、净度分级（10倍放大镜下）

内部瑕疵			外部瑕疵		
序号	台面观察	亭部观察	序号	台面观察	亭部观察
1			1		
2			2		
3			3		

LC | VVS_1 | VVS_2 | VS_1 | VS_2 | SI_1 | SI_2 | P_1 | P_2 | P_3

三、切工分级（10倍放大镜下）

序号	项目	评级
1	最大直径____ mm，最小直径____ mm，全深____ mm，平均直径____ mm	很好　好　一般
2	台宽比	很好　好　一般
3	冠角	很好　好　一般
4	亭深比	很好　好　一般
5	腰厚（粗磨、抛光、刻面）	很好　好　一般

四、质量

称重：_____ ct　　估重：_____ ct

十一、未知宝石测试

样品编号		样品质量/g		琢型	
颜色		光泽		透明度	
请给出三项有效、关键的鉴定特征： 1. 2. 3. 其他鉴定特征（不超过三项）：					
定名：					

样品编号		样品质量/g		琢型	
颜色		光泽		透明度	
请给出三项有效、关键的鉴定特征： 1. 2. 3. 其他鉴定特征（不超过三项）：					
定名：					

样品编号		样品质量/g		琢型	
颜色		光泽		透明度	

请给出三项有效、关键的鉴定特征：
1.
2.
3.
其他鉴定特征（不超过三项）：

定名：

样品编号		样品质量/g		琢型	
颜色		光泽		透明度	

请给出三项有效、关键的鉴定特征：
1.
2.
3.
其他鉴定特征（不超过三项）：

定名：

样品编号		样品质量/g		琢型	
颜色		光泽		透明度	
请给出三项有效、关键的鉴定特征： 1. 2. 3. 其他鉴定特征（不超过三项）：					
定名：					

样品编号		样品质量/g		琢型	
颜色		光泽		透明度	
请给出三项有效、关键的鉴定特征： 1. 2. 3. 其他鉴定特征（不超过三项）：					
定名：					

样品编号		样品质量/g		琢型	
颜色		光泽		透明度	
请给出三项有效、关键的鉴定特征： 1. 2. 3. 其他鉴定特征（不超过三项）：					
定名：					

样品编号		样品质量/g		琢型	
颜色		光泽		透明度	
请给出三项有效、关键的鉴定特征： 1. 2. 3. 其他鉴定特征（不超过三项）：					
定名：					

样品编号		样品质量/g		琢型	
颜色		光泽		透明度	

请给出三项有效、关键的鉴定特征：
1.
2.
3.
其他鉴定特征（不超过三项）：

定名：

样品编号		样品质量/g		琢型	
颜色		光泽		透明度	

请给出三项有效、关键的鉴定特征：
1.
2.
3.
其他鉴定特征（不超过三项）：

定名：

样品编号		样品质量/g		琢型	
颜色		光泽		透明度	

请给出三项有效、关键的鉴定特征:
1.
2.
3.
其他鉴定特征(不超过三项):

定名:

样品编号		样品质量/g		琢型	
颜色		光泽		透明度	

请给出三项有效、关键的鉴定特征:
1.
2.
3.
其他鉴定特征(不超过三项):

定名:

十二、镶嵌宝石的质量评价

样品号				样品质量/g		
颜色				形状		
光泽				透明度		
特殊光学效应						
多色性				查氏镜下特征		
偏光镜测试	现象			紫外荧光	LW	SW
	结论					
放大观察						
其他测试						
初步定名						
镶嵌工艺的质量评价						

样品号				样品质量/g		
颜色				形状		
光泽				透明度		
特殊光学效应						
多色性				查氏镜下特征		
偏光镜测试	现象			紫外荧光	LW	SW
	结论					
放大观察						
其他测试						
初步定名						
镶嵌工艺的质量评价						

样品号			样品质量/g		
颜色			形状		
光泽			透明度		
特殊光学效应					
多色性			查氏镜下特征		
偏光镜测试	现象		紫外荧光	LW	SW
	结论				
放大观察					
其他测试					
初步定名					
镶嵌工艺的质量评价					

样品号			样品质量/g		
颜色			形状		
光泽			透明度		
特殊光学效应					
多色性			查氏镜下特征		
偏光镜测试	现象		紫外荧光	LW	SW
	结论				
放大观察					
其他测试					
初步定名					
镶嵌工艺的质量评价					

十三、珠宝玉石鉴定表

年　月　日

样品编号	颜色	琢型	质量/g	透明度	放大观察	折射率及双折射率	多色性	偏光镜检查	查氏镜检查	发光性 LW	发光性 SW	密度/(g·cm^{-3})	分光镜检查	其他特征	定名

年　　月　　日

样品编号	颜色	琢型	质量/g	透明度	放大观察	折射率及双折射率	多色性	偏光镜检查	查氏镜检查	发光性 LW	发光性 SW	密度/($g \cdot cm^{-3}$)	分光镜检查	其他特征	定名

年　月　日

样品编号	颜色	琢型	质量/g	透明度	放大观察	折射率及双折射率	多色性	偏光镜检查	查氏镜检查	发光性 LW	发光性 SW	密度/($g \cdot cm^{-3}$)	分光镜检查	其他特征	定名

年　月　日

样品编号	颜色	琢型	质量/g	透明度	放大观察	折射率及双折射率	多色性	偏光镜检查	查氏镜检查	发光性 LW	发光性 SW	密度/(g·cm⁻³)	分光镜检查	其他特征	定名

年　月　日

样品编号	颜色	琢型	质量/g	透明度	放大观察	折射率及双折射率	多色性	偏光镜检查	查氏镜检查	发光性 LW	发光性 SW	密度/($g \cdot cm^{-3}$)	分光镜检查	其他特征	定名